DES SOURIS & DES HOMMES

erreur 386, 364

France Duval

Recherche et collaboration Luc Gosselin
Sous la supervision de Richard Rousseau

DES SOURIS & DES HOMMES

La grande odyssée de l'informatique

Essai

MARCEL BROQUET
La nouvelle édition

Catalogage avant publication de Bibliothèque et Archives nationales du Québec et Bibliothèque et Archives Canada

Duval, France

Des Souris & des hommes

ISBN 978-2-923715-46-9

1. Informatique - Histoire. 2. Internet - Histoire. 3. Informaticiens - Biographies. I. Titre.

QA76.17.D88 2010 004.09 C2010-941799-2

Pour l'aide à la réalisation de son programme éditorial, l'éditeur remercie la Société de Développement des Entreprises Culturelles (SODEC), le Programme de crédit d'impôt pour l'édition de livres - gestion SODEC ainsi que le Conseil des Arts du Canada.

Marcel Broquet Éditeur
55 A, rue de l'Église, Saint-Sauveur (Québec) Canada J0R 1R0
Téléphone : 450 744-1236
marcel@marcelbroquet.com • www.marcelbroquet.com

Révision : Frederick Letia, Stefan Broquet
Conception graphique de la couverture : Michel Gautier
Mise en page : Roger Belle-Isle

Distribution :
PROLOGUE
1650, Boulevard Lionel-Bertrand
Boisbriand (Québec) Canada J7H 1N7
Téléphone : 450 434-0306 • Sans frais : 1 800 363-2864
Service à la clientèle : sac@prologue.ca

Distribution pour l'Europe francophone :
DNM Distribution du Nouveau Monde
30, rue Gay-Lussac, 75005, Paris
Tél. : 01 42 54 50 24 • Fax : 01 43 54 39 15
Librairie du Québec
30, rue Gay-Lussac, 75005, Paris
Tél. : 01 43 54 49 02
www.librairieduquebec.fr

Distribution pour le Benelux :
SDL La Caravelle S.A.
Rue du Pré-aux-Oies, 303
B-1130 Bruxelles
Tél. : +32 (0) 2 240 93 00
info@sdlcaravelle.com
www.sdlcaravelle.com

Diffusion – Promotion :
r.pipar@phoenix3alliance.com

Dépôt légal : 2e trimestre 2011
Bibliothèque et Archives nationales du Québec
Bibliothèque et Archives nationales Canada
Bibliothèque nationale de France

« Je n'ai pas peur des ordinateurs.
J'ai peur qu'ils viennent à nous manquer. »
Isaac Asimov (1920-1992)

À ma sœur Lorraine,
À jamais irremplaçable

AVANT-PROPOS

Les amateurs de jeux vidéo, les accros du cellulaire, les romanciers complétant leur dernière mouture avec un traitement de texte, le comptable vantant les mérites d'Excel, les infographistes créant des merveilles pour le septième art, les créateurs de blogs sur Internet, les utilisateurs de médias sociaux (Facebook, Twitter, Linkedln), les passionnés du iPhone et iPod, ainsi que les chercheurs universitaires expérimentant avec des super calculateurs, bref tous ceux et celles qui sont absorbés et fascinés par la magie des multiples facettes de l'informatique ont peine à s'imaginer la longue route suivie depuis des siècles pour aboutir à de tels résultats.

La technique balbutiante d'un obscur mécanicien obstiné, qui allait aboutir des siècles plus tard l'informatique, a débuté par le modeste projet de fabriquer des calculatrices pour faciliter des opérations arithmétiques fastidieuses.

Puis on a cherché à automatiser ces calculatrices avec des programmes élaborés sur papier. Avec l'avènement de l'énergie électrique, l'homme s'est affranchi de l'effort physique pour actionner ces machines, décuplant ainsi sa capacité de travail. L'électronique a ensuite permis d'accélérer de manière vertigineuse la vitesse des opérations mathématiques de ces machines pesant parfois des tonnes. Avec l'invention de la micro-électronique, faite de semi-conducteurs, de circuits intégrés et de microprocesseurs, l'ère de la miniaturisation s'ouvrit et les gigantesques calculatrices se muèrent en appareils domestiques, puis en instruments tenant au creux de la main. La calculatrice, limitée aux quatre fonctions arithmétiques de base de Leibniz au XVIIe siècle, était devenue ordinateur, entraînant dans sa trajectoire une fantastique explosion des marchés à l'échelle planétaire.

C'est de ce monde fascinant dont il sera question dans *Des Souris & des hommes*. Les détails techniques de cette prodigieuse révolution technologique ne seront pas négligés. Mais c'est d'abord et avant tout de ces hommes et de ces femmes, inscrits au cœur de cette révolution et se recrutant dans toutes les sphères d'activités, dont il sera principalement question ici, pour qu'à l'univers du numérique, qui nous accompagne au quotidien, nous puissions associer des noms, des visages et de courtes biographies. Toujours plus loin, plus grand, plus petit, plus rapide, tel pourrait être le sous-titre de cette grande aventure intellectuelle, scientifique, technique, commerciale, financière, sociale et culturelle qu'est l'histoire de l'informatique.

INTRODUCTION

L'informatique, dans sa fonction de base qu'est le calcul, tire ses origines de ce besoin que l'homme éprouve de compter des objets et des êtres. En ce sens le terme « *computer* », de l'anglais « *compute* » qui se traduit par calculer et qui désigne un ordinateur, est très révélateur.

Pour trouver des traces physiques de ce besoin vital de compter, il faut remonter au paléolithique supérieur, c'est-à-dire il y a 40 000 ans. Les opérations d'échange d'objets, de recensement de troupeaux, d'évaluation du nombre d'ennemis potentiels et, qui sait, du décompte du nombre d'épouses en milieu polygame, obligeaient à ce type d'activités. Comme le cerveau humain peine à pouvoir identifier rapidement plus de quatre objets, les hommes se dotèrent au fil des millénaires de systèmes de numération et de notation afin de faciliter le décompte et la mémorisation des opérations arithmétiques.

Mais les opérations de calcul, telles que l'addition, la soustraction et la multiplication, on le sait, sont fastidieuses. Et au fil des siècles, les hommes imaginèrent de nouvelles techniques pouvant faciliter leurs tâches.

Les tables à calcul et les bouliers

Avant que ne soient créés les tables à calcul et les bouliers, on se servait de traces dans le sable, de bâtonnets et de cailloux pour calculer et mémoriser, mais leurs formes évoluèrent et, avec le temps, on se dota notamment de supports physiques faits de pierres, de bois et de terre cuite, afin de faciliter les opérations.

Plus important encore, les procédés opératoires bénéficièrent d'une méthode consistant à donner différentes valeurs aux objets, aux cailloux, et aux bâtonnets selon leur position, comme on l'avait fait avec le système de numération écrite. La numération décimale indienne, utilisée de nos jours, qui apparut au IVe siècle de notre ère, s'imposa presque mondialement. En Occident, durant le du XVe siècle, le calcul avec des objets, des cailloux, des jetons ou autres instruments fut grandement facilité avec l'apparition du boulier. En fixant dans des rainures ou sur des tiges les menus objets utilisés pour les tables à calcul, on forme ainsi un outil des plus utiles : transportable, facile à manipuler et favorisant la vitesse d'exécution.

Toutefois, à l'époque moderne, les sociétés se complexifient. Les villes grossissent, la vie économique se ramifie, les travaux d'ingénierie gagnent en gigantisme, les échanges commerciaux s'étendent et les États accroissent leur mission en se donnant de nouvelles responsabilités comme le recensement des populations et l'imposition des citoyens. La tâche de calculer sur une très vaste échelle et dans de nombreuses sphères d'activités est devenue énorme. L'homme a alors besoin de se doter d'outils adéquats. Des millénaires d'évolution conceptuelle et technique nous projettent donc en matière de calcul à l'aube du XVIIe siècle.

Les ancêtres de nos ordinateurs modernes font alors timidement leur entrée dans l'Histoire sous forme de calculateurs mécanisés.

Trois inventeurs de génie, deux Allemands et un Français, répondant aux noms de Schickard, Leibniz et Pascal inventent les premières calculatrices mécaniques. Puis, deux siècles plus tard, le Britannique Babbage entreprend de construire la première calculatrice automatisée au monde. Ces hommes auront le privilège d'amorcer l'ère de l'informatique, une révolution technologique et sociale qui a transformé le siècle précédent et qui permet tous les espoirs au XXIe siècle.

Cette science du calcul automatisé et du traitement de l'information, dont les applications nous accompagnent quotidiennement sur notre PC ou notre Mac, à notre bureau, dans notre salon ou dans un café, a une histoire longue, complexe et passionnante. À partir des efforts entrepris pour mettre au point les calculatrices automatisées, jusqu'aux portables sans fil, en passant par les gros ordinateurs commerciaux des années soixante, puis les mini-ordinateurs de la décennie suivante, les ordinateurs personnels des années 80, les moteurs de recherche de la fin du siècle dernier, les agendas électroniques du tournant du millénaire, les sites Internet ouvrant le 21e siècle, et la convergence des ordinateurs et des téléphones mobiles amorcée en 2003, une évidence s'impose : le génie humain est admirable et sans limite ! Nous devons cependant ouvrir une brève parenthèse sur les termes français « informatique » et « ordinateur », termes que nous répéterons à satiété dans notre ouvrage.

On sait que l'informatique origine principalement, mais non exclusivement, des mondes anglo-saxon et américain.

L'univers francophone a donc dû se doter de termes afin d'ajuster sa langue à ce champ technologique. C'est sous la plume du Français Philippe Dreyfus qu'apparut, en 1962, le mot « informatique », rapprochement des mots information et automatique. Cependant, c'est la genèse du mot « ordinateur » qui est la plus étonnante.

En 1955, le constructeur IBM, installé en France, donna comme mission, à son responsable de la publicité, François Girard, d'habiller la « *computer science* » de mots mieux adaptés. Celui-ci chargea donc un professeur de lettres, heureuse initiative, de traduire l'expression « *electronic data processing machine* » en un terme moins lourd pour la clientèle du pays, et mieux choisi que « calculateur » qui était la traduction littérale de « *computer* ».

De manière assez étonnante, le célèbre linguiste, Jacques Perret, fit renaître un mot inusité, oublié depuis six siècles en Occident : « ordonnateur », et non sans raison. Au Moyen-Âge, en effet, on désignait Dieu comme étant le grand ordonnateur, celui qui mettait de l'ordre dans le monde. En fait, Perret proposa « ordinatrice électronique ». Machisme et laxisme se donnèrent la main : on masculinisa le mot et on laissa tomber le terme « électronique ». Lexiquement parlant, l'ordinateur était né.

L'histoire de l'informatique, comme on le voit, et comme nous le verrons, recèle des dimensions qui ont de quoi étonner !

CHAPITRE 1

Les précurseurs

Un précurseur, on le sait, annonce et prépare la venue d'un autre précurseur. En chimie, ce terme désigne une molécule qui, suite à une transformation, peut donner naissance à une autre molécule biochimique plus complexe.

Le fait de songer que la science des ordinateurs ait comme origine des machines pouvant aider à résoudre des problèmes arithmétiques à de quoi surprendre.

Pourtant ce sont précisément les concepteurs de ces calculatrices automatiques[1] qui jetèrent les bases de la science informatique[2] que nous connaissons aujourd'hui. Ils ont pour noms Schikard, Pascal, Leibnitz et Baggage. Sans eux, il y a fort à parier que jamais le iPad de Steve Jobs n'aurait vu le jour.

Schikard, Pascal, Leibnitz et leurs machines à calculer

L'apparition de l'ancêtre très lointain des ordinateurs, la calculatrice mécanisée, voit le jour au XVIIe siècle, moment où naît la science moderne, époque riche en découvertes pour l'humanité !

Qu'on en juge.

Le grand Galilée (1564-1642) pose les paramètres de la physique à base d'observation, d'expérimentation et de mathématisation des

1 Petite machine réalisant des opérations sur des nombres, mais ne manipulant pas du texte.
2 Ensemble des disciplines scientifiques et des techniques qui s'appliquent au traitement rationnel et automatique de l'information.

concepts, tout en faisant accepter l'hypothèse de Copernic, selon laquelle la Terre n'est pas au centre de l'univers. Le philosophe René Descartes (1596-1650) développe dans *Le Discours de la méthode* l'idée d'une méthodologie universelle pour la recherche de la vérité.

Robert Boyle (1627-1691) jette les bases de la chimie en définissant les corps simples et composés.

William Harvey (1578-1657) révolutionne le monde médical en démontrant le rôle du cœur dans la circulation sanguine.

Enfin, Newton (1642-1727) construit la théorie de la gravitation tout en donnant au monde scientifique un outil mathématique exceptionnel : le calcul infinitésimal.

L'informatique, science d'ingénieur qui se développe au vingtième siècle, aura des débuts beaucoup plus modestes que la physique et la chimie. En fait, si on tient compte des grands précurseurs, il lui faudra plus de deux cents ans pour s'imposer. Il revient à un obscur savant allemand né à Herrenberge, dans le Wurtemberg, d'avoir mis au point en 1623 la première calculatrice qu'il nomme une « horloge à calculer », ancêtre très lointain, il va sans dire, de nos cerveaux électroniques.

Cette machine, ignorée jusqu'en 1935 (on croyait depuis des siècles que le premier engin de ce type était redevable à Blaise Pascal) refit surface grâce aux recherches de l'historien allemand Frank Hammer.

L'événement survint lors d'une vaste analyse de documents, entreprise dans le but d'éditer les œuvres du grand astronome Johan Kepler.

Dans les notes du pionnier de l'astronomie, Hammer découvrit le schéma de ce qui semblait être une machine à calculer, le tout signé Schikard.

Les temps troubles que traversa l'Allemagne dans l'entre-deux-guerres empêchèrent Hammer de publier sa découverte. Mais dans les années cinquante, le même Hammer fouilla cette fois les papiers de Schikard à Stuggart. C'est ainsi qu'un autre dessin de cette mystérieuse calculatrice fut découvert, dessin accompagné d'un schéma d'explications sur le fonctionnement de la calculatrice.

En 1957, Hammer annonce sa découverte à un congrès de mathématiciens. Le hasard faisant bien les choses, le professeur von Löringhoff, qui assistait à la rencontre, se passionne pour la découverte. Fort de son savoir sur les techniques anciennes de calcul, il entreprend de reconstruire la machine de Schikard. Une belle complicité entre mathématiciens que plus de trois siècles séparaient. Au fil des ans, Wilhelm Schikard avait développé une passion pour les mathématiques. Une constante, comme nous le verrons chez nombre de précurseurs et de théoriciens de l'informatique. Son domaine de prédilection était les logarithmes, cette méthode de simplification des calculs et des relations entre suites arithmétiques et suites géométriques. Son obsession était de trouver une méthode de calcul différente de celle mise au point par Napier.

En proposant sa machine à calculer, qui s'inspirait directement des mécanismes d'horlogerie et qui avait pour principe la mise en correspondance des tours de roues dentées et des opérations arithmétiques élémentaires, essentiellement l'addition, la soustraction, la multiplication et la division, Schikard espérait aider Kepler dans ses travaux. Avec une telle calculatrice, croyait-il, le calcul des tables astronomiques serait grandement simplifié. **(voir Annexe 2, photo 1)**

Cette invention passa toutefois inaperçue en son temps. Construite, comme nous le précisions, en 1623, elle fut détruite dans un incendie quelques mois plus tard. Il n'en resta que deux dessins imprécis et quelques indications sur son fonctionnement.

On peut retenir que la trouvaille fondamentale du savant allemand consistait en un dispositif composé d'un sautoir relié aux engrenages pour le report automatique des retenues des dizaines, des centaines et ainsi de suite. Ainsi, après le chiffre neuf succédait le 0 ; une roue dentée reportait alors une unité représentant une dizaine sur la série d'engrenages adjacents prévus pour enregistrer cette catégorie de nombres.

Les années passent et l'on se retrouve en France. La machine de Blaise Pascal, véritable génie qui s'illustra dans moult domaines, connut, elle, une grande popularité. **(voir Annexe 2, photo 2)**

C'est à l'âge de 19 ans que ce surdoué, qui avait déjà inscrit à son actif la création d'un traité sur les coniques, met au point sa calculatrice. Nous sommes en 1642. Bien loin de l'Auvergne du génie, une ville que l'on nommera plus tard Montréal (Canada), future cité du multimédia, voit le jour. Mais ne brûlons pas les étapes. Revenons à cette France du jeune génie, pays agité par des querelles religieuses. Pascal fait construire une cinquantaine de ses calculatrices pouvant effectuer les additions avec report d'une unité d'un rang à l'autre. Son but avoué : décharger son père, collecteur des impôts, des fastidieux calculs que lui imposait son travail. La Cour royale se passionna pour l'appareil que l'on nomma en l'honneur de son créateur *pascale* ou *pascaline*. Mais le dispositif fonctionnait assez mal et le prix de cette machine était trop élevé.

Malgré tout, le monde de l'informatique se souviendra de ce célèbre précurseur quand Nikolaus Wirth donnera, en 1969, le nom de Pascal à un langage de programmation destiné à favoriser l'écriture systématique et structurée de logiciels.

Dans ce panthéon, Wilhelm Leibniz occupe également une place de choix, car il fut le dernier grand pionnier de l'informatique à s'intéresser aux calculatrices. Lancé en 1694, son appareil influença les conceptions ultérieures de ce type de machines.

Retour en Allemagne donc. Sur le strict plan théorique, sa calculatrice était supérieure à la *pascaline* puisqu'elle pouvait effectuer les quatre opérations.

En effet, la calculatrice de Pascal ne pouvait réaliser la multiplication qu'en répétant l'addition. Mais pratiquement parlant, la calculatrice de Leibniz ne fonctionna jamais bien elle non plus. Pour la simple raison que les techniques d'usinage de son époque n'étaient pas assez avancées pour qu'un mécanisme de conception aussi précis puisse être parfaitement fabriqué. Il est remarquable de constater que les solutions techniques proposées par Leibniz, notamment l'agencement des divers engrenages, furent reprises un siècle et demi plus tard pour donner la première machine couramment utilisée, celle de Charles

Henry Thomas. Il va de soi qu'une calculatrice se limite à l'exécution de calculs arithmétiques alors qu'un ordinateur sert, au-delà du calcul et du stockage de l'information, à dessiner, à rédiger des textes et à bien d'autres fonctions. Mais les deux appareils présentent des similitudes fondamentales sur le plan de leur fonctionnement interne puisque l'ordinateur, pour opérer, manipule des chiffres comme la calculatrice, et exécute des calculs numériques simples. La suite allait démontrer que les tâtonnements de ces précurseurs les avaient conduits sur une piste d'une richesse inouïe.

Babbage et Lovelace, le couple par lequel tout commença

Qualifié d'architecte de l'informatique moderne lors du bicentenaire de sa naissance en 1991, Charles Babbage (1791-1871) était habité par une passion : construire une machine analytique pouvant calculer avec la plus grande précision possible. L'objectif de ce Britannique entêté était de fournir à la navigation des tables infaillibles permettant de déterminer la position des navires en fonction de la configuration des étoiles. Au début du XIXe siècle, on réalisa que les tables en usage étaient difficiles à établir et truffées d'erreurs. Cependant, avec l'industrialisation, les besoins en calcul en tout genre augmentaient.

Commencé en 1812, le grand œuvre de Babbage, professeur de mathématiques à l'Université de Cambridge et membre fondateur de la Société royale d'astronomie, se poursuivit pendant des décennies en une suite ininterrompue de recherches et de plans aboutissant à un projet de machine mécanique, l'*analytical engine,* commandée par des instructions sur des cartes perforées et permettant d'effectuer des calculs numériques.

De 1673 à 1814, pas moins de onze inventeurs avaient construit des calculatrices dignes de ce nom. Cependant, ce fut l'arithmomètre à roues dentelées de Charles-Xavier de Colmar, apparu en 1820, qui fut considéré comme la première calculatrice véritablement commerciale à voir le jour, appareil du reste assez performant. Mais c'est Babbage qui accomplit le saut qualitatif en énonçant le premier les principes de l'ordinateur, tel que nous le connaissons aujourd'hui, et en en établissant les bases architecturales. La calculatrice évolua alors vers un projet d'appareil de loin supérieur à tout ce qui existait. Ce fut d'ailleurs l'un des plus grands projets en science appliquée à voir le jour au XIXe siècle. Faire intervenir à ce moment l'idée de la programmation d'un appareil a de quoi surprendre. On sait qu'un programme est un ensemble d'instructions codées dans un langage donné, et décrivant les étapes en vue de solutionner un problème. Quand on introduit ce programme dans une machine mécanique, à l'époque de Babbage, il est en principe exécuté.

Il faut se rapporter à l'industrie textile française du Siècle des Lumières pour comprendre cette surprenante invention de la carte perforée destinée à guider les fonctions d'une machine. Les Français Basile Bouchon et Falcon, respectivement en 1725 et 1728, mettent au point deux techniques servant à guider des métiers à tisser : des aiguilles alliées à des cartes perforées. Ainsi, le dessin décoratif apparaissant sur un tissu est guidé par des alignements de perforation. L'aiguille ne pénètre que là où il y a un trou pour effectuer son travail. S'il n'y a pas de trou, l'aiguille ne pénètre pas. Un procédé qui facilite, il va sans dire, le travail d'exécution tout en limitant la main d'œuvre, d'où l'attrait économique de l'automatisation de la production. Ces cartes perforées préfigurent le mode binaire sur lequel fonctionneront les futurs ordinateurs : chaque perforation est un circuit fermé, et l'absence de perforation, un circuit ouvert. Ces termes, associés au domaine de l'électronique, signifient que le courant passe ou ne passe pas. En 1801, il reviendra à Joseph-Marie Jacquard de mettre au point le métier à tisser semi-automatique, qui porte son nom, en appliquant les innovations de ses prédécesseurs. Cette machine connaîtra un très grand succès. En 1812, 10 000 unités seront en service. **(voir Annexe 2, photo 3)**

Nous semblons bien éloignés de l'ordinateur de Babbage ? Encore un peu de patience. À l'époque où il tente de mettre au point sa calculatrice automatisée, Babbage est bien au fait que sa machine peut être programmable comme un métier à tisser. En guise de référence, il avait d'ailleurs chez lui un autoportrait tissé sur soie que Jacquard avait réalisé grâce à quelque 10 000 cartons perforés.

Restait pourtant de nombreux problèmes à résoudre.

En fait, Babbage concevra deux types de machines à calculer. La première était une machine dite « analogique ». Cette approche provenait de la règle à calcul mise au point par Gunther en 1620 et découlant de l'invention des logarithmes. Il dépasse le cadre de ce chapitre de décrire le tout en profondeur, puisque nous y reviendrons plus loin. Mentionnons simplement que le calculateur analogique permet de réaliser des opérations sur des équations différentielles en substituant un ensemble de variables avec un autre ensemble de variables physiques. Cette approche des calculatrices connaîtra des développements stupéfiants avec les travaux de James Thomson en 1876. Ingénieur au MIT, Vannevar Bush reprendra en 1927, avec son intégrateur différentiel, les idées de Babbage. Conçu pour résoudre les équations différentielles par intégration, son calculateur analogique utilise un système de roues et de volants, un procédé électromécanique. Ce fut l'un des premiers appareils de calcul évolué à être utilisé au vingtième siècle de façon opérationnelle, tant aux États-Unis qu'en Grande-Bretagne et au Canada, à l'Université de Toronto plus précisément. Cet appareil permettra, entre autres, de mettre au point des tables de calculs balistiques d'artillerie durant la Seconde Guerre mondiale.

Mais revenons à Babbage.

Il faudra attendre les années 1834-1836 pour que sa machine analytique, comme il la désigne, et qui est en fait son deuxième type de machine, soit définie dans ses grandes lignes théoriques. Babbage prévoit un dispositif d'entrée et de sortie des données. Un organe de commande gérant la mise en ordre des nombres et leur transfert. À cela s'ajoute également un dispositif permettant de stocker les résultats intermédiaires et finaux des opérations. Un système d'engrenages permet d'exécuter les opérations sur les nombres. Le tout est complété par un dispositif d'impression. Plus d'un siècle plus tard, la technologie, en se dotant de claviers, de moniteurs, de microprocesseurs, de disques durs et d'imprimantes, aura à sa disposition les moyens voulus pour que l'ordinateur moderne voit le jour et soit fonctionnel. Bref, pour que l'ordinateur réponde au rêve du chercheur britannique.

Mais nous n'en sommes pas encore là.

Pour ses travaux, Babbage aura le génie de s'adjoindre les services d'une assistante en or en la personne de Ada Lovelace. La comtesse Lovelace apporta une aide inestimable au projet. Cette femme remarquable — née en 1815, moment où le monde ancien disparaissait avec le Congrès de Vienne, mettant ainsi fin à l'Empire napoléonien et ouvrant la révolution industrielle, et décédée à l'âge de 36 ans suite à un cancer de l'utérus et à des traitements par saignées — seconda Babbage à l'étape cruciale de la conception de la programmation de l'appareil. Fille du poète Lord Byron, qui l'abandonna un an après sa naissance, Ada reçut une éducation privée en mathématiques et en sciences. Un de ses tuteurs fut le grand mathématicien De Morgan, l'un des fondateurs de la logique moderne avec Boole. Deux personnages qui joueront également un rôle majeur dans l'histoire de l'informatique.

C'est Mary Sommerville, éminente chercheuse, qui entre autres œuvres traduisit le *Traité de mécanique céleste* de Laplace, qui la présenta à Babbage. Le chercheur lui commanda la traduction depuis le français du mémoire du mathématicien italien Luigi sur la machine analytique. Ada Lovelace écrira aussi une méthode très détaillée pour calculer les nombres de Bernouilli, un travail considéré comme étant le premier programme informatique au monde.

L'aide qu'apporta Ada est difficile à évaluer puisque la machine achevée de Babbage ne vit jamais le jour. Mais ses efforts dans l'entreprise furent remarquables. Même sur le plan financier. Comme Babbage rencontrait d'énormes difficultés à faire refinancer son projet par le gouvernement britannique, Ada Lovelace, forte d'une analyse des probabilités de son cru, et dont l'Histoire n'a pas retenu les savantes martingales, se mit à jouer aux courses dans l'espoir d'amasser des fonds pour le génial inventeur. Ce qui la ruina.

Un dernier mot à son sujet. Microsoft rendra hommage à cette femme exceptionnelle en apposant un siècle et demi après sa mort son portrait sur les hologrammes d'authentification de ses produits.

Malgré son indéniable talent de visionnaire, Babbage échoua dans sa tentative de donner au monde son premier ordinateur. Sur le plan théorique, son échec s'explique pour deux raisons.

Bien qu'il fût contemporain de Boole, dont nous examinerons les travaux ultérieurement, Babbage n'avait pas saisi que l'application de l'algèbre binaire pouvait aider grandement ses travaux. Il faut savoir que Babbage n'avait pas intégré la notion fondamentale de programme enregistré.

Sur le plan pratique, la construction de sa machine analytique rencontra des difficultés insurmontables.

Commencée au début des années 1820, elle devait comporter pas moins de 25 000 pièces. Mais la construction s'arrêta en 1832 à la suite d'un désaccord entre lui et son ingénieur Joseph Clément. Quelques 12 000 pièces avaient alors été fabriquées, mais pas assemblées. La plupart furent ensuite refondues. Toutefois 2 000 d'entre elles servirent à assembler une petite machine de démonstration.

Entre 1847 et 1849, se basant sur une vision simplifiée de sa calculatrice, Babbage conçoit une seconde machine plus perfectionnée encore, qui comporte 4 000 pièces mécaniques, un mastodonte pesant un peu moins de trois tonnes ! Du vivant de Babbage, aucune tentative ne fut faite pour la construire. Durant un siècle et demi, on s'interrogea sur la fonctionnalité de la machine de Babbage. N'avait-il été qu'un rêveur, démuni de sens pratique, ou un visionnaire de génie ? À la veille du bicentenaire de sa naissance, et se basant sur les archives, on construisit la seconde machine de Babbage. Elle sera composée de 4 000 pièces de fer, de bronze et d'acier et pèsera près de trois tonnes.

Le projet dura six ans. Tous les problèmes se présentèrent, comme du temps de son inventeur. La collecte de fonds n'étant pas le moindre de ceux-ci. Toutefois, en novembre 1991, la machine de Babbage effectua ses premiers calculs, et ce, de manière remarquable. Avec une précision de 31 chiffres. (**voir Annexe 2, photo 4**).

Il faut déplorer que le projet de Babbage ait connu un échec relatif, puisque jamais sa machine ne vit le jour de son vivant. Mais laissons le temps au temps, comme le disait le président François Mitterand. D'autres après lui, nous le verrons dans les prochains chapitres, paveront la route qu'il avait si brillamment tracée.

CHAPITRE 2

Les théoriciens

Quel que soit le domaine dans lequel ils évoluent, les théoriciens ne jouissent jamais d'une grande popularité auprès du grand public, préoccupés qu'ils sont à découvrir les principes premiers des phénomènes. Aux yeux du profane, contrairement à l'opinion qu'on se fait des inventeurs, les théoriciens seraient des êtres désincarnés, adeptes d'élucubrations à base de logique, de démonstrations mathématiques et de concepts abstraits totalement incompréhensibles.

Pourtant, et l'informatique en témoigne éloquemment, l'apport des théoriciens est primordial pour découvrir les lois des phénomènes et dévoiler des relations fondamentales que les ingénieurs auront pour tâche de traduire en innovations technologiques. Bref, au niveau des découvertes, la pensée se situe un peu au-dessus de la matière, comme le pensait le philosophe Platon.

Napier (Neper) et ses bâtons

C'est peu avant sa mort, en 1614, que Napier met au point une méthode arithmétique reprenant une idée ancienne : comparer les progressions arithmétiques et géométriques d'un phénomène pour établir la théorie des logarithmes, et élaborer des tables afin de simplifier les calculs trigonométriques des astronomes. Cette découverte lui permettra d'établir les principes sur lesquels sont basées la règle à calculer, qui apparaîtra en Angleterre en 1632, et certaines machines à calculer au cours du même siècle.

La même année, John Napier ou Neper (l'orthographe de son nom variant selon la langue utilisée) publie donc le résultat de ses travaux dans un des traités les plus importants de l'histoire des mathématiques intitulé *Logarithmorum : Canonis Descriptio.* Cet ouvrage, on le verra plus loin, donna naissance à une nouvelle façon de calculer qui fut à l'origine de l'informatique : les logarithmes. Ce livre décrit en détail comment construire une table de logarithmes. L'origine du concept des logarithmes est utile pour simplifier la lourde tâche des calculs, excessivement compliquée dès qu'elle implique des multiplications, des divisions, voire des exponentiations, une réalité mathématique contenant des variables inconnues, ou des extractions de racines. Voici un exemple de scénario qui pourrait aussi bien s'appliquer à vos actions en bourse, à un virus comme la grippe, qu'à une nappe de pétrole s'échappant d'un puits de forage en pleine mer. En observant la croissance d'une nappe de pétrole qui s'échappe du puits, certaines personnes pourraient se prononcer sur l'évolution de cette marée noire, et affirmer que, dans une semaine, cette nappe de pétrole n'occupera que 5 % de l'étendue d'eau, et qu'en conséquence, les dommages seront limités. Surprise ! Au bout d'une semaine, la marée noire recouvre presque 15 % de l'étendue d'eau. Pourquoi ? Comment se fait-il que les résultats ne soient pas ceux auxquels on s'attendait ? La raison en est simple : le déplacement de la nappe de pétrole, les conditions atmosphériques et plusieurs autres facteurs influencent la croissance de la nappe elle-même. Les calculs logarithmiques servent donc à prévoir le plus précisément possible le rythme de croissance d'un phénomène, lui-même influencé par l'évolution d'autres phénomènes, et ainsi de suite.

Ajoutons que les calculatrices mécaniques n'auraient pas été pensables sans l'apport inestimable de John Napier avec ses logarithmes et ses « bâtons », une sorte d'abaque (petite tablette) sur laquelle peuvent être placées des réglettes gravées, qui permettent de ramener deux des quatre opérations mathématiques de base, la multiplication et la division, à deux opérations plus simples, l'addition et la soustraction. Cette contribution de Napier en fait un père lointain de l'ordinateur, car cette innovation ouvrira la porte au calcul mécanisé qui est la base même du fonctionnement des ordinateurs. **(voir Annexe 2, photo 5).**

L'utilisation du concept des logarithmes est nécessaire dans de nombreux secteurs. Pour ce qui concerne le domaine informatique et les ordinateurs, les logarithmes sont vite devenus indispensables dans les machines à calculer contemporaines, sous forme d'algorithmes, une méthode systématique pour trier des objets, situer des villes sur une carte, multiplier deux nombres, extraire une racine carrée, chercher un mot dans le dictionnaire, et ainsi de suite.

Durant sa vie, John Napier touchera à de nombreux domaines du savoir, allant de la religion à l'agriculture et à la physique, sans oublier la politique et, bien sûr, les mathématiques.

Cet homme génial naît en Écosse près d'Édimbourg autour de 1550. Très tôt, à l'âge de 13 ans, il entre à l'Université de Saint Andrews sans y accomplir rien de remarquable. C'est alors que son père lui organise, sur le continent, des rencontres avec des lettrés et des savants qui lui laisseront un souvenir impérissable, ainsi que le désir de laisser, lui aussi, sa marque, de laisser des traces de son passage sur Terre, en créant et en inventant.

Durant sa vie, John Napier s'attellera à plusieurs inventions : il fait de l'expérimentation en agriculture, invente des armes, dont un fusil qu'on disait particulièrement efficace, et un immense miroir pour la protection de l'Angleterre, miroir qui, en amplifiant les rayons du soleil, était sans doute destiné à brûler les navires ennemis. Il fut aussi l'un des premiers, sinon le premier, à utiliser le point décimal.

L'apport inestimable de John Napier dans le domaine des mathématiques et de la physique lui vaudra une profonde reconnaissance de ses pairs. En génie électrique, une unité de mesure, le néper, de symbole

Np, qui exprime notamment la grandeur d'un champ magnétique, a été nommé en son honneur. À Édimbourg, une université porte son nom. Enfin, un cratère lunaire, le cratère de Néper, rappelle à l'humanité tout entière son remarquable passage terrestre.

Boole et Shannon ou le monde écrit en maths

George Boole naît en Angleterre en 1815, l'année du Congrès de Vienne, moment clé de l'histoire des relations internationales. En effet, consécutivement à la défaite des armées napoléoniennes, l'Europe décide de la configuration politique de ce continent pour le siècle à venir. Mathématicien et autodidacte, qui apprendra seul le latin, l'allemand, le français et l'italien, Boole avait une obsession qui se ramenait à une question : comment fonctionne la pensée ? Autodidacte, sans aucun titre universitaire, il soutient que la logique doit être rattachée aux mathématiques et non à la philosophie. Si Boole avait pu prévoir l'avenir, voyager dans le temps, se transporter en Amérique et lire les travaux de deux chercheurs en neurophysiologie, Warren McCullogh et Walter Pitts, il aurait vu que le cerveau humain peut être comparé à une machine, et que dans cette machine, des impulsions électriques circulent dans les cellules nerveuses et leurs embranchements.

Durant sa courte vie, il mourra à 49 ans, George Boole aura pourtant eu l'intuition que les lois de la pensée sont mathématiques en leur essence. De cette intuition, et après plusieurs tentatives et beaucoup d'errements, il créera une mathématique binaire d'où naîtront les cerveaux électroniques d'aujourd'hui. Ce fils d'un cordonnier et d'une femme de chambre, né à Lincoln dans l'est de l'Angleterre, a eu la chance d'avoir un père qui s'intéressait aux choses de la science. John Boole, le père, créa même un téléscope « pour contempler les œuvres de Dieu » tel qu'il l'avait écrit au fronton de son atelier.

Ce qui intéressa d'abord son fils, George, ce furent les langues anciennes, notamment le grec et le latin. Mais à seize ans, il doit subvenir aux besoins de sa famille. Il interrompt donc ses études et réussit à se faire embaucher comme enseignant. Toujours en autodidacte, il se passionne dès lors pour les mathématiques. Pour accéder aux nombreux ouvrages des mathématiciens de France qui dominent alors ce vaste domaine — on pense ici à Lacroix, Laplace et surtout Lagrange et son *Grand traité de mécanique analytique* — il apprend le français. Ses études en solitaire et les écrits qui en découlent l'amènent, en 1844, à proposer à ses pairs de la Royal Society une communication qui fera date. Ce texte sur les méthodes symboliques de résolution des problèmes d'équations différentielles intitulé *An investigation into the laws of Thought, on which are founded the mathematical theories of logic and probabilities. (Une exploration des lois de la pensée sur lesquelles sont fondées les théories mathématiques de la logique et des probabilités).*

Dans sa préface, Boole précise qu'il veut « étudier les lois fondamentales du fonctionnement de l'esprit, l'expliquer en utilisant le langage symbolique du calcul et sur cette base, initier la science de la logique », et ce afin de mieux comprendre la nature et la constitution de l'esprit humain.

Cet essai marque un tournant dans sa carrière, puisqu'il lui permettra d'accéder à la Chaire de mathématiques de l'Université de Cork en Irlande. Nous sommes en 1849. Boole a alors 34 ans. Les temps sont difficiles. Son père, le cordonnier philosophe, meurt, et l'Irlande traverse la crise économique la plus terrible de son histoire. De grandes famines ravagent le pays de 1845 à 1851, entraînant la mort d'un million de personnes et forçant un million d'autres à immigrer en Amérique.

Mais au travers de ces tragédies subsistent aussi certains moments de bonheur, puisqu'il épouse Mary Everest, la nièce de George Everest, dont la plus haute montagne du monde porte le nom, Boole, ce génie autodidacte, continue à cogiter. En 1854, celui dont on disait qu'il connaissait tout, publie son chef d'œuvre : *An Investigation of the Laws of Thought* (*Les lois de la pensée*), un ouvrage dans lequel il approfondit les idées avancées dans le texte *L'analyse mathématique de la logique*, publié en 1847, un livre encore édité à notre époque.

Selon Boole, l'idée d'une mathématisation de la logique, qui se présente comme l'étude formelle des normes de la vérité, lui est venue à l'âge de dix-huit ans. L'intuition géniale de Boole fut de construire la logique comme une algèbre, une voie sur laquelle s'était déjà engagé un mathématicien contemporain et ami de Boole, Auguste de Morgan. Boole conçoit donc une algèbre où les lois, les symboles et les procédures n'admettent uniquement que les valeurs 0 et 1, une algèbre possédant ses lois propres d'opération dûment définies. Avec son algèbre binaire, Boole s'approchait ainsi de l'explication du mode de pensée des hommes qui raisonnent en termes de vrai et de faux, de blanc et de noir, de rapproché ou d'éloigné, de haut et de bas, de chaud et de froid, de clair et de sombre. Toutes ces idées, alliant la logique et les mathématiques, auraient pu rester confinées à l'univers abstrait des mathématiciens, mais, heureusement, elles furent élaborées au moment même où de l'autre côté de la mer d'Irlande, Charles Babbage, que Boole rencontre brièvement en 1857, tente de mettre au point un calculateur automatique, ancêtre de nos ordinateurs. L'histoire des sciences nous apprend ainsi que rien ne se perd et que tout se transforme. Près de 74 ans après la mort de Boole, de l'autre côté de l'Atlantique, au Massachusetts plus précisément, un dénommé Claude Shannon se souviendra de l'expression de Galilée : « Le monde est écrit en langage mathématique », et donnera vie aux travaux de Boole d'une façon totalement imprévue.

Nous sommes en 1938. À cette époque, Shannon est étudiant de maîtrise en génie électrique au MIT de Boston. Dans son mémoire intitulé *Analyse symbolique des relais et commutateurs*, il propose une idée géniale : on peut décrire les états d'un relais électromagnétique en utilisant la logique booléenne. C'est lui qui établira le lien décisif entre ces trois domaines que sont le calcul binaire, l'algèbre booléenne et les circuits électriques. Ces trois domaines étaient bien sûr connus avant Shannon, mais, grâce à ses travaux, il en vint à concevoir que si les circuits électriques — binaires dans leur fonctionnement, une ampoule ou un relais sont en effet des dispositifs à deux états possibles, ouvert ou fermé, symboliquement exprimés par 0 ou 1 — étaient organisés selon les principes de Boole, ils pourraient s'exprimer de manière logique, tester la vérité des propositions et résoudre ainsi sur papier des calculs complexes. En d'autres termes, grâce aux travaux de Boole, Shannon pouvait développer une logique mathématique qui servira à la conception d'ordinateurs.

Cette année-là, son texte, qui fournira la base théorique de la conception de tous les circuits, reçoit une application immédiate dans la mise au point des systèmes téléphoniques. Il rejoint d'ailleurs la compagnie ATT Bell Laboratories en 1941. Ce n'est qu'un peu plus tard que les concepteurs d'ordinateurs découvriront la richesse de son travail théorique.

Après Shannon, d'autres théoriciens ont fait leur marque. Nous pensons entre autres à Edward Veitch et Maurice Karnaugh, qui développeront cette logique binaire afin qu'elle puisse traduire tous les états de l'électronique numérique à base de valeurs discrètes. De nos jours, la technologie des ordinateurs, formée de portes logiques, de bascules, de compteurs, de mémoires et de stockage, serait impensable sans ce lien que Shannon a établi entre les travaux de Boole sur la logique et la complexité de la technologie électronique du vingtième siècle.

Mais Shannon ne s'arrêtera pas en si bon chemin. Dix ans après son incontournable mémoire, cet excentrique frappe un nouveau coup en publiant en 1948 un texte intitulé *Une théorie mathématique des communications*. Ce texte, qui fonde la théorie de l'information, apportera, entre autres, une mesure de la quantité d'information dont l'unité est le bit, contraction de « *binary digit* », mesure des plus utilisées par les informaticiens.

Mais l'homme a bien d'autres cordes à son arc.

Claude Shannon fut en effet l'un des pionniers de l'invention de l'ordinateur pouvant jouer au jeu d'échecs. En 1950, dans un article publié dans la revue *Scientific American*, il explique qu'une bonne façon de travailler sur l'intelligence artificielle serait de construire une machine à jouer aux échecs, jeu qui représente pour lui un domaine d'expérience idéale. Reprenant un algorithme mis au point par John von Neumann et Oskar Morgenstein, il invente la fonction d'évaluation qui permet aux logiciels et aux programmes d'échecs d'attribuer une note aux positions, et de choisir ainsi le meilleur coup, ou la meilleure suite de coups. L'arborescence de ces logiciels n'était pas aussi élaborée qu'aujourd'hui. Il s'agissait donc d'une approche basée sur la méthode des joueurs d'échecs qui n'analysent jamais les millions de possibilités de coups qu'offre une position sur l'échiquier. Claude Elwood Shannon est décédé en 2001 des suites de la maladie d'Alzheimer. Ironie du sort que ce terrible fléau de la mémoire ait terrassé un savant qui avait tant fait pour que la mémoire des hommes leur survive grâce à l'ordinateur.

Alan Turing, le génie qui croqua la pomme

Alan Turing passait pour un excentrique. Ce qu'il était sûrement. À vous de juger : Turing pédalait dans la campagne anglaise le visage protégé par un masque à gaz, car il était sujet au rhume des foins, ou alors, il portait souvent un pyjama sous sa veste de sport, son pantalon tenant par un bout de ficelle. Mais Turing fut beaucoup plus qu'un excentrique. En fait, il fut l'un des plus grands génies de l'informatique que le monde ait connus ! Sa fin tragique, que l'on peut seulement comparer à celle de Socrate, est là pour nous rappeler la bêtise des hommes.

En 1937, Alan Turing publie un texte fondateur de l'informatique, *Sur les nombres calculables et les applications au problème de la décidabilité*, texte qui, en apparence, n'a rien à voir avec cette technologie balbutiante. Dans ce document fondamental définissant la fonction de l'algorithme[3], une dimension capitale de l'informatique, Alan Turing décrit une machine conceptuelle capable d'exécuter séquentiellement, selon un programme pré-établi, une série d'opérations en vue de résoudre un problème. Cette « machine de Turing » comme on l'a baptisée, définit

3 Suite finie, séquentielle de règles que l'on applique à un nombre fini de données, permettant de résoudre des problèmes.

les concepts fondamentaux du fonctionnement algorithmique des futurs ordinateurs. En fait, cette machine n'en est pas vraiment une. Il s'agit de ce que les Allemands nomment une « *gedanken experiment* », c'est-à-dire une expérience par la pensée. Einstein utilisera abondamment ce procédé pour faire comprendre la relativité générale.

Alan Turing naît à Londres en 1912. Son père étant fonctionnaire en Inde, lui et son frère John, de quatre ans son aîné, sont élevés dans une famille d'accueil du sud est de l'Angleterre durant les neuf premières années de leur existence. Les parents ne verront qu'occasionnellement leurs deux fils. Garçon vif d'esprit, intelligent, mais rebelle et peu sociable, Alan apprend à lire seul. Très tôt il manifeste un intérêt pour les sciences, notamment pour la chimie et la science des rêves.

Inscrit à une « *public school* », c'est-à-dire une école privée, les Anglais n'en étant pas à un paradoxe près dans la désignation des choses, Alan Turing était passionné par ses propres recherches, et par les découvertes d'Albert Einstein auxquelles il s'initia, négligeant ainsi le travail élémentaire exigé. Par ailleurs, ses tenues négligées, sa répugnance pour le sport, et le fait qu'il ne se sentait attiré que par les personnes du même sexe, ne facilitaient guère son intégration scolaire.

Survint alors une rencontre qui allait changer sa vie. En 1927, Christopher Morcom, étudiant à peine plus âgé que lui, s'impose comme partenaire incontournable dans sa découverte des sciences. Étudiant surdoué à qui tout réussissait, Christopher guide Alan sur la voie de la recherche en mathématiques et en astronomie, tout en lui inspirant, bien involontairement, une véritable passion amoureuse. De quoi engager Alan vers des études académiques sérieuses et la réussite. Puis à la veille d'entrer à l'université, Christopher Morcom meurt subitement. Nous sommes le 13 février 1930. Ce décès allait hanter Alan Turing durant sa vie entière.

Sans doute en hommage à l'ami disparu, Alan Turing s'inscrit en mathématiques au King's College. Parmi tous les phénomènes scientifiques qui jusque là l'avaient intéressé, ce qui l'étonnait le plus était qu'une formule physique puisse trouver une application dans le monde physique. Tout en suivant les conférences de sommités comme Godfrey Hardy, mathématicien de premier plan, et d'Arthur Eddington, l'un des plus grands astrophysiciens du début du siècle, Alan Turing s'adonnait à la course, sport qui convenait à son tempérament solitaire, et dans lequel ses performances n'étaient pas négligeables : il songera à participer au marathon lors des Jeux Olympiques de Londres en 1948.

Au début des années trente, l'univers mathématique dans lequel évoluait Turing était agité par une question posée en 1928 par le plus grand mathématicien allemand du temps, David Hilbert : existe-t-il une méthode permettant de décider, sans en faire la démonstration, si un énoncé mathématique est vrai ? Une réponse vint d'un mathématicien tchèque du nom de Kurt Gödel qui concluait à l'incomplétude des mathématiques, c'est-à-dire qu'il existait, selon lui, des propositions qui ne pouvaient être ni démontrées, ni infirmées. Ce problème obsédait Turing. C'est lors d'une course en solitaire, en 1935, qu'il conçut l'idée d'une machine, toute théorique, capable de s'attaquer au problème de Hilbert. De manière assez astucieuse, Turing faisait des rapprochements avec la machine à écrire qui manipulait aussi des symboles. De cette réflexion devait sortir son texte fameux sur les « *nombres calculables* » sujet dont il fut question en début de texte, véritable fondement théorique pour la conception des ordinateurs, mais qui, à l'époque de sa publication, ne suscita aucun intérêt. Ce texte fondateur allait bientôt donner naissance à des appareils appliquant les concepts de programmation et de programme, et à la formalisation des concepts d'algorithme.

En 1937, Alan Turing traverse l'Atlantique pour poursuivre son doctorat à Princeton. Il y fait la rencontre de John von Neumann, futur grand théoricien des ordinateurs. Très au fait de la machine théorique du chercheur anglais, celui-ci lui offre un emploi d'assistant, proposition déclinée par Turing qui retourne l'année suivante en Angleterre. Ce passionné des nombres s'initie alors à la cryptologie, art de rendre des textes secrets et de déchiffrer ceux qui sont déjà codés. Heureuse initiative. L'année suivante, en 1939, la guerre éclate et Alan Turing se joint au fameux groupe de Bletchley Park. C'est là, aux côtés des meilleurs cerveaux de Grande Bretagne, que ce théoricien hors norme se donnera comme mission de déchiffrer les messages radio des sous-marins allemands qui assiègent son pays. Il jouera un rôle fondamental dans la mise au point des premiers ordinateurs fonctionnels. Dans un chapitre ultérieur, nous traiterons en profondeur des initiatives du groupe de Bletchley Park, qui regroupera en 1943 quelque 10 000 chercheurs dans toutes les branches du savoir, afin de créer ces « bombes électroniques » qui pouvaient effectuer rapidement d'immenses calculs. Qu'il nous suffise ici de mentionner qu'Alan Turing, grâce à sa connaissance des multiplicateurs à relais, apporta un apport fondamental pour la construction de ces machines. Ses idées, à base de logique mathématique et de méthode statistiques très élaborées, firent en sorte que dès 1942, la plupart des messages allemands de la machine Enigma seront décryptés. Après la guerre, Alan Turing œuvra un temps à la National Physical Laboratory pour construire un prototype d'ordinateur baptisé ACE. Puis, en 1947, il quitte ce laboratoire, pour des raisons théoriques et administratives, et retourne à Cambridge pour suivre des cours en physiologie et en neurologie. Ce qui obsède Alan à cette époque de sa vie, c'est le mécanisme de la pensée. Autrement dit, comment le cerveau arrive-t-il à fonctionner ? En 1950, il publie le second de ses articles, parmi les plus célèbres de la revue philosophique Mind : *L'ordinateur et l'intelligence*. Les idées qu'il y expose seront connues plus tard sous le concept d'intelligence artificielle.

Durant les années cinquante, Alan Turing délaisse l'informatique pour entreprendre dans la dernière phase de sa vie l'étude de la morphogénèse. À l'aide d'équations mathématiques extrêmement complexes, il tente d'expliquer les mécanismes moléculaires expliquant la forme des corps vivants. En 1952, année où sa vie basculera, il publie un article sur *Les bases chimiques de la morphogénèse*. L'époque, qui le voit au sommet de sa pensée, est obscurcie par une sordide affaire de mœurs, sordide par l'éclairage d'un appareil de justice à peine concevable de nos jours.

Victime d'un cambriolage dans sa demeure de Manchester, la police découvre lors de son enquête qu'Alan Turing aurait eu une relation homosexuelle avec un jeune homme de dix-neuf ans répondant au nom d'Arnold Murray. Une telle pratique étant alors condamnée par le code criminel, Alan Turing fut accusé de crime sexuel. À son procès, le 31 mars 1952, notre savant plaida coupable et se vit condamner à un contrôle juridique d'un an. Il dût aussi se soumettre à un pénible traitement hormonal visant à anéantir sa libido, une idée qui avait cours dans le milieu juridique de l'époque.

Alan Turing poursuivit pour un temps ses travaux, ceux-ci étant facilités par l'obtention d'un poste de professeur à l'Université de Manchester. Mais visiblement, l'existence lui pesait. Quelques mois plus tard, le 7 juin 1954, il se donna la mort.

Il faut revenir près de vingt ans en arrière pour comprendre l'approche chargée de mystère qui fut la sienne pour quitter l'existence. En octobre 1938, on projeta à Cambridge le film d'animation *Blanche neige et les sept nains*, film tout droit sorti des studios de Disney et dont Turing ne se lassera jamais. Alan Turing fut fortement frappé par la scène où la méchante sorcière empoisonne une pomme pour faire mourir la princesse. Tout en chantonnant *Plonge la pomme dans le brouet (ragoût)/ Et laisse le sommeil de la mort l'imprégner.* Ce fut donc à l'aide d'une pomme enduite de cyanure qu'Alan Turing choisit de finir son existence.

Ainsi disparaissait l'un des grands cerveaux du vingtième siècle. Durant les années qui suivirent, la communauté scientifique tenta de réparer la tragédie qui avait frappé Alan Turing, notamment en créant en 1966 le prix Turing, l'équivalent du prix Nobel, décerné annuellement à des personnes ayant apporté une contribution significative à la science de l'informatique.

Une critique de télévision, Emily Blunt, suite au visionnement du film *Enigma*, qui racontait la vie de Turing, avança même que l'origine du logo des ordinateurs Apple, une pomme entamée d'une bouchée aux couleurs du drapeau arc-en-ciel, symbole de la communauté homosexuelle, rendait hommage à Turing. Un point sur lequel Rob Janoff et Regis McKenna, les designers du logo, ne se sont jamais prononcés.

John von Neuman, le grand architecte

On ne sait trop ce qui se passa en Hongrie durant la première moitié du vingtième siècle, mais cette terre de l'Europe centrale donna naissance à une foule de génies. On pense ici entre autres à Léo Szilard, qui le premier pensa à la bombe atomique, à Theodore von Karman, penseur de l'aéronautique, à Dennis Gabor, qui inventa l'holographie, Paul Nemenyi, père biologique de Bobby Fischer, le plus grand joueur d'échecs de tous les temps, à Edward Teller qui conçut les armes thermonucléaires, à Eugene Wigner, prix Nobel de physique en 1963 et enfin, à Cornelius Lanczos, qui fut l'adjoint d'Albert Einstein.

Mais dans ce florilège de penseurs d'origine hongroise, John von Neuman occupe une place à part, tellement ses contributions à l'évolution de divers domaines de la science et de l'informatique furent importantes.

Avant d'aborder l'apport de von Neuman au monde de l'informatique, une question primordiale s'impose : à quoi sert donc un ordinateur ? Essentiellement à nous aider à résoudre des problèmes à l'aide d'algorithmes.

Ce terme d'algorithme est si important qu'il exige évidemment une seconde explication.

Si par exemple nous avons à calculer la surface d'un cercle, nous savons de prime à bord que la formule mathématique pour y arriver, est de mesurer le rayon de ce cercle, de l'élever au carré, c'est-à-dire le multiplier par lui-même, et de multiplier le résultat par pi, soit 3,1416.

La formule pour résoudre tous les cercles, qu'importe leurs dimensions, est ce que l'on nomme un algorithme.

Pour que la fantastique capacité d'opération d'un ordinateur puisse nous aider à calculer la surface de tous les cercles possibles et imaginables, nous aurons à utiliser un langage de programmation afin que la machine comprenne cet algorithme et qu'elle l'utilise. Il en va ainsi de tous les types de problèmes que nous voudrons solutionner à l'aide d'un ordinateur.

Reste à examiner comment est constituée cette machine. Au début des années quarante, l'architecture de l'un des premiers cerveaux électroniques fonctionnels, l'EDVAC, sortira tout armée de la tête de John von Neumann. Ce cerveau électronique servira de modèle à tout ce qui portera par la suite le nom d'ordinateur. L'architecture von Neumann, comme on la désigne, s'articule autour de trois éléments de base des ordinateurs : une unité centrale de contrôle qui gère les opérations et interprète les instructions ; une unité arithmétique et logique qui se charge du traitement des données, et une mémoire où sont stockés programmes et données. À cette construction de base s'ajoutent des ports d'entrée et de sortie permettant à l'utilisateur d'entrer des données, et à l'ordinateur de communiquer ses résultats. John von Neumann, l'architecte à qui nous devons les plans de base de l'ordinateur, naît en Hongrie en 1903. D'origine juive et enfant prodige, dès l'âge de six ans, il sait diviser mentalement des nombres à huit chiffres, et à huit ans, il peut réciter des textes entiers en grec ancien et en latin, il fréquente les meilleurs écoles de Budapest et parle couramment le français et l'allemand. Son milieu de vie est des plus aisés : son père Max dirige l'une des plus puissantes banques du pays, la Hitelbank, ce qui lui vaudra d'être anobli par l'empereur François Joseph, d'où la particule « von » avant Neumann. Il fait des études brillantes en mathématiques à l'Université de Budapest en 1921, puis étudie la chimie à Berlin où il se dit ébloui par les conférences d'Albert Einstein sur la mécanique statistique. En 1923, von Neumann part en Suisse où il décroche un diplôme en chimie à l'école polytechnique de Zurich. Mais son amour des mathématiques reste entier et constant, ce qui explique qu'en 1926, à Budapest, il passe cette fois un second diplôme en mathématiques. Fuyant l'instabilité politique qui règne dans son pays, von Neumann, fort d'un mémoire de maîtrise sur la théorie des ensembles, rejoint l'Université de Göttingen où il décroche un poste d'assistant en mathématiques. De là, il multiplie les communications scientifiques et sa réputation le place parmi les plus brillants mathématiciens au monde.

John von Neumann est fasciné par le nouveau monde. Ce qui explique que, lors de la montée du parti nazi en Allemagne en 1930, il n'hésite pas à accepter une invitation de Princeton, à titre d'enseignant. Pendant trois ans, jusqu'à l'arrivée au pouvoir d'Hitler, il partage ainsi son temps entre Berlin et les États-Unis, puis se fixe définitivement dans ce pays. Von Neumann enseignera à Princeton jusqu'à sa mort.

John von Neumann n'est pas un scientifique, tel que l'on s'imagine habituellement. Amateur de bonne chère et de rencontres sociales, toujours vêtu élégamment, joyeux, faisant souvent le pitre, il échappait à toute classification. Mais c'était aussi un homme seul, secret, qui pouvait s'enfermer des jours entiers pour réfléchir à des problèmes d'une extrême complexité. Dans la deuxième moitié des années trente, il publiera quelque 150 communications portant sur la physique, mais aussi sur une foule de sujets mathématiques comme la théorie des ensembles, la logique, la topologie, l'analyse numérique. Durant la Seconde Guerre, son expertise est en demande dans une foule de secteurs reliés à la défense. Il participera notamment au projet Manhattan pour la mise au point de la première bombe atomique. C'est von Neumann qui convaincra les grands maîtres du projet, les Bethe, Oppenheimer et Teller, plutôt sceptiques au départ, d'amorcer la bombe atomique par l'implosion. Selon le principe dit de Monroe, il s'agissait de comprimer une matière fissile (qui se fissure facilement et peut subir une fission nucléaire), en l'occurrence le plutonium à venir, avec des explosifs classiques pour obtenir la masse critique qui provoquerait l'explosion atomique. La bombe larguée sur Nagasaki en 1945, équivalente à 9 072 kilogrammes (20 000 livres) de TNT (dynamite), et qui mettra fin à la guerre, intégrait le procédé suggéré par le mathématicien hongrois.

L'entrée de von Neumann dans l'univers informatique naissant a pour origine les difficultés que posaient les énormes calculs exigés par les travaux du projet Manhattan, en particulier le contrôle des réactions thermonucléaires. Les physiciens doivent alors opérer avec des machines à calculer mécaniques ou électromécaniques d'IBM, fonctionnant par cartes perforées. Ces machines sont peu performantes et tombent régulièrement en panne. John von Neumann songe alors à une machine comportant une mémoire centrale et un programme enregistré. Nous sommes en 1944. Deux chercheurs, John Eckert et John Mauchly, dont nous examinerons ultérieurement les travaux, sont précisément en train de mettre au point un calculateur électronique baptisé ENIAC (*Electronic Numerical Integrator and Computer)*, une machine énorme qui comportera quelque 1 500 relais et 17 000 tubes à vide. John décide alors de rejoindre les deux chercheurs à la Moore School, une institution rattachée à l'Université de Pennsylvanie.

John von Neumann ne participa pas directement à la conception de l'ENIAC, machine qui pouvait effectuer la multiplication de deux nombres de dix chiffres en moins de 1/300e de seconde. Mais son contact avec l'ordinateur lui permettra néanmoins de participer à la conception de l'EDVAC (*Electronic Discrete Variable Arithmetic Computer*). C'est de cet appareil que naîtra le concept d'architecture von Neumann expliqué précédemment, et qui influencera la construction de tous les ordinateurs à venir.

Von Neumann mourra en 1957 à l'âge de 54 ans, mais pendant la dizaine d'années qui lui restent à vivre, le savant poursuivra son travail de consultant, notamment au Commissariat américain de l'énergie atomique et à la compagnie IBM, où il accumulera les honneurs. On lui décernera l'une des plus hautes distinctions américaines, soit la Médaille présidentielle de la liberté.

Après sa mort, on publiera en 1958, à titre posthume, son essai intitulé *The Computer and the Brain* (*L'ordinateur et le cerveau*). On réalisa alors que le grand John von Neumann partageait une passion avec l'un des pionniers lointains du monde de l'informatique, George Boole, une passion qui consistait à chercher à comprendre comment fonctionnait le cerveau humain. De là naquit l'idée qu'une machine pourrait devenir aussi performante que cette masse de matière corporelle de quelque 1 370 grammes (48,33 onces) qu'est le cerveau humain, masse physique qui jouit du privilège d'être la plus complexe du cosmos.

Leonard Kleinrock et ses paquets d'informations

Né en 1934 à New York, Leonard Kleinrock est l'inventeur de la commutation par paquets. Ce théoricien de premier plan a une vie fascinante. Mais d'abord quelques mots sur cette technologie de commutation « par paquets » qui n'a rien d'évident à première vue, et sur les nombreuses avancées technologiques qui l'ont rendue possible. La commutation est le terme utilisé en télécommunication pour établir le lien entre l'appelant et le destinataire. Les deux grandes familles sont la commutation de circuit et la commutation par paquets. La commutation de circuit a cours depuis les débuts de la télécommunication qui nous ramène à l'ère de la télégraphie, et jusqu'au téléphone : il s'agit d'un circuit électrique permanent entre le point A et le point B. La qualité de cette communication se caractérise par son excellence.

La commutation par paquets découpe l'information en petits paquets de longueur standard. Par exemple, une phrase est coupée en deux ou trois parties qui deviennent des paquets. Chaque paquet est ensuite émis à destination, indépendamment les uns des autres par différentes voies. Ainsi, un message envoyé de Montréal à Berlin pourra transiter sous forme scindée par New York, Paris et Londres. Le bon cheminement des paquets est assuré par des « routeurs », qui sont en fait des ordinateurs intermédiaires. Le destinataire reconstitue la phrase complète après la réception de ces paquets. C'est ce type de commutation qui est utilisée en informatique. Soulignons qu'Internet utilise une grande variété de liaisons : lignes téléphoniques, câbles, fibres optiques et satellites pour acheminer cette information.

Une percée technologique qui allait favoriser cette transmission par paquets sera la fibre optique en 1999. Plus fine qu'un cheveu, elle peut transporter des informations équivalant à 90 000 volumes d'une encyclopédie à la seconde, alors que le câble en cuivre, technique classique de la téléphonie, peut transmettre l'équivalent d'une page de données durant le même intervalle de temps.

Un mot sur cette invention remarquable sans laquelle l'avancée de Kleinrock n'aurait pas bénéficié, et de loin, des mêmes possibilités. Le principe de la fibre optique, développé dans les années 1970 dans les laboratoires de l'entreprise américaine Corning Glass Works, repose sur cette propriété étonnante du verre à conduire la lumière. Nous devons au physicien irlandais John Tyndall d'avoir le premier, en 1854, fait la démonstration scientifique devant la Société Royale Britannique qu'on pouvait courber la trajectoire de la lumière, condition essentielle pour l'utiliser afin de transmettre des signaux.

Les télécommunications par fibre optique restèrent impossibles jusqu'à l'invention du laser en 1960 par Schawlow et Townes du Bell Laboratories, une invention tout à fait extraordinaire, comme nous le verrons plus loin, et qui permet l'amplification de la lumière. On pouvait ainsi transmettre un signal avec assez de puissance sur une longue distance. Restait à mettre au point des fibres optiques de qualité, de manière à ce que le signal transmis ne disparaisse pas au bout de quelques centimètres. Il reviendra à trois chercheurs de New York, Robert Maurer, Peter Schultz et Donald Keck, de la Corning Glass, de mettre au point cette délicate fibre utilisable dans les réseaux de communication. La carrière de Leonard Kleinrock se dessine assez tôt. À l'âge de six ans, la lecture d'un « *comic book* » de *Superman* attire son attention sur le plan en page centrale d'une radio à galène, connue aussi sous le nom de « radio à cristal », un récepteur primitif dont la construction est à la portée de tout jeune bricoleur. Avec l'aide de ses parents, Leonard se procure alors les pièces à assembler pour bâtir l'appareil qui le mettra en contact avec les ondes radio : fil, condensateur réglable et écouteur.

La leçon sera retenue. Avec les années, le jeune Leonard enchaîne cours et emplois à temps partiel, ce qui le familiarise de plus en plus avec le monde naissant de l'électronique. Sa famille n'est pas riche et le jeune scientifique doit concilier les cours du soir avec une pratique de technicien. Ce parcours du combattant le conduit à la fin des années cinquante à cette mecque de l'ingénierie qu'est le MIT.

Les milieux universitaires, on le sait, sont soumis à des modes et des courants comme tout autre milieu. À l'époque, les aspirants au doctorat optent massivement pour les théories de l'information. Kleinrock s'oriente, lui, vers les réseaux de transmission de données, un secteur naissant de l'ingénierie. Cinq ans plus tard, en 1964, Kleinrock publiera chez McGraw-Hill un volume qui fera date dans l'histoire de cette technologie. *Communications Nets* aborde en effet la commutation par paquets décrite plus haut. Les principes techniques développés dans l'étude, ajoutés aux recherches subséquentes de Kleinrock, seront à la base d'Internet. À ce titre, il peut revendiquer d'avoir été l'un des pères de la toile. Mais à l'époque, le marché est loin d'être ouvert à ce type d'innovation. Kleinrock rejoint donc l'Université de Californie à titre d'enseignant. L'ARPA, soit l'Advanced Research Project Agency, créée en 1958 en réponse à l'avancée russe des Spoutniks, œuvre précisément dans ce haut lieu du savoir sur la côte ouest pour financer des recherches en informatique. Kleinrock profitera donc de cette manne de subventions pour poursuivre ses recherches sur l'information par paquets. À la fin des années soixante, l'Université de Californie à Los Angeles (UCLA) nommera même Kleinrock à la tête d'un groupe de quarante chercheurs ayant pour objectif de mettre plusieurs ordinateurs en contact.

En décembre 1969, le travail du groupe de Kleinrock réussit à mettre en contact quatre ordinateurs dans autant d'institutions, soit UCLA, Stanford, Santa Barbara et l'Université de l'Utah. Au milieu des années 70, une dizaine d'institutions communiquaient par ordinateurs, préparant ainsi l'immense toile des décennies à venir pour des centaines de millions de personnes.

Du « *comic book* » de *Superman* au cyberespace, force est d'admettre que Leonard Kleinrock avait parcouru beaucoup de chemin. Pour terminer, mentionnons que parallèlement aux travaux de Kleinrock, deux autres chercheurs, Donald Watts Davies et Paul Baran, le premier en Grande-Bretagne, le second aux États-Unis, travaillèrent sur la commutation par paquets. Donald Davies, mathématicien et physicien, eut l'insigne honneur de travailler aux côtés d'Alan Turing sur le projet d'ordinateur ACE en 1947, avant de présenter à Edimbourg, en 1968, ses idées sur le type de commutation dont il est question ici. Il mit en œuvre les réseaux Mark I et II au cours des années soixante-dix, avant de s'attaquer aux problèmes de sécurité en ligne. Paul Baran, né en Pologne en 1926, mais immigré aux États-Unis deux ans plus tard, se joignit à l'UCLA en 1959 après des études en ingénierie. Il joua aux côtés de Kleinrock un rôle important dans la mise au point de la commutation entre ordinateurs, mais s'attaqua également à la constitution de réseaux sans fil auprès des compagnies StataCom et Metricom. Que de matière grise, pourrions-nous dire, pour que les cerveaux électroniques puissent communiquer efficacement ! Il le fallait : des milliards d'humains attendaient impatiemment de transmettre à l'être aimé de l'autre côté de l'univers leurs sentiments profonds...

Kahn, Cerf et Berners-Lee, les sorciers du Net

En octobre 1969, l'année même qui vit l'homme marcher sur la lune, Internet voyait le jour. Bien timidement, il faut dire. Deux ordinateurs, l'un situé au département informatique de l'Université de Californie à Los Angeles (UCLA), l'autre au Stanford Research Institute (SRI), à plus de 500 kilomètres du premier, se mirent à converser timidement. Des années avaient été nécessaires pour préparer cette expérience, qui peut paraître aujourd'hui des plus banales. Il faudra quelques décennies de plus pour que des centaines de millions d'ordinateurs en fassent tout autant.

Pour comprendre comment ce projet fut rendu possible, il faut revenir quelques années en arrière.

Si on oublie l'expérience pionnière de Stibitz au début des années quarante, c'est en 1957, en pleine guerre froide avec l'envoi du premier satellite artificiel, le fameux Spoutnik des Soviétiques, qu'eut lieu l'élément déclencheur qui permettra à des ordinateurs de communiquer.

Voir ainsi les Russes prendre le contrôle de l'espace, et les savoir capables de mettre un appareil en orbite avait de quoi faire réagir l'administration du président américain Eisenhower. L'ennemi communiste possédait une longueur d'avance concernant les fusées balistiques. L'Amérique était à portée des armes nucléaires soviétiques. C'était sérieux.

Les États-Unis mirent donc sur pied l'ARPA, c'est-à-dire l'Advanced Research Project Agency, dotée de généreux budgets pour trouver des solutions d'avant-garde dans de nombreux domaines touchant la défense. L'une d'entre elles concernera indirectement l'informatique et consistera à protéger le système de communication sur le sol américain en cas d'attaque nucléaire.

Ainsi, l'univers qui allait devenir Internet débuta bien modestement en 1962, en pleine guerre froide, lorsqu'un chercheur de la Rand Corporation, Paul Baran, se vit commander par la U.S. Air Force une étude sur la possibilité d'un système de communication capable de résister à des bombardements. Le problème était de taille : avec un système de communication centralisé, une seule bombe nucléaire bien placée réussirait sans aucun doute à paralyser l'ensemble des communications du pays.

Fort des avancées de Leonard Kleinrock, Baran proposa donc l'idée d'un système décentralisé où l'information voyagerait par « paquets ».

Un système sans cerveau central donc, et avec des messages scindés. Dès 1968, on tenta le procédé sur une échelle réduite, c'est-à-dire à l'intérieur d'un réseau reliant quatre universités californiennes, que l'on nomma Arpanet.

En 1969, parmi les nombreux ingénieurs et scientifiques qui étaient présents à l'événement et qui observaient la communication entre ordinateurs, deux chercheurs avaient plusieurs raisons de se réjouir et d'anticiper le meilleur, leurs noms : Robert « Bob » Kahn et Vinton « Vint » Cerf. Au cours des années suivantes, ces « pères d'Internet », parmi plusieurs autres, mettront au point le protocole TCP/IP, l'acronyme de Transmission Control Protocol/Internet Protocol, sorte d'esperanto informatique qui permet à tous les types d'ordinateurs, PC, Mac et autres, de communiquer entre eux. Robert Elliot Kahn, né en 1938, poursuivit des études doctorales à Princeton dans les années soixante, avant de se joindre à Arpanet. Entre 1972 et 1974, son travail consista à mettre au point le protocole de communication sans lequel les ordinateurs seraient aphones et sourds.

Vinton Gray Cerf, partenaire et complice de Kahn, né en 1943, s'intéressa très tôt à l'électronique et poursuivit ensuite à Stanford d'abord, puis à l'Université de Californie, des études en mathématiques, jusqu'à l'obtention d'un doctorat. C'est au cours de ses études qu'il se joignit, en même temps que Robert Kahn, à Arpanet. La réflexion des deux spécialistes aboutit à un texte majeur sur la liaison des réseaux de communication par ordinateurs ayant pour titre *A Protocol for Packet Network Intercommunication*. Autrement dit, c'était l'acte de naissance du TCP/IP. L'armée américaine s'intéressera aux travaux de Cerf. En 1977, alors qu'apparaissent les premiers micro-ordinateurs, l'Internet appartient encore au domaine de la recherche et reste cantonné aux laboratoires avec seulement 100 machines connectées. Il faut comprendre que tout ce système avait été conçu à des fins militaires et de liaisons entre scientifiques. Mais les gens d'armes ont eu un jour la bonne idée de laisser tomber les brevets. L'invention se retrouva alors dans le domaine public, au grand bonheur de tous les universitaires et plus tard, du grand public.

Il faudra attendre cinq ans, soit l'année 1982, avec l'adoption par l'Arpanet du protocole TCP/IP pour assister à la naissance officielle d'Internet. La même année, le magazine *Time* désigne même l'ordinateur « *L'homme de l'année* ». Mais c'est l'apparition du Web au début des années 90, à partir des travaux effectués au CERN, le Conseil Européen pour la Recherche Nucléaire, qui marque l'entrée en force de ce réseau de communication dans nos vies. Grâce au système de liaison dit « hypertexte », c'est-à-dire des documents reliés entre eux par des hyperliens, grâce auxquels on passe automatiquement de l'un à l'autre, que le miracle se produit. En effet, ce sont les systèmes dits « distribués », qui rendent possible la quasi instantanéité de l'échange d'informations. Ceci nous amène à parler d'un homme tout droit arrivé d'Angleterre : Tim Berners-Lee, créateur du WWW ou Web[4], dont la présence ne passa pas inaperçue.

Ce physicien, diplômé d'Oxford en 1976 et bricoleur à ses heures, fabriquera son premier ordinateur à partir d'un microprocesseur Motorola 6800, et d'une télévision usagée lors de la vague d'apparition des micros. Tim était promis à un grand avenir au sein du monde de la recherche. En 1989, il rejoint le CERN, le plus grand centre de physique des particules du monde situé à la frontière franco-suisse, qui emploie 3 000 personnes et auquel collaborent 6 500 chercheurs liés à quelque 500 universités de 80 nations. Ayant une vocation de développement dans certains domaines de l'informatique, le CERN accueille donc avec grand plaisir le chercheur britannique. Avec la mise au point du WWW, son passage en Suisse ne tomba pas dans l'oubli. Examinons ce qui se cache sous ce triple W.

Le World Wide Web, toile d'araignée mondiale, est un système de présentation et de consultation des informations hypertexte et multimédia. En fait, il s'agit de l'une des applications d'Internet. D'autres

4 Web ou World Wide Web est une application d'Internet, soit un système d'hypertexte qui permet de consulter avec un navigateur des pages accessibles sur des sites.

applications sont le courrier électronique, la messagerie instantanée et plusieurs autres.

La grande spécificité du Web réside dans son système de navigation hypertexte. Les pages comportent des mots clés, la plupart du temps de couleur bleue soulignés, ou alors des icônes qui sont en fait des éléments actifs menant vers d'autres pages Web. Il suffit de cliquer sur ces liens pour passer à d'autres écrans contenant à leur tour d'autres informations. Il n'est donc pas nécessaire de connaître l'endroit où se trouvent physiquement les données pour y accéder. L'utilisateur « *surfe* » ainsi au sein d'un cosmos virtuel à la découverte des richesses de la Toile. Pour naviguer sur WWW il faut un logiciel spécifique appelé *browser* qui se traduit par navigateur, fureteur, ou même butineur : Netscape, Microsoft, Internet Explorer, Safari, Firefox sont des *browsers*. Comme W3 est une gigantesque bibliothèque sans catalogue, on a recours à des moteurs de recherche en ligne comme Yahoo, Google et Alta Vista dont l'activité consiste à explorer en permanence le réseau afin de recenser thème par thème ses multiples ressources. Pour l'instant, l'accès à ces moteurs de recherche est gratuit. L'expansion de la toile fut fulgurante. Déjà en 1987, on comptait 200 000 machines branchées sur Internet. De 1997 à 2007, on passe de 20 millions à 500 millions de machines connectées. En 2008, on compte un milliard de PC dans le monde, avec une progression continue du nombre d'utilisateurs. Il n'est donc pas utopique de croire, comme le pensait le sociologue et philosophe canadien Marshall McLuhan, que la Terre un jour deviendrait un village global. Internet a donc fait de Kahn, Cerf et Berner-Lee, des milliardaires, non pas en dollars, mais en clients. Ce qui n'est pas mal non plus.

CHAPITRE 3

Les inventeurs

À l'idée d'invention est toujours associée l'idée de génie.

« Inventeur de génie » peut-on souvent lire au sujet de personnalités hors du commun tel qu'Archimède, Léonard de Vinci, James Watt, Thomas Edison, Graham Bell, Rudolf Diesel, Alfred Nobel et plusieurs autres. Ce qu'on oublie trop souvent, c'est que l'invention, qu'elle soit associée au domaine de l'informatique ou à un autre domaine, ne sort jamais du néant, qu'elle est le plus souvent liée à un besoin précis, à l'impérieuse nécessité de solutionner un problème.

Le développement de l'informatique est lié à l'évolution de l'électronique[5], son support technologique en somme. L'électronique bénéficia d'inventeurs géniaux. C'est de ces hommes et de ces femmes dont il sera principalement question ici.

Ajoutons que si les inventions nous éblouissent, force est d'admettre que l'éclair mental aboutissant à de telles trouvailles demeure, hélas, toujours inexpliqué.

Lee De Forest et le tube électronique

Les premiers ordinateurs fonctionnels des années trente et quarante utilisaient des lampes à vide en guise de circuits électroniques. Ces tubes électroniques ont connu un lent développement avant d'être utilisés pour la radio, la télévision et les ordinateurs. À l'origine le but

5 Domaine de la physique qui étudie et applique les propriétés des électrons pour concevoir des circuits de traitement de l'information.

premier de cette invention était l'éclairage. En 1860, l'Anglais Robert Wilson Swan fabriqua la première lampe avec un fil incandescent en carbone. Mais, comme il ne réussissait pas à faire un vide suffisant dans le ballon de verre, les fils incandescents se consumaient très rapidement. Cinq ans seront alors nécessaires pour qu'un physicien d'origine allemande vivant en Angleterre, Hermann Sprengel, mette au point la première pompe à vide opérante, une découverte capitale pour que des tubes électroniques voient le jour. Il faudra attendre jusqu'en 1877 avec l'Américain Joseph Wilson pour qu'une lampe à incandescence vraiment efficace apparaisse sur le marché, c'est-à-dire une lampe dont le filament ne se consumait pas très rapidement. Mais, ayant tardé à déposer le brevet de sa découverte, c'est le prolifique inventeur Thomas Edison qui remporta la palme l'année suivante, en 1878, en mettant au point une invention similaire. Cette lampe à incandescence mena à la découverte de l'électron. Edison, toujours lui, avait remarqué en 1884 le phénomène suivant : en introduisant une plaque métallique dans la lampe, il constatait qu'un courant électrique circulait entre le côté négatif du filament et cette plaque. Il remarqua aussi qu'aucun courant ne circulait entre le côté positif du filament et la plaque. Des physiciens se mirent à examiner ce phénomène troublant. Ambrose Fleming en conclut fort judicieusement que le courant remarqué était dû à des charges négatives. Et en 1897, Joseph Thompson prouva que ces charges étaient des électrons.

Fort des conclusions de Thompson, Ambrose Fleming apporta une contribution majeure avec une ampoule électrique dans laquelle il avait rajouté une tige métallique scellée dans le verre pour préserver le vide à l'intérieur de l'ampoule. Lorsque le tungstène du filament était porté à haute température et que l'ampoule éclairait, on remarquait alors qu'entre la tige de métal alimentée par une tension positive et le filament chauffé, un courant traversait le vide. Pour obtenir ce résultat, il fallait que la tige porte une tension plus forte que le filament. Si la tension de la tige était plus faible que celle du filament, aucun courant n'était observable.

Cette découverte de Fleming, publiée en 1904, concernait donc le redressement d'un courant sous vide. Des deux électrodes (filament et tige de métal) nommés cathode et électrode, on forma le mot diode. Le redresseur de courant était né. Et avec lui, le vaste domaine de l'électronique à venir.

Cette diode allait être perfectionnée au fil des ans. Ainsi d'autres physiciens, les Allemands von Lieben, Reiss et Strauss introduisirent des grilles métalliques entre le filament et la tige métallique que l'on nommerait dorénavant électrode, pour régler l'intensité du courant. On pouvait ainsi amplifier de petits signaux électriques. Il s'agissait là de la lampe triode. Une foule de tubes à vides avec électrodes et grilles de contrôle verront le jour. Les tétrodes, pentodes et autres feront leur apparition dans un but plus expérimental que pratique.

Déjà, une industrie existait pour la fabrication des lampes électriques d'éclairage. Les compagnies Philips (1891) en Europe et General Electric (1892) en Amérique, née de la fusion de Thomson-Houston et de la société Edison, répondaient à une demande croissante des consommateurs. Une simple adaptation de fabrication permettrait de satisfaire la demande pour des tubes à vide destinés à l'électronique.

Cette demande naîtra avec l'invention de la radiodiffusion.

Née en 1907, cette invention d'un Américain d'origine québécoise, Reginald A. Fessenden, exigeait des circuits similaires à la lampe triode. Les triodes à vide, essentielles à la radiodiffusion, trouveront leur origine dans les travaux expérimentaux menés par l'Américain Lee de Forest.

Personnage intéressant que ce Lee de Forest, qui vécut de 1873 à 1961. Un cycle de vie suffisamment long pour qu'il puisse observer toutes les avancées de l'industrie électronique découlant de ses travaux, de la radio à l'ordinateur, sans oublier la télévision et le radar.

Avec 300 inventions brevetées à son actif, quatre mariages, plusieurs compagnies ayant fait faillite, des poursuites juridiques pour l'exploitation de ses brevets, De Forest avait, c'est le moins que l'on puisse dire, raté la vocation ecclésiastique à laquelle le destinait son père. Né en Iowa, le futur inventeur obtint en 1899 son doctorat de l'Université Yale avec une thèse sur les ondes radio. À partir de cette date, il inventa durant trois décennies sans s'arrêter. Ses inventions furent d'abord liées à la télégraphie sans fil, puis s'orientèrent ensuite vers la révolution radiophonique des années vingt et trente. Scandalisé par le type de musique qu'on diffusait sur un medium qu'il estimait avoir inventé, il écrivit en 1940 une lettre de protestation à la National Association of Broadcasters pour dénoncer le *jive*, le *ragtime* et le *boogie-woogie*, trois musiques populaires qui à son oreille polluaient les ondes. « *Qu'avez-vous fait de mon enfant, la radiodiffusion* ? » demanda-t-il offusqué. En 1960, il reçut néanmoins un Oscar pour son rôle de pionnier dans la naissance du cinéma parlant.

Quand les premiers ordinateurs apparurent au début des années quarante, notamment à l'initiative d'Howard Aiken, le tube à vide constituait avec le relais électromécanique un composant clé pour leur fabrication. L'ENIAC, par exemple, vit le jour en 1945 et utilisait 17 468 tubes à vide et 1 500 relais. La machine consommait 150 kW et pesait 30 tonnes. Le défaut majeur des tubes à vide, seule technologie alors connue pour le fonctionnement des circuits, produisait énormément de chaleur, tout en ayant une fiabilité réduite, les pannes étant fréquentes. La technologie des semi-conducteurs s'imposait donc de toute urgence. Ce qui entraînera à toute fin pratique la fin de l'hégémonie du tube à vide qui régnait sur l'électronique depuis 1906.

Le tout transistor. Bardeen, Brattain, Shockley

Le transistor[6], en tant que composant électronique actif fondamental, pouvant être utilisé autant comme interrupteur que pour amplifier et stabiliser des tensions ou moduler un signal, tout en étant un élément

6 Dispositif électronique à base de semi-conducteurs utilisé pour contrôler le passage d'un courant électrique.

de base du microprocesseur, constitue l'une des découvertes les plus importantes de l'histoire de l'humanité. Une invention qui trône donc en bonne place aux côtés de la maîtrise du feu, du harnais de cheval, de la roue, de la machine à vapeur et de l'électromagnétisme. Rien de moins !

Le terme transistor, contraction de l'expression « *transconductance varistor* » (résistance variable de la transconductivité) prit curieusement naissance en 1948, lors d'un vote de 26 personnes du comité de direction des laboratoires de Bell réunies dans le seul but de trouver un nom à l'invention. C'est à trois hommes à l'emploi de la compagnie Bell, John Bardeen, Walter Brattain et William Schockley que nous devons cette innovation remarquable ayant vu le jour l'année précédant le vote historique, c'est-à-dire en 1947.

Il faut bien comprendre qu'avant 1984, année où la justice américaine prit la décision de briser le monopole de l'American Telephone and Telegraph (AT&T) fondé par Graham Bell, les laboratoires de cette compagnie étaient considérés comme les plus productifs au monde. Qu'on en juge : à la fin des années quarante, les laboratoires de Bell employaient approximativement 5 700 personnes dont environ 2 000 ingénieurs ! La découverte du transistor passe pour l'un de leurs plus beaux joyaux.

La Seconde Guerre mondiale, comme on le sait, accéléra les recherches dans le domaine électronique. Les ondes courtes étant utilisées dans la détection radar, beaucoup d'efforts et d'argent furent consacrés à la mise au point de circuits performants pour équiper ces machines de détection. On chercha à remplacer les tubes électroniques qui engendraient une foule de problèmes (chaleur énorme, dépense d'énergie, pannes fréquentes) par des dispositifs plus efficaces.

Dans le domaine des ordinateurs naissants, une révolution était également souhaitable côté miniaturisation, puissance et fiabilité. Avions et fusées exigeaient en effet des instruments légers, capables d'effectuer des calculs complexes et en temps réel. Ce cahier de commande était alors impensable avec des ordinateurs à base de tubes à vide pesant des tonnes, à la puissance réduite, et hélas peu fiables.

Comme nous le verrons, la solution reposait sur les semi-conducteurs dont la conductivité électrique se situe entre celle des métaux et celle des isolants. La physique de ces corps avait déjà une longue histoire. Déjà, au 19e siècle, Faraday avait entrepris d'observer la capacité de divers matériaux à « conduire » l'électricité. La notion de corps « semi-conducteurs » s'imposa donc dès cette époque. Il fallut pourtant attendre le vingtième siècle pour que des résultats significatifs au niveau de la conductivité soient notés au sujet de corps qui n'étaient pas des métaux.

Durant les années 1930, le physicien allemand Robert Pohl constata que, dans certains cristaux, la conductivité n'était possible que si ceux-ci comportaient des impuretés. Ces impuretés pouvaient soit renforcer la conduction, soit au contraire la restreindre. Tant et si bien qu'en 1933, ce chercheur émit l'hypothèse que, notamment, en radiophonie, les tubes à vide pourraient être remplacés par de petits cristaux. L'idée de transistor était née. Mais il y avait encore loin de la coupe aux lèvres parce que le contrôle du déplacement des électrons dans ces matériaux dits semi-conducteurs était loin d'être réalisé. Durant la guerre, le groupe américain qui s'attaqua à ce problème technologique était regroupé à l'Université Purdue, en Indiana, sous la direction de Karl Lark-Horowitz. Puisque des liens étroits existaient entre ces chercheurs et ceux des laboratoires Bell, on en vint à dégager un consensus. On concentra les recherches autour d'un cristal, le germanium, et les effets de l'introduction d'impuretés pour étudier comment se comportait un courant électrique dans cette matière qualifiée de semi-conductrice. S'ajoute à ces importantes recherches, et contemporaine de celles-ci, la purification du silicium, matière de base des semi-conducteurs de la seconde génération de transistors. C'est au chimiste Karl Lark-Horowitz, des laboratoires Du Pont, que l'on doit cette mise au point d'un silicium comportant moins de 0,001 % d'impuretés. Donc, un silicium presqu'à l'état pur. Mais ne brûlons pas les étapes. Entrent ici en scène nos trois chercheurs cités en début de texte, lesquels vont réaliser l'invention du siècle. John Bardeen naît au Wisconsin en 1908. Il oriente d'abord ses études vers le génie électrique, mais ajoute à son cursus des cours avancés de mathématiques et de physique. Reçu ingénieur en 1928, ce surdoué travailla d'abord pour la Western Electric de Chicago avant de poursuivre des travaux de recherche mathématique en géophysique et sur des problèmes reliés à l'électromagnétisme. De 1930 à 1933, il se joint aux laboratoires de recherche de la compagnie pétrolière Gulf, où ses travaux permettront la découverte de gisements grâce à des méthodes basées sur la variation des champs magnétiques terrestres. Conscient que ses centres d'intérêt le portent davantage vers la recherche théorique, Bardeen s'inscrit à la prestigieuse Université Princeton pour y poursuivre des études avancées en mathématique physique. Sous la direction du professeur Eugene Wigner, il commence à s'intéresser à la physique de l'état solide, c'est-à-dire au domaine de recherche touchant les matériaux, les cristaux et la supraconductivité. Il y décrochera un doctorat en 1936 avec une thèse portant sur la conductibilité de l'électricité dans les métaux. De 1938 à 1945, John Bardeen enseigne à l'Université du Minnesota tout en occupant un poste de chercheur pour la marine de guerre à Washington. Après la guerre, il rejoignit les laboratoires de recherche de Bell où il oeuvra jusqu'en 1951. Walter House Brattain, le deuxième mousquetaire de l'équipe, naît en 1902, par un hasard de l'histoire, à Amoy en Chine, mais de parents américains. Très tôt, sa famille s'établit en Oregon puis à Washington pour y gérer une ferme d'élevage. À Washington, Brattain poursuit des études en physique et en mathématiques. En 1929, il décroche un doctorat dans ces matières à l'Université du Minnesota. Après un bref passage au National Bureau of Standards de Washington, il joint les laboratoires Bell en 1929. Durant la guerre, Brattain interrompt ses travaux de recherche pour travailler sur les méthodes de détection des sous-marins. Par la suite, il retourne aux laboratoires Bell pour se consacrer aux prometteuses recherches liées aux semi-conducteurs. En 1910, William Shockley naît à Londres de parents américains. Son père exerce la profession d'ingénieur minier. La famille s'établit en Californie où William poursuit un baccalauréat en sciences au California Institute of Technology, avant de terminer, en 1936, un doctorat au célèbre MIT de la côte est. Son objet de recherche porte sur le *Calcul des fonctions d'onde électronique dans des cristaux de chlorure de sodium*. Assez rapidement, Shockley rejoint les laboratoires Bell situés au New Jersey, où il entreprend une laborieuse carrière qui devait le conduire à superviser un groupe en recherche fondamentale. La mission qu'on lui confie est de découvrir de nouvelles méthodes pour faire fonctionner des dispositifs utilisés dans l'industrie téléphonique. La guerre l'arrache pour quelques années à son laboratoire. Comme ses deux futurs associés d'ailleurs, il se spécialise dans la lutte anti-sous-marine. À son retour chez Bell, en 1945, il se consacre brièvement à des dispositifs visant à remplacer le tube à vide, puis confie ce champ de recherche à Bardeen et Brattain, deux membres de son équipe. Mais très rapidement, il revient à ce domaine très prometteur.

En 1947, c'est d'abord Bardeen et Brattain qui font une percée majeure en mettant au point le premier transistor à base de germanium. Dans un premier temps, ils observent qu'une charge positive sur une électrode peut injecter ce que l'on qualifie de « trous » sur la surface d'un semi-conducteur, augmentant ainsi considérablement son pouvoir conducteur. Puis, dans un deuxième temps, on construit un amplificateur constitué de deux fils jouant le rôle d'électrodes sur un cristal de germanium. Le 23 décembre 1947, ce dispositif plutôt rudimentaire qu'on baptisera « transistor » fonctionnera de manière similaire à un tube à vide. Fort de cette percée, Shockley, en janvier 1948, élabore tous les principes de ce transistor dit à jonction p-n. L'année suivante, Brattain et Bardeen déposent une demande de brevet, au grand dam de Shockley qui se sent exclu de la découverte. Ce qui conduira à un conflit avec ses deux associés qui quitteront Bell en 1951. En 1956 pourtant, les trois génies des laboratoires Bell décrochent le prix Nobel de physique. John Bardeen réussira même l'exploit unique de décrocher un deuxième prix Nobel de physique en 1972 avec Leon Neil Cooper, et John Robert Schrieffer, pour avoir élaboré une théorie fondamentale touchant la supraconductivité. Fait notable, l'un de ses étudiants, Nick Holonyak Jr., sera même l'inventeur de la diode électroluminescente.

Dès l'avènement du transistor, la grande révolution de l'électronique, avec toutes ses conséquences sur l'informatique, pouvait commencer. Le coût total de l'invention se chiffrait à moins d'un million de dollars. Certaines sources parlent même d'aussi peu que 140 000 $! Un bon investissement en somme, puisque dix ans après l'invention du transistor, l'industrie électronique des États-Unis produisait annuellement 28 millions d'unités pour une valeur de 68 millions de dollars.

Quelques années après la mise au monde de ces minuscules plaques dotées de fils, la grande industrie se rua sur cette invention fantastique. Il y eut bien sûr les petites radios portables avec lesquelles les ados des années cinquante vendirent leur âme à la musique rock'n roll naissante, appareils qu'on nommait même « transistors » ! Mais c'est évidemment le champ informatique qui fut le plus grand bénéficiaire de cette révolution technologique. IBM produisit la première calculatrice transistorisée en 1955, remplaçant les quelque 1 200 tubes à vide, normalement exigés pour ce type d'appareil, par 2 200 transistors miniatures, de quoi consommer 95 % moins de puissance que le modèle à tubes. William Bradford Shockley, l'inventeur le plus visible du trio, continuera pendant des décennies à faire parler de lui. Mais pas toujours dans les meilleurs termes. C'est que l'homme, malgré son génie indiscutable, souffrait d'un déficit d'intelligence émotionnelle qui le plongera dans les pires controverses.

Bell lui refusera tout d'abord d'ultimes promotions en raison de son penchant pour l'autoritarisme. En effet, trop de conflits avaient éclaté avec les membres de son équipe, d'où son départ de la compagnie. En 1954, il enseigne brièvement à Cal Tech. Mais le monde académique ne lui convient pas davantage. En 1955, financé par William Bradford

Shockley, il lance la société Shockley Semiconductor Laboratory (SSL), non loin de Stanford en Californie, l'une des entreprises à l'origine de Silicon Valley. Piètre chef d'entreprise, ignorant les idées des autres, Shockley s'enbourbe dans des projets, qui, techniquement parlant, sont trop compliqués pour être réalisables. La mauvaise ambiance entraînera le départ de huit brillants employés dont Gordon Moore et Robert Noyce. « *Les huit traîtres* », selon Shockley, qui fonderont Fairchild Semiconductor en 1957, puis Intel quelques années plus tard, comme nous le verrons ultérieurement. En 1963, Shockley abandonne le champ industriel pour retourner à l'enseignement à Stanford. Là les choses se gâtent encore plus sérieusement. L'ex visionnaire en électronique se prend alors de passion pour les prétendues différences d'intelligence entre les races et les conséquences génétiques inévitables, qui, selon lui, devraient en découler. Le tout dégénère en théorie raciale ostracisant la population d'origine afro-américaine, jugée intellectuellement inférieure. William Shockley, cet homme brillant qui avait changé le monde, finira sa vie banni de la communauté scientifique. Il mourra en 1989, convaincu que ses théories sur l'eugénisme, c'est-à-dire la mise en place de moyens visant à améliorer la race humaine, constituaient la partie la plus importante du travail qu'il avait accompli.

Jack Kilby, l'homme qui intégra les circuits

En 1958, Jack Kilby, l'année même de son embauche à la compagnie « Texas Intruments » invente les circuits intégrés (CI) appelés aussi « puce électronique »[7] ou plus techniquement « circuit monolithique intégré ». Ce système permet de réunir plusieurs composants électriques sur une plaquette de silicium. Ainsi donc, l'ensemble des éléments, résistances, condensateurs et transistors d'un circuit se retrouvent reliés à la plaque. Plutôt que de recourir à des fils, toutes les liaisons

7 Circuit à architecture complexe regroupant sur un support de petite taille des circuits à très haute densité d'intégration pour assurer le traitement d'instructions ou d'opérations mathématiques et logiques.

conductrices sont gravées sur un circuit imprimé. Avec ce procédé des plus ingénieux, la miniaturisation amorcée avec l'invention des transistors franchit une nouvelle étape. La voie du microprocesseur à venir, qui contiendra plusieurs millions de transistors et composants ainsi regroupés, semble toute tracée.

Lauréat du prix Nobel de physique en 2000, non pour une découverte scientifique fondamentale, mais pour une contribution technique, ce qui est rare, Kilby partage cet honneur suprême aux côtés de son compatriote Herbert Kroemer et du Russe Jaurès Alferov. Ces deux physiciens sont couronnés pour leur invention de nouveaux composants microélectroniques et optoélectroniques, tandis que Kilby porte l'insigne honneur d'avoir jeté les fondements de l'industrie de la microélectronique. Quarante-deux ans après son invention, un prototype comportant un transistor, quatre résistances et trois condensateurs, Jack Kilby, qui a fait la fortune de sa compagnie, se voit décerner les plus hautes récompenses.

Comme pour le transistor avec Pohl, le circuit intégré avait eu un précurseur en la personne du Britannique Dummer. Celui-ci fut à la tête d'un groupe de recherche qui fut le premier au début des années cinquante à concevoir l'idée des circuits électriques sans fil de liaison, et sans soudure. Une extension logique, en somme, à la percée technique atteinte avec le transistor. Un mot sur ce précurseur.

Né en 1909 et décédé en 2002, Geoffrey Dummer décroche un diplôme en génie électrique du Manchester College of Technology, avant de se lier dans les années quarante, au Royal Radar Establishment. Les tâches accomplies dans cette institution, furent tout à fait vitales, car durant les années où l'Angleterre était assiégée par l'aviation allemande, les résultats des recherches de Dummer permettent de considérer qu'il serait possible de lier les composants électroniques dans une substance comme le silicium.

En 1952, Dummer présente même une conférence à Washington durant laquelle il théorise en quelque sorte ce défi technologique.

« *Il semble aujourd'hui possible*, déclara-t-il, *d'envisager un matériel électronique d'un seul bloc, sans fil de liaison.* » C'était six ans avant que Kilby réalise son invention. Une conférence qui vaudra à Dummer le titre forcément non officiel de « prophète du circuit intégré ».

Comme plusieurs personnes seraient tentées de penser, le besoin de miniaturiser les dispositifs électroniques ne vise pas uniquement à accroître la portabilité d'un appareil. La double logique d'ingénieur qui prévaut consiste d'une part à raccourcir le temps de commutation des circuits, et d'autre part, à diminuer l'énergie consommée. Des impératifs vitaux pour le développement de l'informatique. Imaginons qu'une machine d'un mètre cube de dimension nécessite une heure d'opération pour effectuer une tâche en consommant une certaine quantité d'énergie électrique. Pour accomplir la même fonction, si cette machine était réduite à la dimension d'un millimètre cube, il est facile de concevoir que le temps de commutation passerait alors à quelque microsecondes, et que l'économie d'énergie serait proportionnelle. C'est cette approche qui a amené l'invention des circuits intégrés, et qui pousse les fabricants à miniaturiser de plus en plus les circuits en les intégrant.

Mais revenons à Kilby. Jack Kilby, qui nous quitta en 2005, naquit au Missouri en 1923. Diplômé en génie électrique de l'Université de l'Illinois, il complète sa formation en science en décrochant une maîtrise de l'Université du Wisconsin en 1950, tout en travaillant à la société Centralab de Milwaukee.

Difficile de décrire la personnalité de Kilby tellement son profil se démarque des personnes reliées au domaine du high-tech. Grand, il mesurait 1,98 mètre (6 pieds 6 pouces), large d'épaules, mains énormes, sourire engageant, toujours calme et silencieux, habillé de la manière la plus conventionnelle qui soit, il était le modèle même de l'introverti. On lui posait une question des plus banales et toujours il prenait un temps énorme pour répondre.

Les traits de personnalité abondent pour marquer sa singularité. Il se refusait par exemple à porter une montre numérique jugeant que les vieux principes de la mécanique et de l'aiguille rendaient mieux la lecture du temps. Jack s'entêta même à conserver sur son bureau sa vieille règle à calcul de marque Keuffel & Esser qu'il jugeait tout aussi utile que les calculettes qu'il avait aidé à mettre au monde. Il ne s'ouvrit que très lentement à l'acquisition d'un ordinateur personnel, et la tâche la plus difficile qu'il s'imposa fut d'expédier un courrier avec un document attaché. Et encore, l'opération n'était pas toujours couronnée de succès. On lui connaissait un passe-temps : la photographie noir et blanc. Durant trente ans, il utilisa le même appareil, une caméra Hasselblad. Il était tout aussi fidèle à ses automobiles, dont les compteurs dépassaient les 100 000 kilomètres avant qu'il ne songe à changer de modèle. Mais sa bonté était légendaire. Chez Texas Instruments tout un chacun avait une anecdote à raconter à son sujet. Toute sa vie, Jack Kilby affirma haut et fort qu'il n'était pas un scientifique, lequel est motivé par la passion d'expliquer les choses, mais bien un ingénieur dont les défis consistent à solutionner des problèmes techniques pour que les choses fonctionnent. Les circonstances de sa grande découverte sont pour le moins marrantes : fraîchement embauché par la firme du Texas, il ne peut bénéficier de vacances. Resté seul dans les locaux de la compagnie, il dresse alors les plans de l'ancêtre de la puce électronique. Lorsqu'il présente sa trouvaille aux responsables, ceux-ci se montrent sceptiques. Il faudra la séance du 12 septembre 1958 pour tester devant les têtes dirigeantes de la compagnie ce qui semble être un simple gadget et finalement convaincre les membres de la hiérachie. Quatre ans plus tard, Texas Instruments développait une gigantesque industrie du circuit intégré grâce à un employé qui s'était ennuyé ferme durant les mois d'été. Le circuit intégré est reconnu à ce point fiable qu'il équipera les dispositifs électroniques des missiles *Minutemen* chargés de protéger l'Amérique, mis au point quelques années après l'invention de Kilby. La capacité d'invention de Jack Kilby ne se limitera pas au circuit intégré puisqu'au fil de sa carrière, l'ingénieur attitré de Texas Instruments alignera quelque 60 brevets d'inventions, de la calculatrice portable à l'imprimante à procédé thermique. Comme c'est le cas pour beaucoup d'autres découvertes, la paternité et l'antériorité de l'invention du circuit intégré furent revendiquées. Robert N. Noyce, un ancien collaborateur de Shockley, qui travaillait à l'époque chez Fairchild Semiconductor, développa aussi un circuit intégré qu'il fit breveter le 30 juillet 1959, soit six mois après la demande faite par Kilby. Une lutte acharnée s'ensuivit pour les droits de cette découverte. Le Tribunal trancha finalement en attribuant les droits aussi bien à Kilby qu'à Noyce. Les autres fabricants, et ils furent nombreux, désireux de produire des circuits intégrés, durent donc acheter une licence à Texas Instruments ainsi qu'à Fairchild. À la mort de Jack Kilby en 2005, avec la mise en marché annuelle de 2 500 nouveaux produits et quelque 1 550 fabricants dans le réseau, l'industrie des circuits intégrés « pesait » mille milliards de dollars !

Si vous passez à la Fondation nationale des inventeurs à Washington, vous remarquerez qu'au tableau d'honneur des quelque 300 célébrités inscrites, le portrait de Kilby est visible entre ceux d'Ernest Lawrence, l'inventeur du cyclotron, et celui d'Henry Ford, le géant de l'automobile. Cet homme des plus discrets et effacés n'en aurait sans doute jamais demandé tant, bien au contraire.

Ted Hoff, monsieur microprocesseur

Pour le commun des mortels, le brevet numéro 3821715 déposé à Washington le 28 juin 1974 n'a pas beaucoup de signification. Cet objet est décrit comme étant un « *minuscule dispositif électronique contenant une circuiterie à base d'arithmétique et de logique permettant le fonctionnement d'une unité centrale de traitement de données* » ne renseigne guère davantage. Mais quand on associe à ce jargon technique le terme de « microprocesseur »[8], les choses s'éclairent. Pourquoi ?

8 Dispositif de stockage et de restitution des informations dans un équipement informatique.

Parce que tous les utilisateurs d'ordinateurs domestiques ont entendu le terme au moins une fois dans leur vie, et habituellement au moment de l'achat de leur appareil. C'est à Ted Hoff que nous devons cette invention merveilleuse dont l'origine remonte, en vérité, à la fin des années soixante.

Sa naissance vaut d'être racontée.

À l'été 1969, la compagnie japonaise Busicom, aujourd'hui disparue, spécialisée dans la fabrication de calculatrices, passa une commande à Intel pour la conception d'un circuit intégré destiné à une nouvelle famille d'appareils qui seraient programmables et pourraient même inclure une imprimante. Le problème était qu'on ne pouvait trouver, au Japon, des ingénieurs capables d'intégrer de tels circuits. À l'époque, les calculatrices de bureau comportaient de 600 à 1 000 transistors. Le nouvel appareil devait en inclure de trois à cinq mille. À l'avant-garde dans la conception de puces orientées mémoire, Intel possédait le *know how* pour entreprendre un tel projet. Mais les puces sortant de ses usines intégraient un maximum de 2 000 transistors. Le défi présenté par Masatoshi Shima, le représentant de la compagnie japonaise, était donc de taille. Intel confie alors le projet au brillant Marcian E. Hoff, dit Ted Hoff, un ingénieur de trente-deux ans diplômé du Rensselaer Polytechnic Institut de l'État de New York et détenteur d'un doctorat de Stanford.

Né en 1937 à Rochester, Ted Hoff fait d'abord ses classes en tant que chercheur à Stanford. Cependant, le désir de faire son chemin au sein de l'entreprise privée l'attire. Il passe donc chez Intel en 1968. Il devient ainsi le douzième ingénieur engagé par cette *start-up* prometteuse de la Silicon Valley. Cet expert de microcircuits caresse depuis toujours un rêve : concevoir son propre ordinateur. Se voir ainsi confier la conception de calculatrices de bureau changera sa vie et celle de milliards de personnes. Le projet de Busicom est rebutant. On demande en effet à Intel de développer un jeu de douze circuits intégrés, nécessaires à la future calculatrice. Ted Hoff propose de développer un processeur universel tenant sur une seule puce plutôt qu'un grand nombre de circuits spécialisés. Hautement fonctionnelle et très économique, selon les probabilités, cette approche, préconisée par Hoff, a de l'élégance. Robert Noyce, le pdg d'Intel, abonde dans le même sens. Une puce programmable et produite à la chaîne pourrait répondre aux diverses demandes de l'industrie. Mais l'idée est on ne peut plus révolutionnaire. Pour y parvenir, Hoff devra s'adjoindre deux technologues aussi talentueux que lui. Au fil des mois, les noms de Stan Mazor et Federico Faggin sortent du chapeau.

Stan Mazor naît à Chicago en 1941. En 1963, il décroche une maîtrise en mathématiques de l'Université de San Francisco. Puis joint les rangs de Fairchild Semiconductor à titre de programmeur. C'est là qu'il s'initie à la conception des ordinateurs. En 1969, il intègre Intel où il travaillera pendant six ans.

Federico Faggin naît en Italie. Fort d'une formation en physique et en ingénierie, il travaille d'abord chez Olivetti, puis il rejoint une succursale de Fairchild dans son pays natal. Son champ de recherche : les circuits intégrés. Inutile de préciser que sa venue chez Intel en 1970, pour prêter main forte à Hoff et Mazor, sera appréciée.

Ted Hoff définit l'architecture de la future puce, Federico Faggin prend en charge les dimensions physique et logique du projet, tandis que Stan Mazor s'occupe du côté logiciel du circuit. Presque deux années de travail seront nécessaires au trio pour passer du circuit intégré au processeur, c'est-à-dire un circuit comportant de multiples composantes et pouvant être programmé.

En fait, ce circuit, au lieu de contenir une douzaine de circuits intégrés, comporte un microprocesseur, une mémoire morte dite ROM (*read-only memory*), une mémoire vive RAM (*random access memory*) et un circuit intégré permettant de relayer les signaux du processeur au monde extérieur. À l'été 1971, Busicom, tel que prévu, se voit offrir la puce pouvant servir d'unité centrale de traitement (CPU) répondant à la demande formulée en 1969. Mais le marché des calculatrices a fait des bonds de géant. Les calculatrices portables mises en marché par Texas Instruments se détaillent autour de 150 $. Dans cette optique, les appareils de bureau de la firme japonaise qui se vendent 1 000 $ chacun sont totalement dépassés. Busicom insiste alors pour réduire le prix déjà conclu pour la conception de la puce électronique. On négocie à la baisse. Busicom abandonne alors tous les droits exclusifs reliés au processeur mis au point par Intel. Un coup magistral pour ce futur géant de Silicon Valley. Le premier microprocesseur de l'histoire est né. La révolution du micro-ordinateur se profile déjà à l'horizon.

Le « 4004 », comme on le nomme, fait son apparition sur le marché en 1971 au prix de 200 $ pièce. La publicité d'Ed Gelbach, passé de Texas Instruments à Intel, est on ne peut plus imagée et visionnaire : *un ordinateur sur une puce*. On ne saurait mieux dire. Le 4004 contient 2 300 transistors. Une pitié dira-t-on, comparé à ce que l'on trouve aujourd'hui. Le Pentium, par exemple, sorti en 1993, intègre 3,3 millions de transistors ! Mais à l'époque, le 4004 était une véritable révolution : aussi puissant que l'ordinateur ENIAC construit 25 ans plus tôt et qui contenait 17 468 lampes à vide, 1 500 relais, 70 000 résistances, 10 000 condensateurs et cinq millions de soudures effectuées à la main. Le mastodonte pesait 27 tonnes, occupait 684 pieds carrés et consommait 150 kW. Imaginons cette échelle de grandeur : du paquebot au timbre poste, mais avec des résultats supérieurs. C'est dire le pas de géant qui a été franchi dans l'évolution de l'électronique. (**voir Annexe 2, photo 6**).

Faut-il préciser que Hoff, Faggin et Mazor, les membres du trio d'enfer de la révolution informatique, poursuivront de brillantes carrières tout en étant couverts d'honneurs ? Ted Hoff atteindra des sommets chez Intel, c'est-à-dire le titre de *fellow*, avant de passer un certain temps chez Atari, puis Teklikon. Son nom est pour toujours immortalisé au tableau d'honneur des inventeurs pour la mise au point du concept et de l'architecture du microprocesseur. Federico Faggin développera l'architecture des microprocesseurs 8080 et 4040 pour Intel, avant de quitter cette compagnie en 1974 pour fonder Zilog et

Cygnet Technologies quelques années plus tard, firmes spécialisées dans la fabrication de puces.

Stan Mazor, pour sa part, renouera avec l'enseignement aux quatre coins de la planète, notamment en Belgique, en Suède, en Finlande et en Chine. On raconte que sa grande passion actuelle est orientée vers la cuisine française.

Comme pour les circuits intégrés, des problèmes d'antériorité de découverte se présenteront pour les processeurs. Phénomène tout à fait compréhensible quand on réalise que l'invention couvre un marché dont les retombées financières se calculent en milliards de dollars. Plusieurs personnes dont Raymond Holt et Lee Boysel revendiqueront l'invention datée de 1969. Sans succès. Seul Gilbert Hyatt réussira en 1990 à convaincre que sa demande de brevet à la fin des années soixante, intégrant sur une seule puce tous les éléments du microprocesseur, possédait un certain fondement. Peine perdue puisque Texas Instruments aura tôt fait de démontrer que la conception de Hyatt était inopérante avec la technologie de l'époque. Ted Hoff et ses associés pouvaient donc jouir en paix des formidables retombées financières de leur invention géniale.

Intel, le géant des puces

Nous avons vu précédemment que l'invention du transistor, la conception des circuits intégrés et la mise au point du microprocesseur avaient constitué les trois jalons technologiques essentiels de la révolution informatique. Restait pourtant un problème de poids : comment fabriquer massivement et à moindres coûts tous ces circuits électroniques, et de quelle manière les perfectionner ? Il s'agissait là de conditions essentielles pour que les ordinateurs envahissent la planète. Fondée en 1968 à Santa Clara en Californie, la compagnie Intel, entre autres, releva le défi.

Ce géant industriel occupe une place à part dans le paysage de la microélectronique. Plus gros fabriquant de circuits intégrés au monde, employant près de 84 000 personnes dans une dizaine de pays avec des revenus annuels dépassant 37,6 G $ en 2008, et fournisseur des géants du secteur tels que Dell et Hewlett-Packard, Intel est associé à trois noms : Robert Noyce, Gordon Moore et Andrew Grove.

En fondant Intel en 1968, Robert Noyce, Gordon Moore et Andrew Grove avaient un objectif en tête : produire des circuits intégrés qui répondraient prioritairement à des besoins pratiques précis. Mais le parcours pour arriver à l'établissement de ce qui allait devenir un géant de l'industrie ne fut pas des plus simples.

Robert Noyce, figure incontournable de la compagnie, co-inventeur officiel des circuits intégrés, qu'on surnommera « *le maire de Silicon Valley* », voit le jour en 1927 dans l'état de l'Iowa. À 26 ans, il décroche un doctorat en physique du MIT. Nous sommes en 1953. Le monde de l'électronique est en pleine effervescence avec l'invention des semiconducteurs quelques années plus tôt. Le jeune diplômé n'hésite pas à se joindre au laboratoire Shockley Semiconductor où règne, comme nous l'avons vu, l'un des pères du transistor. Mais la gestion sinon tyrannique, du moins très autoritaire de William Shockley, convainc huit des plus brillants ingénieurs et scientifiques de la boîte, dont Noyce, de faire leur malle en 1957 pour se joindre à la compagnie Fairchild. Ceux que l'histoire désignera comme les *Huit Traîtres*, selon l'expression de Shockley, ou les *Fairchild Eight*, soit Julius Bank, Victor Grinich, Eugene Kleiner, Jay Last, Sheldon Roberts, Robert Noyce, Gordon Moore et Jean Hoerni, connaîtront des fortunes diverses. Après avoir fait d'une compagnie orientée dans le domaine photographique une firme hautement spécialisée dans les semiconducteurs, sept des huit quitteront Fairchild Semiconductor au fil des ans pour fonder d'autres compagnies. Les plus célèbres d'entre eux, Robert Noyce et Gordon Moore, lanceront Intel en 1968, tandis que Jean Hoerni, un temps chez Intel, jettera les bases de Teledyne.

Fort de sa codécouverte des circuits intégrés en 1958, Robert Noyce n'éprouve aucune difficulté sur les plans du financement et du recrutement. Son associé le plus rapproché, Gordon Moore, possède également une réputation à tout casser. Chimiste, récipiendaire d'un doctorat du California Institute of Technology en 1954, il rejoint son camarade d'étude William Shockley dans l'industrie, qu'il quittera comme on le sait pour Fairchild. C'est en 1965, alors qu'il est employé par cette compagnie, qu'il annonce la fameuse loi qui porte son nom. Celle-ci concerne l'évolution de la puissance des ordinateurs par la complexité du matériel électronique qui lui est associé. *Les lois de Moore* sont plutôt une conjecture, puisque les énoncés de Moore ne sont en fait que des prévisions. Mais les énoncés s'avèrent toutefois très précis. Dans sa première loi, Moore prédisait que la complexité des semiconducteurs doublerait tous les ans. Dans sa seconde loi formulée une décennie plus tard, Moore cette fois évalue que le nombre de transistors sur une puce de silicium doublera tous les deux ans. Vérifiée empiriquement, la deuxième loi s'avéra exacte : de 1971 à 2001, la densité des transistors a effectivement doublée chaque 1,96 année. En conséquence, les machines électroniques sont devenues de moins en moins coûteuses et de plus en plus puissantes. Qu'on en juge : le premier microprocesseur, le 4004, sorti en 1971, comportait 2300 transistors. En 2006, les microprocesseurs Core 2 d'Intel intégraient 80 millions de transistors ! La simple notoriété de Noyce et de Moore leur permit de trouver en moins de temps qu'il ne faut pour le dire les 2,5 millions de dollars nécessaires au lancement d'Intel. Les investisseurs misaient juste : trois ans après le lancement de ce qui allait devenir une entreprise phare de la Silicon Valley, Ted Hoff y inventait le microprocesseur.

Enfin, le troisième personnage qui comptera dans la percée fulgurante d'Intel se nomme Andrew Grove.

Né en hongrie sous le nom d'Andras Istvan Grof, il se réfugie à New York lors de la révolte de Budapest contre l'occupation soviétique en 1956. C'est dans ce pays qu'il poursuivra à New York d'abord, puis à Berkeley, des études d'ingénieur puis de chimiste jusqu'au niveau doctoral. Cofondateur d'Intel avec Noyce et Moore, il est l'homme clé du développement fulgurant de la compagnie. C'est grâce à sa main de fer, et à une attitude qu'il qualifie lui-même de *paranoïaque*, qu'à titre de président, puis de pdg, et enfin de président du conseil d'administration, de 1979 à 2004, qu'il mène la compagnie au sommet. Celui qui sera choisi par *Time* en 1997 comme personnalité de l'année n'appréciait pas trop par ailleurs Robert Noyce, le père fondateur, à cause de son côté « bon garçon ». Mais le miracle Intel, puisque c'est de cela qu'il s'agit, aurait été impensable sans les découvertes des quatre chercheurs portant sur la conception, la fabrication et la miniaturisation des circuits intégrés. D'abord Steven Hofstein.

Ce jeune diplômé est d'abord recruté à temps partiel par le centre de recherche RCA de Princeton. Dès 1962, il croit aboutir à la fabrication du transistor Mosfet, c'est-à-dire un dispositif communément nommé Mos et utilisé comme interrupteur et amplificateur. Mais lors des tests, le transistor se montre instable dans le temps. La rencontre d'Andy Grove, alors chez Fairchild, s'avère providentielle. Grove sait fabriquer d'excellents transistors Mos, meilleurs que ceux de RCA, mais le procédé n'est pas reproductible. Grove et Hofstein s'échangent alors leurs secrets qui deviendront une carte maîtresse pour Intel. Le second chercheur se nomme Jean Hoerni, père du système de fabrication de circuits par le procédé dit « planar » développé en 1958.

Né en 1924 en Suisse, il est détenteur d'un double doctorat en physique de Genève et de Cambridge en Angleterre. En 1952, Hoerni décide de s'établir aux États-Unis, en Californie plus précisément. Personnage très particulier que ce physicien suisse. Alpiniste émérite, il escalada la plupart des grands sommets de la planète, dont partiellement l'Everest, dans une perspective totalement ascétique, son matériel étant réduit au minimum. Lors d'une expédition au nord du Pakistan, il se prend d'affection pour les peuples de la montagne Balti. Il fait alors des dons pour la construction d'une école dans la région et met sur pied une fondation qui survivra à son décès survenu en 1997.

Mais revenons aux circuits intégrés. C'est au California Institute of Technology qu'Hoerni se lie avec William Shockley qui a tôt fait de l'entraîner dans son laboratoire. Jean Hoerni fera plus tard lui aussi partie de la bande dite des *huit traîtres* qui quitteront Shockley pour fonder la compagnie Fairchild Semiconductor. C'est là qu'il invente le procédé planar ou transistor planaire, ce qui permettra de construire des transistors à partir du silicium, plutôt que du germanium jugé instable.

En fait, il s'agit d'un procédé tout à fait miraculeux pour la fabrication des circuits intégrés. De quoi s'agit-il exactement ? Hoerni découvre qu'en emboîtant des couches de silicium de l'épaisseur de quelques atomes, il pouvait disposer d'un circuit meilleur que celui doté d'une large zone de contact. Avec ce procédé, le physicien est en mesure de créer des transistors plats. Ce transistor dit planaire, parce que sa surface est plate, présente de nombreux avantages sur ceux fabriqués jusque là, dont une plus grande fiabilité. Noyce comprend que cette méthode offre de grandes possibilités pour la fabrication des transistors, des circuits intégrés et des microprocesseurs à venir. Noyce perfectionne même le procédé en créant d'étroits canaux conducteurs plutôt que des fils de liaisons. Mais dessiner une puce comportant des millions de composants exige de fabuleuses capacités logiques et s'avère un procédé très lent. Arrivent alors au milieu des années 70 deux ingénieurs : Carver Mead, professeur d'ingénierie électrique au California Institute of Technology et Lyne Conway, également professeure d'ingéniérie, mais à l'Université du Michigan. Après moult communications et réflexions, les deux technologues avancent une solution pour régler le problème. Cette solution prend la forme d'un livre lancé en 1978 et s'intitulant *Introduction aux systèmes à très grande échelle d'intégration*. Cet ouvrage, qui enseigne les techniques nécessaires à la conception de toutes les formes de puces et présente une approche très pédagogique, servira à former les futurs concepteurs. Au fil des ans, Intel, comme de nombreuses compagnies, notamment Motorola et IBM, pourront grâce à la contribution de Mead et Conway bénéficier d'ingénieurs et de scientifiques parfaitement formés pour alimenter leurs usines dispersées à travers le monde.

Ces formateurs hors pair auront recours à des techniques de conception et de fabrication faisant appel à la CAO, c'est-à-dire la conception assistée par ordinateur et à la microlithographie, et leur permettant de disposer de trois millions de transistors sur une surface d'à peine un centimètre carré. C'est ainsi que le paysage informatique fut transformé par ces curieuses puces électroniques, pensantes et toutes puissantes, nommées 8008, 8080, 6800, Z-80, 8086, 68010 et autres Pentium.

Pour conclure sur ce sujet, force est de constater que malgré une concurrence mondiale effrénée, Intel équipe toujours quelque 80 % du milliard de PC en service dans le monde ! Mais attention ! En 2003, en sortant son microprocesseur PowerPC 970 ou G5 à 64 bits cadencé à 1.6GHz, IBM marqua des points sans commune mesure avec ses plus directs concurrents que sont Motorola, AMD et bien sûr Intel.

Sur un rayon lumineux avec Townes, Maiman et Kao

À partir du moment où les ordinateurs se mirent à échanger, la transmission efficace des données imposait une technologie nouvelle de manière à soutenir un transfert énorme d'informations. Tout simplement parce que les habituels fils de cuivre et câbles coaxiaux destinés aux circuits électriques ne pouvaient répondre à la demande. Le laser, qui agit comme amplificateur de la lumière, et la fibre optique, canal de transmission de cette même lumière, constitueront les deux éléments clés de la révolution des télécommunications que nous connaissons aujourd'hui.

Faut-il préciser que de nombreux chercheurs et ingénieurs seront essentiels pour la mise au point de cette double technologie. Laquelle prendra presqu'un demi siècle pour se développer. Trois noms émergent pourtant de ce vaste projet scientifique et technique : Charles Townes, récipiendaire d'un prix Nobel auquel il faut associer les chercheurs russes

Basov et Prokhorov, une distinction qui posera problème comme nous le verrons, Theodor Maiman et Charles Kao.

Tout d'abord un rapide coup d'œil sur l'invention du LASER, acronyme de *Light Amplifier by Stimulated Emission of Radiation (amplification de la lumière par émission stimulée de rayonnement).*

C'est Albert Einstein qui énonça le premier l'idée de la possibilité d'une source lumineuse ultrapuissante et de nature fondamentalement nouvelle. Dans ses écrits de 1917, se basant sur des hypothèses purement théoriques, il faut le préciser, l'inventeur de la théorie de la relativité soulevait le concept « *d'émission de lumière induite* », suivie d'une amplification de cette même lumière.

Au cours des années cinquante, le chercheur français, Alfred Kastler, effectuera une percée théorique majeure en proposant ce qu'il nomme un *pompage optique*, c'est-à-dire une technique qui permettrait de modifier les états des atomes à l'aide d'une irradiation lumineuse. S'enchaîneront alors une série de recherches qui paveront la voie à C.H. Townes pour l'invention du fameux laser.

Né en 1915 sur une ferme de Greenville, en Caroline du Sud, Charles Townes poursuivra des études en physique à l'Université Duke dans l'état voisin, puis au California Institute of Technology (Caltech) où il côtoiera des sommités du monde scientifique comme Linus Pauling et Ernest Oppenheimer. Une fois diplômé, il décide d'orienter sa carrière vers la recherche expérimentale. Un choix qui s'explique par une faiblesse visuelle le limitant dans l'étude de textes écrits. C'est tout naturellement qu'il joint les laboratoires de recherche de Bell en 1939 pour entreprendre des travaux sur le radar. En 1948, Charles Townes se joint au département de physique de l'Université Columbia. Un emploi qui durera douze années. C'est là qu'il réalisera les découvertes majeures qui conduiront au laser. Du moins, le pensa-t-on. Une invention qui le mènera tout droit au prix Nobel de physique en 1964, prix partagé avec Nikolaï Bassov et Alexandre Mikhaïlovitch Prokhorov. Cette découverte sera complétée par Théodore Harold Maiman (1927-2007), un physicien qui obtint pour la première fois en 1960 une émission laser au moyen d'un cristal de rubis, la voie de l'avenir pour toutes les autres formes de laser.

Ouvrons ici une parenthèse sur la paternité du laser octroyée à Townes, mais qui fut fortement et finalement victorieusement contestée pendant trente années par le chercheur Gordon Gould (1920-2005).

Ce talentueux physicien, diplômé de Yale et poursuivant un doctorat à Columbia, communiqua à Townes, alors professeur, toutes les informations concernant le pompage optique, une découverte de Kastler dont il était devenu un spécialiste. Selon toute vraisemblance, Townes, qui occupait des fonctions prestigieuses dans le milieu de la recherche, se servit de ce savoir pour ses découvertes. Gould, qui avait un passé de sympathisant communiste, et très peu de contacts dans le milieu universitaire, se vit dénier tout droit sur l'invention. Il engagea une lutte juridique qui dura trois décennies. Jusqu'à ce que la Cour fédérale américaine, en 1985, lui reconnaisse tous ses droits et oblige le Bureau des brevets à respecter sa demande concernant l'invention. À l'époque, l'industrie du laser était en pleine expansion et générait quelque 400 M $ par année. Gould qui s'était endetté en frais juridiques ne récolta finalement que quelques millions de dollars. Mais il eu l'honneur de voir ses droits respectés. Un combat qui n'est pas sans rappeler celui de Robert William Kearns qui lutta des années contre les géants de l'automobile pour faire reconnaître son invention : l'essuie-glace intermittent. Aujourd'hui, l'industrie du laser si utile au monde informatique touche une foule de domaines. Des télécommunications à l'armement, sans oublier l'ophtalmologie et la métallurgie. L'un des plus gros lasers au monde est composé de 192 faisceaux et peut délivrer une énergie d'un million de joules. L'immense appareil qui est logé au Lawrence Livermore Laboratory peut donc générer pendant une infime fraction de seconde 1 200 fois la production totale d'électricité aux États-Unis !

Attardons-nous maintenant au deuxième volet technique de la transmission moderne des données, la fibre optique.

Le fait de confier à la lumière modulée le soin de transmettre une information remonte assez loin, comme nous l'avons vu dans un chapitre antérieur. Dès les années 1880, Alexandre Graham Bell mit au point le photophone qui permettait de transmettre la voix à l'air libre à l'aide d'un rayon de lumière. N'opérant que sur une distance de quelque 200 mètres et soumis aux aléas du climat, le système ne s'avéra d'aucune utilité. Il fallut attendre les années 1920 pour qu'on tente cette fois de transmettre la lumière le long d'un fil de verre. Les années passèrent. Quand survint l'invention du laser, on réalisa qu'on possédait enfin une lumière assez dense et cohérente pour être transportée sur une longue distance. Il reviendra à Charle K. Kao, ressortissant de Shanghaï et citoyen américano-britannique, détenteur d'un doctorat en génie électrique de l'Université de Londres, d'effectuer en 1964 la première expérience de transmission d'un rayon laser par fibre optique. D'où son surnom de *père des communications dans la fibre optique*. Restait un autre problème à solutionner : les pertes enregistrées dans des fibres de verre de médiocre qualité. Il reviendra aux trois chercheurs que sont Robert Maurer, Peter Schultz et Donald Keck, tous trois employés par la société Corning Glass Works de New York, de perfectionner le produit jusqu'à atteindre les résultats remarquables d'aujourd'hui, où des trillions de données sont transmises quotidiennement par ce procédé.

Avec une telle technologie, l'univers Internet pouvait voir le jour.

La longue mémoire de Reynold Johnson

Dans un ordinateur, la mémoire[9] est aussi essentielle qu'un réservoir d'essence dans une automobile. Il s'agit d'un élément vital au bon fonctionnement des programmes informatiques.

9 Dispositif de stockage et de restitution des informations dans un équipement informatique.

Il revient à un certain Reynold Johnson, modeste enseignant au chômage dans les années trente, c'est-à-dire en pleine crise économique, d'avoir inventé ce que l'on nomme aujourd'hui le disque dur.

Né en 1906 dans le Minnesota, diplômé en administration scolaire, il débute sa carrière d'enseignant au niveau collégial. Mais en 1933, la terrible dépression économique le frappe. C'est la mort dans l'âme qu'il rejoint les millions de chômeurs qui hantent les routes de l'Amérique. La nécessité étant la mère de l'invention, Johnson invente alors ce que les spécialistes désignent comme étant un QCM (Quartz Crystal Microbalance), c'est-à-dire un appareil électromécanique équipé d'un résonateur, formé d'un cristal de quartz, pouvant détecter d'infimes modifications de masse d'un objet. Johnson obtient un brevet pour sa découverte et tente, sans succès, de le vendre à plusieurs compagnies. IBM refuse d'abord, mais l'année suivante, en 1934, l'entreprise décide d'acquérir le brevet et d'embaucher Johnson pour l'un de ses laboratoires de recherche.

Sous sa gouverne, IBM lancera, au début des années 50, un vaste projet de recherche pour mettre au point un système de stockage de données sur disques magnétiques. Le système sur bandes magnétiques utilisé jusque- là s'avérait nettement inadéquat, notamment par sa lenteur. Le RAMAC, c'est-à-dire Random Access Method of Accounting and Control, premier disque dur opérationnel présenté aux dirigeants de la Big Blue Machine en 1955, permettra de lire un enregistrement ou un fichier en quelques secondes. L'invention sera commercialisée en 1956. Rien à voir pourtant avec les disques durs que l'on retrouve aujourd'hui sur nos micros. L'appareil comporte cinquante disques magnétiques de 24 pouces de diamètre pesant au total une tonne. Mais les principes de base étaient bien établis. Ces travaux donneront des fruits puisqu'aujourd'hui encore, tous les lecteurs de disques sont fondés sur les principes développés par Johnson et son équipe. Reynold Johnson poursuivra une longue carrière de chercheur couronné par environ 90 brevets. Il travaillera entre autres chez Sony pour la mise au point d'une bande magnétique réduite pour la conservation d'images vidéo. Une invention qui permettra la naissance du vidéoscope. Il devait revenir au chercheur français Albert Fert d'améliorer radicalement le disque dur de Johnson, en permettant de multiplier par cent les capacités de stockage de ce composant. Il est toujours difficile pour le commun des mortels d'établir un lien entre la recherche fondamentale et les innovations technologiques. Il en est ainsi des travaux de ce physicien français, spécialiste de l'électronique de spin. Il s'agit d'une technologie émergente qui exploite la propriété de la rotation de l'électron sur lui-même, lequel réagit alors comme un minuscule aimant. Cette particularité comme le démontra Fert peut servir de fondement technologique à la mémoire des ordinateurs.

L'énorme capacité de mémoire des disques durs qui équipent nos micro-ordinateurs, radicalement miniaturisés depuis la découverte de Johnson, est redevable, en bonne partie, aux élucubrations de ce jeune chercheur français dans les années 70 et à sa découverte de la magnétorésistance géante en 1988. Comme quoi ce contemplateur des Pyrénées catalanes, admirateur de la musique de Thelonious Monk et des films d'Almodovar, sait parfois penser utile.

Récipiendaire de la médaille d'or du CNRS (Centre national de recherche scientifique) de France en 2003, et du prix Nobel de physique partagé avec l'Allemand Peter Grünberg, Albert Fert a d'abord étudié à la fameuse École normale supérieure de 1957 à 1962. Puis, à son retour du service militaire en 1965, il se joint à la faculté des sciences de l'Université de Paris. La spécialité de ce chercheur se greffe alors sur la physique des solides. C'est en 1988 que l'équipe travaillant sous sa direction découvre la magnétorésistance géante, une découverte à la base de la conception des disques durs équipant nos ordinateurs. Comme pour le couple Jack Kilby/Robert Noyce découvrant presque simultanément le circuit intégré, une équipe allemande sous la direction de Peter Grünberg et de manière tout à fait indépendante, aboutit quelques mois plus tard à la même découverte.

L'équipe allemande aura toutefois la sagesse de déposer en premier une demande de brevet, avec les retombées financières subséquentes. Au fil des ans, de nombreux prix couronneront toutefois les deux chercheurs. Dans une entrevue accordée au journal *Le Monde* en 2004, Albert Fert s'expliquera sur son destin de chercheur. Étant jeune, beaucoup de choses l'attiraient : la photographie, le cinéma, le rugby. Il eut même le bonheur de côtoyer le peintre Salvador Dali qui l'interrogeait longuement sur les termes quasi ésotériques en usage en physique. Au cours de ses études, il fut mis en contact avec les travaux d'un chercheur britannique du nom de Nevill Mott, prix Nobel en 1977, dont les idées s'articulaient dans l'entre-deux-guerres sur le fait que l'aimantation des métaux ferromagnétiques influençait la circulation des électrons, en fonction de leur « *spin* » ou moment magnétique. Mais la technologie de l'époque, peu évoluée, ne permettait pas d'en tirer des applications technologiques significatives.

En 1985, Albert Fert s'associe avec le géant français de l'électronique Thomson CSF, qui maîtrise totalement la technologie de fabrication des couches ferromagnétiques ultra minces. Une technologie essentielle pour la suite des travaux de Fert. En 1988, cette collaboration aboutit à la publication par Fert d'un texte qui fait date dans la *Physical Review* et qui signe l'acte fondateur de cette nouvelle science qu'est l'électronique du *spin*. L'article sera repris dans d'autres revues scientifiques plus de 2 500 fois. Un critère absolu pour juger de l'importance de la communication d'un spécialiste.

IBM ne tardera pas à saisir l'importance de cette découverte, répétant ainsi ses avancées en direction de Johnson quelques décennies auparavant. Grâce à Fert et au chercheur allemand Grünberg, on peut dorénavant stocker 2 500 romans sur une surface d'un centimètre carré. Albert Fert, qui n'a hélas pas su tirer tous les avantages financiers de sa découverte, travaille aujourd'hui avec son équipe sur la prochaine génération de disques durs qui utilisera la technologie dite à « magnétorésistance tunnel ». En bref, celle-ci permettra à la mémoire de subsister même sans alimentation électrique. Ce qui n'est pas le cas pour les mémoires RAM actuelles, très volatiles au demeurant. Un défi de taille pour ce chercheur qui se réjouit de travailler en équipe « *pour développer des idées et être étonné du résultat* » et fait l'apologie de la fécondité du dialogue entre recherche publique et privée.

La souris d'Engelbart

Si on avait à nommer un seul homme pour sa contribution à la micro-informatique, il y aurait sans doute unanimité chez les spécialistes à hisser Douglas Carl Engelbart en haut d'une liste somme toute assez longue.

Père de la souris (1963), détenteur de 45 brevets portant sur des aspects essentiels de l'informatique dans un champ d'activités s'étendant du traitement de texte à Internet, on pense ici au concept « d'hypertexte » qu'il a raffiné, Engelbart apparaît bien en évidence sur la liste du *National Inventors Hall of Fame.*

Portrait d'un homme remarquable

À l'occasion de la conférence d'automne sur les ordinateurs tenue à San Francisco en 1968, Douglas Engelbart, prophète de la convivialité homme-machine, fait une démonstration stupéfiante portant sur l'utilisation du principe de la souris, ce dispositif de pointage muni d'au moins un bouton et qui, posé sur une surface et déplacé à la main, permet de diriger les mouvements du pointeur à l'écran, de transmettre des commandes à l'ordinateur et de manipuler des objets virtuels. Une invention qui sera reprise plus tard par Apple pour Lisa, puis en 1984 pour le Macintosh et autres PC.

Né en 1925 en Orégon de parents d'origines scandinave et allemande, Douglas Engelbart a le malheur de perdre son père à l'âge de neuf ans. De cet homme, ingénieur dans le domaine électrique et propriétaire d'un magasin de réparation d'appareils radio, il retiendra sa froide détermination à survivre et son sens du devoir, car ce père de famille se tuait à la tâche pour faire vivre ses trois enfants. Nous sommes en 1934. L'Amérique, comme l'ensemble des pays industrialisés, est secouée par la plus terrible crise économique de son histoire. Le taux de chômage atteint 25 % de la main-d'œuvre. Les soupes populaires et les refuges pour gens en détresse sont devenus la principale mission des grandes villes. La survie chez les Engelbart, une fois les besoins essentiels satisfaits, passe par l'acquisition des connaissances, condition essentielle selon les valeurs familiales pour relever les défis à venir.

Douglas se montre des plus talentueux dans ses études. Après le *high school* où il aligne des résultats parfaits, il s'inscrit à l'Université de l'Oregon pour se spécialiser dans l'étude du radar. Mais le pays est en guerre et l'appel sous les drapeaux interrompt son cursus académique. Ses connaissances du radar sont évidemment appréciées par les autorités militaires. De 1944 à 1946, sans connaître l'enfer des combats, il est mobilisé dans sa spécialité dans le Pacifique, plus précisément dans la région des Philippines. À la fin de son service, il se réinscrit à l'Université de l'Oregon pour compléter sa formation d'ingénieur. Ses études terminées, Englebart se joint pour deux ans au *Ames Research Laboratory,* un centre de recherche de la marine en Californie. Puis à 25 ans, le cœur ayant ses raisons, Englebart se marie. Fonder un foyer, avoir des enfants : quoi de plus normal dans les annés cinquante ? Mais ces années sont aussi celles de la contestation rampante. Les Jack Kerouac, Jackson Pollock et autres intellectuels et artistes comme Norman Mailer secouent la baraque avec leurs critiques de la société régnante. Touché par ce courant d'idées, Douglas Engelbart se demande de quelle manière il pourrait apporter sa petite brique pour l'édification d'un monde meilleur. Les biographies des frères Wright, les pionniers de l'aviation, d'Edison et de Graham Bell, sont bien présentes dans son esprit. Englebart compte faire partie un jour de ces inventeurs de l'avenir.

L'ingénieur féru d'électronique trouve finalement sa voie dans les idées du mathématicien Norbert Wiener qui, quelques années plus tôt, en 1947, a lancé une nouvelle discipline, la « cybernétique ». Il s'agit d'une science constituée par l'ensemble des théories sur les processus de commande, de communication et de régulation, tant chez les êtres vivants, que dans les systèmes sociologiques et les machines.

Ouvrons ici une parenthèse sur cet homme hors du commun. Homme génial, Wiener décrocha un doctorat en mathématiques à Harvard à l'âge de 18 ans. Il fera ses premiers pas dans l'histoire en refusant de travailler au projet Manhattan pour la mise au point de la première bombe atomique. Il choisit plutôt d'œuvrer à élaborer une philosophie basée sur l'information et la communication entre les êtres. L'un de ses disciples, Ross Ashby, qui influencera grandement Engelbart, publie en 1956 un essai intitulé *Design for an Intelligence Amplifier* dans lequel il s'interroge sur d'éventuelles technologies pouvant améliorer l'intelligence. Englebart a alors l'intuition que la simple manipulation de symboles sur un écran de télévision, par exemple, pourrait éventuellement servir à activer les commandes d'un ordinateur. Mais le chemin à parcourir pour en arriver à cette technologie miracle sera long. Englebart décide de compléter un Ph. D en s'inscrivant à Berkeley, une des rares universités à l'époque à offrir le doctorat en informatique.

En 1957, Engelbart fonde une société d'ingénierie, Digital Techniques. Mais l'entreprise ne fait pas long feu. Engelbart se joint alors au département de recherche de Stanford, la SRI pour Stanford Research Institute. La vocation de l'institut, où les chercheurs bénéficient d'une très grande liberté, est de mener des recherches dans différents domaines scientifiques et technologiques au profit du gouvernement américain et d'entreprises privées. Jusqu'en 1959, le gros de ses efforts porte sur la conception de mémoires à base magnétique. Puis durant trois ans, jusqu'en 1962, il retourne au domaine plus abstrait de la relation homme-machine en se penchant notamment sur la mise au point d'un clavier à cinq touches basé sur les claviers de téléimprimeurs et permettant de communiquer avec un ordinateur. Deux inventions le mettront sur la piste plus prometteuse de la souris.

D'abord le planimètre qui l'aida pour la mise au point de son invention.

Cet appareil inventé par le Suisse Jakob Amsler-Laffon en 1854 permet la mesure mécanique directe des surfaces sur les plans, cartes géographiques et autres, en suivant les contours de la figure par deux bras articulés. On retrouve ici l'élément essentiel de la souris ou une roue en déplacement (du moins pour les modèles mécaniques originaux) transmettant des informations par le simple frottement sur une surface.

Puis il y aura aussi le stylo à lumière mis au point dans le domaine du radar à la fin des années quarante. Ce pointeur dirigé vers des traces lumineuses apparaissant sur des écrans radar était relié à des ordinateurs pour fins d'analyse.

Mais c'est le concept de « *trackball* » ou boule de commande qui devait servir d'élément déclencheur fondamental pour la mise au monde de la souris. Utilisé depuis des décennies, il est basé sur le principe de la friction d'une boule sur une surface pour permettre le mouvement d'un pointeur sur un écran.

Comme nous le précisions en début de texte, c'est lors d'une conférence tenue en Californie en 1968 qu'Engelbart démontra tous les avantages de cette drôle de petite boîte carrée munie d'un fil, et qui avait toutes les apparences d'une souris, qui facilitera grandement l'utilisation des ordinateurs maison. Mais ce gadget quasi miraculeux mettra du temps à s'imposer. Il faut bien comprendre que jusqu'au milieu des années 80, le clavier était le seul périphérique d'entrée fourni à l'achat d'un ordinateur personnel. La saisie au clavier consistait donc pour l'utilisateur à introduire des commandes à l'aide de ce clavier. Il faut avoir un jour fouillé dans un guide de l'utilisateur de quelques centaines de pages du MS-DOS équipant les PC de l'époque, et privés de l'interface graphique, pour saisir la complexité de l'opération. Ainsi par exemple le fait d'entrer la phrase obéissant à la syntaxe suivante : [ligne1], + ; ligne2, ligne3 commandait à l'ordinateur de déplacer un bloc de lignes à un autre endroit dans le fichier. Tâche forcément très fastidieuse qui éloignait l'ordinateur du grand public. La souris, couplée à l'interface graphique, allait, on le sait, simplifier beaucoup de tâches.

Engelbart, chercheur solitaire imprégné de l'esprit étudiant californien des années soixante, démuni de tout souci commercial, ne recueillera que peu, monétairement parlant, de ses nombreuses découvertes. Le plus frustrant était sans doute de penser que les millions d'utilisateurs de Mac et de PC à travers le monde glorifiaient Steve Jobs et Bill Gates pour une invention qu'ils avaient su adapter à leurs appareils. Restait la satisfaction d'avoir quelque peu aidé à améliorer l'intelligence humaine, comme il se l'était promis durant ses années de formation.

L'écran, le clavier et la copie

Le moniteur, le clavier et l'imprimante, périphériques par excellence des micro-ordinateurs, doivent leur présence sur nos bureaux à un détour assez inédit de l'histoire des technologies, l'invention de la télévision, du dactylo et du photocopieur. Quatre noms sont associés à ces avancées technologiques importantes : Philo Farnsworth, Christopher Latham Sholes, Don Lancaster et Chester Carlson.

Abordons d'abord le moniteur. Ou plus précisément son lointain ancêtre, le téléviseur.

L'écran où s'affichent les informations sous forme de textes, d'images ou de scènes animées, qui peuvent être en deux dimensions, fait aujourd'hui appel à diverses technologies : tube à écran cathodique (ou CRT de l'anglais *Cathodic Ray Tube*) inventé par le physicien allemand Karl Ferdinand Braun en 1897, écran à cristaux liquides (LCD) sorti du cerveau de l'Américain James Fergason, et enfin écran à plasma dû aux recherches entreprises en 1964 par Donald Blitzer et Gene Slottow. Mais c'est l'invention de la télévision qui rendit ces technologies possibles adaptables comme périphériques pour les ordinateurs. Il faut remonter en 1911, à Londres, lors d'un exposé prononcé par Alan Archibald Campbell-Swinton sur la possibilité d'émettre et de recevoir des images à distance en utilisant un tube à rayon cathodique, technologie déjà révélée par le même homme dans la revue scientifique *Nature* trois ans auparavant, pour saisir les débuts de cette incroyable invention qu'est la télévision ne faisant appel qu'à des moyens électroniques. Ces concepts seront repris dans les années vingt par deux chercheurs américains Vladimir Zworykin et Philo Farnsworth. Mais c'est Farnsworth, en 1927 à San Francisco, qui le premier fera la démonstration complète en laboratoire de l'émission et de la réception d'images par les airs. Cette première devait être répétée en 1934, sous une forme beaucoup plus élaborée au Franklin Institute de Philadelphie : cette fois, ce n'était pas uniquement la photo de son épouse Pem que les spectateurs pouvaient admirer, mais bien des images en mouvement.

Né dans une famille mormone en Utah en 1906, mais déménagé très tôt en Ohio, Farnsworth, futur « père de la télévision », révéla très tôt des talents de bricoleur. Tout ce qui touchait la technologie reliée à l'électricité le fascinait. C'est ainsi qu'un jour il électrifia la machine à laver manuelle de sa mère en y ajoutant un moteur de sa fabrication. Parallèlement à des études en violon, il performait en physique et chimie durant ses années scolaires. Après ses études à la Bringham Young University et son service militaire dans la marine, Farnsworth se maria à Elma « Pem » Gardner et s'établit à San Francisco.

C'est dans cette ville qu'un philanthrope, dont l'histoire oublia le nom, lui procura le financement pour ses recherches sur l'utilisation du fameux tube à rayon cathodique, ce qui lui permit d'approfondir une technologie qui l'intéressait depuis toujours.

Cette invention dite CRT, on la devait aux travaux pionniers du physicien allemand Karl Ferdinand Braun, prix Nobel en 1908, mort en quasi détention aux États-Unis en 1918. Histoire bizarre : en raison de sa nationalité allemande et de la situation de guerre qui sévissait alors, on lui refusa de quitter le pays lors d'une visite en Amérique. Il devait y décéder.

Ce tube à rayon cathodique est un dispositif constitué d'un filament chauffé de cathodes et d'anodes en forme de lentilles trouées qui, soumises à une différence de tension, créent un champ électrique accélérant les électrons. Cela se produit quand ces électrons frappent un écran sur lequel on a déposé une couche fluorescente réagissant au choc des électrons en créant un point lumineux. C'est le dispositif d'affichage qui est utilisé dans la plupart des écrans. Mais revenons à Farnsworth.

Malgré son invention extraordinaire, sa vie ne fut pas facile : la mort de son fils Kenny en 1932 fut suivie d'une profonde dépression nerveuse et de luttes juridiques contre la compagnie RCA au sujet de l'antériorité de brevets, conflits qui lui empoisonnèrent l'existence. Mais à force de persévérance, Farsnworth marqua des points. Par exemple, il passa un accord avec une compagnie allemande qui permit la première retransmission télévisée des Jeux Olympiques de Berlin en 1936. Finalement, RCA accepta d'acheter ses brevets pour 1 M $ et entreprit de conquérir le monde avec le petit écran. Jusqu'à sa mort en 1971, Farnsworth travailla sur une foule d'inventions dont un appareil permettant de guider les aéronefs à l'approche des aéroports. Il ignora bien sûr que l'écran de télévision qu'il avait inventé contribuerait à la révolution de la micro-informatique.

Venons en maintenant au clavier.

C'est en 1868 que l'Américain Christopher Latham Sholes breveta son invention d'une machine à écrire. Né en 1819 en Pennsylvanie, il débuta dans la vie comme apprenti dans une imprimerie, avant d'immigrer au Wisconsin où il s'orienta vers l'édition de journaux et la politique. L'idée de construire une machine à écrire, c'est-à-dire un appareil qui permet d'écrire mécaniquement des documents avec des caractères d'imprimerie, lui vint en 1867. Il faut dire que cette idée était dans l'air depuis longtemps puisque dès 1714, un premier brevet avait été octroyé. Mais il faut croire que les agencements d'engrenages, de leviers et de ressorts qui sont le propre de ces machines mécaniques étaient insatisfaisants puisqu'aucune de ces imprimeries maison n'avait subi de manière satisfaisante le test de la mise en marché.

Sholes, lui, avec l'aide de deux copains, Samuel Soule et Carlos Glidden, réussit l'agencement idéal. En 1872, la compagnie de fabrication d'armes Remington, qui excellait dans l'usinage mécanique, achèta son brevet pour la somme de 12 000 $ et débuta cinq ans plus tard la commercialisation massive de l'appareil. Le succès commercial de la machine à écrire Remington sera prodigieux. Sa popularité atteindra toute la planète. Si bien que le nom de la compagnie se confondra pendant longtemps avec le dactylo.

De nombreux perfectionnement jalonneront le « *typewriter* » pendant une centaine d'années, jusqu'au clavier de l'ordinateur. En 1914, on voit apparaître la première machine électrique qui diminue l'effort de pression sur les touches. En 1961, IBM sort sa fameuse machine à boule qui présente une foule d'avantages : rapidité, élimination du chariot, utilisation pratique car on peut changer rapidement les caractères, et finalement, silencieuse. En 1992, sévèrement concurrencée par les micro-ordinateurs, la compagnie Apple sort Powerbook 145, la première machine à écrire avec écran permettant la correction de texte. Mais ce sera peine perdue, car la compétition était devenue trop inégale.

Déjà, à l'aube des ordinateurs, ceux-ci pillent allègrement l'héritage de la machine à écrire. Dès 1946, la technologie des cartes perforées et plus tard, l'inscription sur bande magnétique, utilise une version du *typewrite*r pour inscrire les données. Plus tard, on utilisera la technologie des impulsions électriques, développée pour les téléscripteurs ou télétypes comme périphériques d'entrée-sortie. Un dernier mot sur Sholes. Complètement absorbé par le projet d'inventer, il fera breveter en 1873 l'ordre du lettrage sur les claviers, nommé QWERTY pour indiquer les six premières lettres à apparaître en haut à gauche sur les claviers. On s'était rendu compte que la disposition des lettres par ordre alphabétique sur le clavier avait pour effet de coincer les tiges voisines, compte tenu de la fréquence de l'utilisation de certaines lettres dans la langue anglaise. L'idée sera donc d'écarter le plus possible les lettres contigues dans un texte de manière à éviter que les tiges s'emmêlent.

Ce type de clavier s'imposera universellement avec des adaptations aux langues locales. Ainsi en français, on a le clavier dit Azerty, une adaptation du QWERTY. Mais la version française ne jouira jamais de la popularité de son cousin d'Amérique.

La force de l'habitude aidant, il ne sera fait aucun effort pour que les claviers d'ordinateurs adoptent d'autres modèles de disposition des touches plus fonctionnelles. Comme la disposition inventée par August Dvorak aux États-Unis dans les années trente, qui optimisait le confort et la facilité lors de la frappe des textes. On ne peut que le déplorer.

Mais un nom devait s'ajouter pour que la machine à écrire puisse être illustrée sur un écran cathodique, celui de Don Lancaster qui sortira d'on ne sait où, une machine à écrire dont les textes étaient transmis à un écran de télévision.

Dans le numéro de septembre 1973 du magazine *Radio-Electronics*, on annonçait le « *TV Typewriter* » qui pouvait se brancher sur n'importe quel téléviseur et transmettre vos écrits à l'écran. Les plans inclus dans le magazine expliquaient le tout en détails. La compagnie Southwest Technical Products vendait le circuit imprimé pour aider à monter ce curieux gadget. On ne sait ce qu'il advint des avant-gardistes qui s'astreignirent à monter un tel appareil. Ce que l'on sait en revanche, c'est que trente ans après l'offre de Lancaster, le milliard et quelque de personnes travaillant quotidiennement sur leur PC apprécient grandement le fait de pouvoir ainsi voir leur texte apparaître sur leur moniteur. Troisième périphérique indispensable, l'imprimante.

Celle-ci a aussi connu une longue histoire avant de s'imposer aux côtés du moniteur et du clavier de notre PC. Chester Carlson et Gary Starkweather furent les grands responsables de cette innovation.

Bourreau de travail que ce Chester Carlson, le génie de Xerox qui rendit possible la reproduction de documents. Né en 1906 dans l'État de Washington, Carlson dut travailler très tôt pour subvenir aux besoins d'une famille dont le père et la mère étaient atteints de tuberculose. Durant sa jeunesse, les épreuves de la vie ainsi que la lecture de la vie du grand inventeur Thomas Edison lui font réaliser qu'être le maître d'œuvre d'une invention pourrait solutionner beaucoup de problèmes financiers, tout en apportant une contribution au monde qui l'entoure. Carlson avait du talent. Ce qui l'amena à entreprendre des études en physique à l'Université de Californie et à être embauché aux laboratoires de la compagnie Bell à New York, à titre d'ingénieur de recherche. Trouvant le travail ennuyeux et routinier, Carlson se retrouve bientôt à l'emploi d'une firme d'avocats spécialisée dans les brevets. Nous sommes en 1933. La grande crise économique fait rage. Grâce à un salaire régulier, Carlson trouve le moyen de poursuivre le soir des études en droit. Mais son travail portant sur l'étude des brevets l'amène à s'intéresser aux techniques de reproduction des documents imprimés. Une vieille passion qui remonte à sa jeunesse : l'imprimerie, la dactylographie, l'édition de magazines durant ses années d'études. Tout cela l'avait drôlement intéressé. Son travail dans le domaine des brevets posait régulièrement le problème de la reproduction de documents, incluant des textes et des dessins qu'il fallait soumettre au U.S. Patent Office, le bureau fédéral.

La technique des photostats qu'on utilisait à l'époque était coûteuse et peu satisfaisante. Une fenêtre sur l'innovation existait pourtant. Plusieurs laboratoires s'intéressaient en effet au phénomène de la photoconductivité, qui permet à la lumière d'accroître la conductivité de certains matériaux sous certaines conditions. C'est ainsi, par exemple, qu'un papier peut attirer une poudre d'encre à certains endroits où ne frappe pas la lumière, et agir comme répulsif là où la lumière apparaît. Un procédé qui, une fois adapté, pourrait permettre la reproduction exacte de documents écrits, de dessins et autres. Il faudra quinze ans de travail à Carlson pour faire aboutir l'idée fonctionnelle de l'électrophotographie en une technologie satisfaisante. Son association à la fin des années trente avec un physicien ayant fui le régime nazi, Otto Kornei, sera fructueuse pour la préparation de plaques où pouvait agir le procédé de l'électrophotographie. Mais pendant des années, ses efforts pour convaincre des compagnies comme General Electric, IBM, RCA d'investir dans l'invention resteront vains. Jusqu'à ce qu'une organisation du nom de Battelle Memorial Institute, spécialisée dans l'aide aux inventeurs, accepte d'investir dans le projet et dans la compagnie qui allait devenir la compagnie Xerox en 1961. Un dernier mot sur Carlson qui amassera une fortune de quelque 150 M $ avec son invention. Passionné par la recherche spirituelle et par la défense des droits, celui-ci donnera des dizaines de millions pour le mouvement de droits civiques dans les années soixante, et financera des temples dédiés à Ramakrishna et à la méditation Zen.

Mais l'histoire ne s'arrête pas là.

Le procédé de xérographie issu des recherches et brevets de Carlson devait subir une mutation chez Xerox, même sous les bons offices d'un ingénieur du nom de Garry Starkweather, à qui nous devons l'imprimante au laser[10]. Imprimante qui devait équiper les centaines de millions de PC et de Mac à venir.

Nous verrons dans un chapitre ultérieur comment ce diable d'homme de Starkweather, à l'encontre de la direction de l'entreprise Xerox, poursuivra avec succès ses idées au sein du groupe de recherche de la compagnie, pour introduire le fameux Parc au cœur de la révolution informatique.

10 Dispositif produisant un faisceau de lumière monochromatique cohérente, intense et directive, dans le visible, l'infra-rouge ou l'ultraviolet. Source : Larousse, ibid.

CHAPITRE 4

Les pionniers

Par définition, les pionniers ouvrent des frontières, lancent des entreprises et découvrent des chemins que nul avant eux n'avait foulés.

Ce terme a évidemment une consonance énorme en Amérique, terre d'hommes et de femmes qui découvrirent et colonisèrent d'immenses contrées au cours des siècles.

La conception et la mise au point d'ordinateurs et de technologies associées sont les résultats du travail acharné de nombreux pionniers qui durent surmonter un grand nombre d'obstacles. Faut-il préciser que le scepticisme de leurs contemporains ne fut pas la moindre de leurs difficultés...

La vallée de sable de Stanford et Terman

Dans le monde entier, Silicon Valley, en Californie, est synonyme de révolution électronique et informatique, l'équivalent d'un eldorado technologique. Lieu mythique, s'il en est un, il doit son surnom au journaliste Don Hoefler, qui, en 1971, dans le journal *Electronic News*, inventa l'expression « *Silicon Valley* » (*vallée du silicium*), l'un des matériaux de base des composants électroniques. Ce terme reflète également l'impression globale qui se dégage de l'aspect désertique du paysage, pour désigner la partie nord de la vallée de Santa Clara, et les localités du sud de San Francisco et du sud est de la Baie. Ce coin de pays peuplé d'environ deux millions d'habitants regroupe neuf villes dont San Jose, la plus populeuse, Palo Alto, Santa Clara, Menlo Park et Cupertino.

Comparable à ce que fut, en Angleterre, la ville de Manchester avec ses filatures de coton au début de la Révolution industrielle au XIXe siècle, Silicon Valley sera la région phare pour l'âge de l'information. À ce coin de pays sont en effet associés des géants de l'informatique et de l'électronique tels Hewlett-Packard, Apple Computer, Intel Corp., Sun Microsystems, Cisco Systems, Amdhal Corp., Seagate Technology, National Semiconductor, Advance Micro Devices, VLSI Technology, Silicon Graphics et plusieurs autres.

Toutefois, une exception à cette règle : l'entreprise Microsoft, la première du secteur en termes de revenus, basée elle à à Seattle.

En 2008, Silicon Valley regroupait quelque 6 000 entreprises spécialisées en nouvelles technologies, en informatique, en électronique, mais aussi en biotechnologies, nanotechnologies et technologies associées aux énergies renouvelables, lesquelles ont donné un second souffle à la vallée. Fait notable, 55 % des employés dans les domaines des sciences et des technologies de la vallée sont nés à l'extérieur des États-Unis, l'Inde et la Chine fournissant le gros de ce contingent de cerveaux. Silicon Valley a aussi une histoire. Il revient à deux visionnaires d'en avoir fait le siège d'un haut savoir, en même temps qu'un incubateur d'entreprises de technologies de pointe, véritable modèle pour la planète entière.

En 1850, la Californie accède au rang d'État de l'Union américaine. Peu de gens peuvent s'imaginer qu'en un siècle, ce coin d'Amérique deviendra le plus peuplé, le plus riche et le plus puissant des États du pays, se plaçant même dans le peloton de tête des grands états industriels du monde.

Assez rapidement, l'État naissant tente de se doter d'établissements d'enseignement similaires à ce que l'on trouve dans l'est du pays. La constitution de Californie est claire à ce sujet : *« l'État doit encourager par tous les moyens appropriés la promotion culturelle et scientifique. »*

Très rapidement, l'Université de Californie avec ses neuf campus, fournit aux grandes industries et corporations, Kaiser, Bechtel et Standard Oil, les ingénieurs et les maîtres d'œuvre dont elles ont besoin pour leurs activités. Mais il y a aussi place pour la fondation d'une université privée. C'est l'homme d'affaires Stanford qui en fera sa mission.

Leland Stanford naît à Albany, dans l'État de New York en 1824. Cinquième d'une famille de huit enfants, ce diplômé en droit ouvre un cabinet d'affaires en 1848. Cependant, suite à un incendie qui a tout détruit, Stanford décide de rejoindre ses cinq frères sur la côte ouest, et de se lancer dans le commerce. Avec des amis, il fonde la Compagnie de chemin de fer du Pacifique. La compagnie de transport ferroviaire, comme on le sait, est un succès industriel et financier. Mais une tragédie l'attend au tournant : son fils adoré âgé de 15 ans, un enfant que l'on disait brillant, meurt emporté par la fièvre thyphoïde en 1884. Leland Stanford se donne alors la mission d'ériger une université en sa mémoire, et déclare même : « *Les enfants de Californie seront désormais mes enfants* ».

Il fait alors don d'un vaste terrain au sud de San Francisco sur lequel il avait installé la plus grande écurie de chevaux de course des États-Unis. Voulant que les bâtiments de l'institution soient à la hauteur de son rêve, il visite les plus prestigieuses universités de la côte est : Yale, Cornell, Harvard, le Massachusetts Institute of Technology, et confie les plans de construction du futur lieu d'enseignement à Frederick Law Olmsted l'architecte, entre autres, du Central Park de New York et du parc du Mont-Royal à Montréal, au Canada. Stanford offre aussi une vision de ce lieu d'enseignement axé sur la formation pratique, en contrepoint de l'enseignement humaniste diffusé sur la côte est. Ce qui amène d'ailleurs des railleries des universitaires de ce côté du pays. En 1891, l'Université Stanford ouvre ses portes. Deux ans plus tard, Leland Stanford meurt. L'université vogue déjà dans l'excellence, comme l'avait espéré son fondateur. Manque pourtant la dimension industrielle du projet. Il reviendra à Fredrick Terman de relever le défi.

C'est précisément à l'Université Stanford que Fredrick Emmons Terman, né avec le siècle en 1900, poursuivra des études, d'abord en chimie, puis en génie électrique. Ce qui ne l'empêchera pas de se spécialiser sur la côte est au MIT aux côtés de Vannevar Bush, créateur de la National Science Foundation et pilier de l'informatique à venir.

De 1925 à 1941, celui que l'on nommera plus tard « le père de Silicon Valley » enseigne et poursuit des recherches à Stanford dans les domaines de l'électricité et de l'électronique. Auteur d'un manuel, véritable classique de l'enseignement dans le domaine intitulé *Radio Engineering*, Terman participe à l'effort de guerre en dirigeant une équipe de quelque 850 chercheurs au Radio Research Laboratory, reliés à l'Université Harvard, et dont l'objectif sera de trouver des techniques pour perfectionner le radar et rendre inopérant ceux de l'ennemi. C'est après la guerre que Terman prolonge ce qu'il avait entrepris peu avant le conflit et qui devait l'immortaliser : faire de l'Université de Stanford le giron de l'incubation industrielle. À l'aube de la Seconde Guerre mondiale, Terman avait créé un parc industriel à Palo Alto autour de l'université, en donnant des terrains inoccupés à quelques industriels. C'est ainsi qu'en 1939, Hewlett et Packard, deux de ses anciens élèves, y avaient fondé leur compagnie. Ce mouvement allait s'accentuer dans l'après-guerre, car Fredrick Terman a des idées bien arrêtées sur le rôle des centres de savoir dans la société. Il est convaincu que si la Californie et l'Université de Stanford veulent rayonner en Amérique et dans le monde, il est indispensable de créer des conditions permettant d'attirer et de retenir le plus grand nombre d'ingénieurs et les meilleurs scientifiques du pays. À l'époque, la rareté des industries en Californie incite les étudiants à s'expatrier vers la côte est. Il encourage donc ses étudiants à fonder des sociétés dans l'environnement de l'université, à l'exemple de Hewlett et Packard. L'idée de Silicon Valley, prolongement direct de la pensée de Stanford, est née, et avec elle, la synergie université-entreprises.

C'est ainsi qu'une partie inutilisée des terrains du campus de Stanford, soit 300 hectares, devient en 1951 le Stanford Industrial Park, véritable berceau de la vallée du silicium. En deux ans, trois sociétés s'y installent : Hewlett Packard, dans des locaux dignes de leur entreprise, les frères Varian et leur société de très haute technologie électronique, on pense à la résonance magnétique nucléaire, et le géant de l'aérospatiale, Lockheed. Au fil des ans, le rythme d'implantation s'accélère, les cerveaux diplômés de Stanford n'hésitant plus à s'installer à proximité de leur centre d'enseignement et de recherche. Tant et si bien que pour la seule année 1970, quelques soixante-dix sociétés font le saut. En 2010, Silicon Valley est l'un des centres de recherche et développement les plus performants au monde, faisant école dans un très grand nombre de pays. On pense particulièrement au Shanghai Pudong Software Park de Chine, à la Silicon Fen à Cambridge en Angleterre, à la Isar Valley de Munich, au Tres Cantos de Madrid, au Technology Park Oulu en Finlande, à la Bit Valley de Tokyo, au Sophia – Antipolis de France et à la India's Silicon Valley de Bangalore, en Inde.

Stanford et Turman avaient vu grand. Mais la vallée a dépassé leurs rêves les plus fous.

De la carte perforée au monopole IBM : Hollerith et Watson

Pour le commun des mortels, IBM, depuis près d'un siècle, incarne et symbolise le monde de l'ordinateur. Avec raison : 386 558 employés, des chercheurs dans 170 pays et des revenus de 98,8 G $ en 2007, font de la Big Blue Machine, comme on la surnomme, le premier groupe mondial dans le domaine des communications. Peu de personnes, pourtant, peuvent citer les travaux d'Herman Hollerith sur les cartes perforées, et l'administration historique de Tom Watson, comme étant à l'origine de cette fantastique aventure industrielle.

Terre d'immigration massive au XIXe siècle, l'Amérique faisait face à l'épineux problème du traitement des données concernant sa démographie galopante.

L'idée de recenser la population ne date pas d'hier. Dès 1790, le Congrès promulgua une loi qui rendait obligatoire le recensement, et ce, de manière à allouer un représentant élu à la Chambre pour chaque tranche de 33 000 citoyens. Mais jusqu'à la Guerre de Sécession, la compilation des données était très rudimentaire, et les résultats souvent inexacts. La population grossissant constamment, on réalisa en 1880 que gonfler le personnel du bureau de recensement, comme on l'avait fait jusqu'alors, n'était pas une solution adéquate, et qu'une forme de mécanisation des opérations s'imposait.

Herman Hollerith, jeune ingénieur né en 1825 et formé au génie minier, était préoccupé par le problème d'acquisition de données par des moyens mécaniques. Son passage au MIT en tant qu'enseignant en génie mécanique et son emploi au Bureau des brevets lui permirent d'approfondir ses idées. Père de six enfants et marié à une Mexicaine, on disait de lui qu'il avait trois passions en dehors de ses inventions : son bagage culturel issu de ses origines allemandes, sa vie privée et son chat répondant au nom de Bismarck. Sans oublier un penchant marqué pour les bons vins, les cigares et l'argent.

En 1884, après plusieurs années de recherche, Hollerith ajoute une autre réussite au chapitre de ses inventions. Hollerith avait mis au point une machine utilisant le principe du passage d'une tige de métal dans les trous d'une carte perforée. Si la tige traverse la carte à un endroit donné, elle établit un contact électrique qui fait avancer un compteur d'une unité. De cette façon, la compilation des renseignements peut se faire automatiquement. Partant de ce principe, si la carte est percée à un endroit précis, et en fonction de certaines informations, ces données peuvent être compilées. Le brevet de cette invention de la carte perforée fut obtenu en 1889, un an avant le grand recensement de 1890. Le procédé ayant été testé pour les données sur la mortalité au pays, le Bureau de recensement des États-Unis se montra ouvert à appliquer l'invention pour cumuler le nombre de naissances. Les résultats furent plus que satisfaisants. Précisons que la décision de l'État américain fera la fortune de la Tabulating Machine Company, fondée en 1896, et ancêtre de IBM. Avec sa technologie de mécanisation, Hollerith suivait ainsi les traces de son compatriote William Burroughs qui avait fait breveter, en 1882, la première machine à calculer de l'ère moderne distribuée mondialement. La machine de Hollerith, qui allait être adoptée à travers le monde, innovait de deux manières.

En premier lieu, les cartes perforées n'étaient plus utilisées pour programmer comme dans les métiers à tisser de Jacquard, mais pour compiler des informations.

En second lieu, la machine d'Hollerith ne faisait pas exclusivement appel à des techniques mécaniques, mais aussi à l'électricité pour faire avancer les compteurs.

En 1911, quatre compagnies, dont celle d'Hollerith, se regroupent pour donner naissance à la Computing Tabulating Recording Corporation. Une initiative due à l'homme d'affaires Charles R. Flint qui avait à son palmarès une réussite, celle d'avoir vendu outre Atlantique des avions des frères Wright, lesquels comme on le sait, avaient fait voler le premier aéroplane. Flint, non sans raison, avait la réputation de ne jamais rater une entreprise d'affaires.

Mais revenons à Hollerith.

À sa mort en 1929, l'ingénieur aura la satisfaction de voir son invention adoptée par tous les pays du monde. Ajoutons que la technique à la base de la mécanographie, la carte perforée, règnera sur le traitement des données jusqu'au début des années cinquante.

C'est pourtant Thomas J. Watson, véritable homme providentiel, qui fera de la compagnie appelée à devenir IBM le géant que l'on sait.

« *Le plus grand vendeur du monde* », comme on le surnomma un jour, et aussi l'un des hommes les plus riches de son temps, Thomas Watson débuta assez modestement dans l'existence.

Fils d'un marchand de bois de l'État de New York, solitaire, timide à l'excès et asthmatique, Watson fit une carrière d'enseignant qui ne dura qu'une seule journée, vendit pianos, orgues et machines à coudre de porte à porte, et fut brièvement comptable avant d'entrer au service de la firme National Cash Registry en 1898. Une excellente décision, comme nous le verrons.

La compagnie NCR des frères Patterson avait été la première à vendre des caisses enregistreuses inventées en 1879 par John Ritts. En quelques années, elle se hissait au niveau d'une multinationale. Qu'on en juge : en 1911, NCR vendait un million de ses machines devenues indispensables dans le commerce et comptait 6 000 employés ! Mais le plus important, c'est que NCR avait développé des techniques de vente agressives, formant même son personnel à de telles méthodes par des cours extrêmement bien structurés. Watson, qui avait une volonté d'acier, y apprit tout et imagina même une devise qui allait devenir un mot d'ordre pour le personnel de la future IBM : « *Think* », c'est-à-dire « *Réfléchissez* ». Paradoxalement, le problème de NCR, c'est qu'elle devint trop puissante. Au point, selon les autorités, de violer la Loi Sherman contre les *trusts.* Watson, qui avait franchi tous les échelons de la compagnie pour y devenir la figure dominante, fut donc accusé en 1912 pour infraction à la loi Sherman. Reconnu coupable ainsi que 30 cadres et propriétaires de la compagnie, il fut condamné à une lourde amende de 5 000 $, et à une sentence d'emprisonnement d'un an qu'il ne purgea cependant jamais. Pourquoi ? On l'ignore, les mystères des cours de justice étant, comme on le sait, impénétrables. En 1914, sa formidable réputation lui permit de joindre la Computing Tabulating Recording Corporation (CTR), point de départ d'une très grande aventure.

L'une des composantes majeures du consortium qui comptait 400 employés, découlait de la technologie de la carte perforée qu'on retrouvait dans une foule d'applications commerciales : balances de boucher, calculatrices de bureau, et autres instruments proposés par des vendeurs de marchandises en vrac. Tout pour édifier un gigantesque empire.

Watson, avec le dynamisme qu'on lui connaissait, fit faire des pas de géant à la compagnie en appuyant le développement de ses marchés, ce qui lui permit de s'inscrire à la Bourse de New York en 1916. En 1924, sous son initiative, la CRT devint l'International Business Machine, autrement dit, IBM. C'est durant les années trente que le grand saut sera franchi. Watson réalisa qu'un large courant d'idées plaidait pour la mise en service de ce qui sera connu plus tard sous le nom d'ordinateurs.

Parmi toutes les personnes qui s'intéressaient aux machines à calculer et à ses possibilités à l'époque, une se détachait du nombre : Howard H. Aiken. Nous reviendrons sur sa fascinante personnalité dans un chapitre ultérieur. Qu'il nous suffise de préciser qu'en 1936, notre homme commença sérieusement à réfléchir au rêve qu'avait caressé Babbage au siècle précédent, soit celui de concevoir une calculatrice perfectionnée. Il réalisa aussi que seul IBM possédait les moyens pour réaliser son rêve. Le message sera entendu par Watson. Les relations de ces deux génies seront tendues. Mais l'association de ces deux êtres hors du commun aboutira en 1944 à la mise au point de l'ordinateur Mark I.

En 1950, IBM devient la compagnie dominante en matière d'ordinateurs, notamment avec ses modèles 700. Cette situation de quasi monopole, avec plus de 90 % des machines en fonction sur le territoire affichant le label IBM, vaudra à Watson, en 1952, une seconde inculpation pour infraction à la loi Sherman. Comme pour Rockefeller avec Standard Oil en 1911, et Bill Gates avec Microsoft en 1998, Watson se retrouva de nouveau sous les feux des projecteurs de la justice. Mais l'affaire n'aura aucune suite, pas plus que la précédente.

À sa mort en 1956, beaucoup d'éloges seront prononcés pour celui qui avait créé le géant informatique que l'on connaît. La carrière de cet homme, qui avait soutenu l'administration Roosevelt durant la terrible crise économique des années trente, et qui s'était fait le grand promoteur du mouvement scout international, ne fut pas qu'ascendante. Pendant des années, on lui reprocha d'avoir entre autres commercé avec le régime nazi dans les années trente. Reproche qui s'étendit également à un certain manque de vision. N'avait-il pas déclaré en 1943 que le marché mondial pour les ordinateurs se limiterait sans doute à environ... cinq appareils ?

Preuve que les hommes géniaux le sont rarement 24 heures sur 24. Sa contribution industrielle au cours de la Seconde Guerre mondiale devait largement redorer sa réputation. IBM alla même jusqu'à construire un modèle de carabine d'assaut MI conçu par l'ex détenu David M. William pour les GI's. Au bilan de la vie de Watson, on peut facilement admettre que son action phénoménale dans le champ informatique effaça largement ses malheureux écarts de jugement.

L'aventure française de Bull

Spécialisé dans le domaine des serveurs et autres produits informatiques, le groupe français Bull emploie présentement 7 800 personnes dans le monde. Son histoire débute en 1919 avec un dépôt de brevet dans le pays de l'ingénieur norvégien Fredrick Rosing Bull, concernant une trieuse à cartes perforées. Durant les années trente, la France se montre intéressée à acquérir la compagnie, question d'ébranler le monopole d'IBM dans le monde. Ce qui explique que beaucoup d'événements et de lancements de produits jalonneront l'histoire de la gauloise Bull au fil des décennies, posant un véritable défi aux géants américains du domaine informatique.

Jeune ingénieur norvégien né en 1882, Fredrick Rosing Bull travailla d'abord dans une société d'assurance, la Storebrandt, installée dans la ville d'Oslo, jadis Khristiania. Il y avait fait ses débuts en 1913. Esprit inventif, il avait, trois années plus tôt, fondé sa propre firme de consultation. À l'époque, les traitements statistiques étaient basés sur la mécanographie, ensemble de machines électromécaniques qui traitaient l'information mémorisée sur des cartes perforées. Deux compagnies américaines, surtout la Computing Tabulating Recording, fondée comme nous l'avons vu par Hermann Hollerith, ainsi que la compagnie Power Accounting Company, dominaient le marché mondial. Bull jugeant anormal que la grande Europe ne possède pas d'équipements pouvant rivaliser avec ceux des deux géants d'outre-Atlantique, entreprit, avec l'accord du conseil d'administration, de construire lui-même un équipement pour le traitement des données, une nécessité vitale pour une compagnie d'assurance. Nous sommes en 1919. La compagnie Storebrandt voit d'un bon œil une telle initiative susceptible d'ébranler le monopole américain, et surtout d'acquérir des équipements plus performants que ceux existant sur le marché. Elle débloque donc d'importantes sommes d'argent pour permettre à Bull d'entreprendre ses travaux. Deux ans plus tard, Bull présente à la compagnie une machine enregistreuse, trieuse, additionneuse et fabriquée entièrement de ses mains. Un exploit ! Cette machine donnant entière satisfaction à la compagnie, celle-ci n'hésite pas à faire fabriquer d'autres appareils par les ateliers mécaniques de haut niveau Ormestad.

Rapidement, l'appareil de Bull fait son entrée au Danemark. Pour Henrik Hartzner, chef des statistiques de la compagnie danoise Hafnia, cette réalisation est une véritable bénédiction. Au point de laisser tomber son matériel Hollerith et de passer une commande pour la machine de Bull et même de devenir partenaire de Bull. Cette percée dans un autre pays que la Norvège fait réaliser à l'inventeur l'importance de sa découverte. Il décide donc de protéger son invention dans une quinzaine de pays. Très tôt, la Suisse a vent de cette innovation et dès 1924, Emile Marchand, directeur du service des statistiques de la société d'assurance vie Rentenanstalt de Zurich, passe une importante commande. Bull ne verra pourtant pas la formidable expansion de la compagnie qu'il a fondée. Atteint d'un cancer, il meurt en 1925 à l'âge de 43 ans. Mais la succession est assurée par Kurt Andreas Knutsen avec qui il avait passé des accords financiers en 1921.

Durant les années qui suivent, la compagnie fondée par Bull connaîtra une expansion vertigineuse en Europe, avec des divisions qui verront le jour dans les principales régions. Jusqu'à ce que Knutsen décide en 1931 de se donner une base importante en France où les conditions économiques et sociales semblent les plus favorables. L'aventure de Bull au pays de l'hexagone, forte de capitaux suisses et belges, peut alors commencer.

Prenant alors le nom de Egli Bull, la nouvelle société ne manque pas d'atouts. Elle possède trois lieux de production : Paris, Oslo et Zurich. Dans son carnet de commandes, elle compte treize clients imposants, et surtout, elle se révèle très compétitive pour détrôner les quelque 1 500 pièces d'équipements détenues par IBM et l'américaine Remington, qui a racheté Samas Powers en 1927, en Europe. Le catalogue de la société Egli Bull offre des équipements souvent innovants et de grande qualité, comme ce dispositif d'impression original tournant à 150 lignes minute, qui ne sera égalé par la concurrence qu'en 1950. À cela s'ajoute un excellent service après vente, très loin de l'arrogance souvent affichée par les techniciens d'IBM. Rapidement, les effectifs français de la compagnie grimpent, passant de 50 personnes en 1931 à 248 à la veille de la déclaration de la guerre. Troublé par cette concurrence menaçante, le géant américain Remington tente de prendre le contrôle financier de Bull. Mais le désir de garder en France l'industrie de la carte perforée, pierre d'achoppement de l'informatique à cette époque, l'emporte. Trois industriels, George Veillard, Elie Doury et Emile Genon trouveront les capitaux pour que Bull reste française. C'est pourtant dans l'après-guerre, particulièrement à partir des années cinquante, que l'aventure de Bull en France connaîtra ses grands succès, ainsi que de cuisants revers.

Comme le nucléaire, l'informatique fut au centre de la politique industrielle française pour s'imposer mondialement dans la deuxième moitié du vingtième siècle, tant sur le plan des technologies, que de la politique internationale. Les plus grands noms de la finance et de la politique, de de Gaule à Mitterand, en passant par le banquier Bernard Esambert et le grand intellectuel Alain Minc, s'impliquèrent pour cette entreprise prospère au nom de l'intérêt national. Des milliards en fonds publics seront injectés dans l'entreprise. Le mot d'ordre était que l'hégémonie américaine d'IBM devait être concurrencée, sinon ébranlée. D'autant plus que dans les années soixante, la nécessité de maîtriser l'arme nucléaire impose des types d'ordinateurs que seule l'américaine Control Data est en mesure de fournir. Les lois du marché étant implacables, la volonté politique souvent, hélas, ne suffit pas. En 1958, la sortie de l'ordinateur Gamma 60, réalisation exceptionnelle redevable au chercheur Bruno Leclerc, s'avère pourtant un échec commercial. Homme remarquable que cet ingénieur entré chez Bull en 1949, afin d'y développer une unité d'étude des applications de l'électronique aux machines comptables. Il s'acquittera brillamment de sa tâche en développant toute la gamme des ordinateurs Gamma qui incorporaient tubes à vide, diodes et semi-conducteurs au germanium. Le Gamma 3 lancé en 1951 et commercialisé cinq ans plus tard fut un indéniable succès. Il pouvait effectuer 5 800 opérations à la seconde, un exploit à l'époque. On le chargea par la suite de développer le très grand ordinateur Gamma 60 aux côtés de Pierre Chenus et Henri Feillel. Premier ordinateur multitâches et un des premiers à compter plusieurs microprocesseurs, il connaît des ratés de commercialisation justement en raison de sa complexité. À l'époque, le langage machine était le seul réel outil de développement. Il fallait donc adapter le logiciel aux besoins du client. Bull envoyait des ingénieurs dans les entreprises pour les aider à programmer leurs machines, d'où la lourdeur du procédé et l'augmentation des frais. Tant et si bien que Bull se verra obligé d'avoir recours à des capitaux étrangers pour survivre.

En 1964, les Américains, par le biais de la compagnie General Electric, puis Honeywell, quelques années plus tard, prennent le contrôle de Bull. Le besoin toujours présent de contrôler l'informatique amèneront les autorités françaises à piloter un mariage au début des années soixante-dix entre CII (Compagnie internationale pour l'informatique) un consortium formé des compagnies CAE et Thomson CSF, et le franco-américain Bull. Les heureuses retrouvailles permettront entre autres de créer le langage ADA développé par des informaticiens français pour le département américain de la défense.

Un mot sur cette percée majeure dans le domaine des langages de programmation.

Inspiré du langage Pascal dont il a repris la syntaxe et la structure, ADA fut instauré grâce à un cahier des charges établi par le Département de la Défense américaine. Œuvre de l'informaticien français Jean Ichbiah, le langage ADA se distingue par son haut niveau de fiabilité. Le nom du langage fut choisi en l'honneur d'Ada Lovelace, qui, comme on le sait, fut la première personne de l'histoire à avoir écrit un programme informatique. Au cours des années 1980 et 1990, Bull vivra à la fois des tempêtes financières dues à la concurrence et aux restructurations ratées, et des périodes d'éclaircies, notamment par l'entrée en force de la carte à puce, une idée purement française.

En 2008, Bull, le champion français de l'informatique, est toujours bien présent avec ses serveurs, ses superordinateurs et ses logiciels dont personne ne conteste l'exceptionnelle qualité. La France informatique survit toujours au géant américain.

Un garage à Silicon Valley pour Hewlett et Packard

Bill Hewlett et David Packard furent les deux ingénieurs qui, durant les années trente, contribuèrent par leur génie à transformer une portion désertique de la Californie en centre mondial de la révolution électronique et informatique. Bref, ces deux ingénieurs ont le mérite d'avoir été les très grands pionniers industriels de Silicon Valley.

Les deux associés et amis débutèrent avec un investissement de quelques centaines de dollars, 538 $ plus précisément. En 2007, leur compagnie alignait des revenus de 104,3 G $. En fait, HP se situe au sommet du monde des fabricants d'ordinateurs personnels et au 5e rang des concepteurs de logiciels. Avec plus de 100 000 employés à travers le monde, on peut parler d'une boîte qui se tire assez bien d'affaire...

La compagnie Hewlett-Packard démarra en mettant en marché un oscillateur audio baptisé Type 200-A se détaillant 54,40 $, doublant ainsi sur le marché leurs concurrents de l'époque qui vendaient le même type d'appareils quelques centaines de dollars. Mais, au-delà de la mise en marché de produits, HP fut d'abord marquée par la rencontre de deux êtres exceptionnels.

Des études en génie électrique à l'Université Stanford en Californie permirent à Bill et Dave de se rencontrer. Mais c'est un professeur de cette même institution, Fredrick Terman, que nous avons déjà évoqué dans un chapitre précédent, qui fit que cette rencontre se transforma en une fantastique entreprise industrielle.

Commençons par le début.

David Packard voit le jour en 1912 à Pueblo, Colorado. À l'époque, la ville rappelle l'ouest américain comme on se l'imagine au cinéma. L'environnement est rude : mines et usines sidérurgiques entourent le paysage. Son père est avocat et sa mère enseignante au niveau secondaire. Très tôt, celui que l'on surnommera Dave, manifeste un intérêt prononcé pour les sciences. Le *World Book Encyclopedia* tient lieu de bible entre ses mains, avec des illustrations de trains, de moteurs et d'équipements électriques.

Comme beaucoup de jeunes à cette époque, la remise de la maison familiale tenait lieu de laboratoire pour des expérimentations sur la radio naissante, et la préparation de matières explosives. Les traces d'une blessure à la main lui rappelleront toute sa vie les dangers de telles expérimentations. Lorsque le jeune apprenti technologue réussira à syntoniser un émetteur de la ville, l'adieu à sa carrière de chimiste fera place à un enthousiasme jamais démenti pour l'électronique. Mais ce « *nerd* », avant l'heure, étendra sa joie de vivre à bien d'autres champs d'activités : excursion en forêt, pêche à la ligne, équitation, musique par l'apprentissage du violon, et surtout pratique des sports. Très tôt, Dave démontre un énorme talent pour une foule d'activités sportives et athlétiques. Au *high school,* l'étude des maths et des sciences ne lui posant aucune difficulté, il a tout le loisir pour s'adonner à corps perdu au *basketball*, au *football*, mais surtout à l'athlétisme. Rapidement, les trophées s'alignent dans des disciplines comme le saut en hauteur, le saut en longueur et la course à obstacles. Le parcours de Dave laisse entrevoir ses futurs exploits dans le monde des affaires. Le père de ce surdoué aurait adoré qu'il choisisse le droit. C'est plutôt vers l'ingénierie que Dave s'oriente lors de son inscription à Stanford.

Le parcours de son futur associé Bill Hewlett présente plusieurs similitudes. Né au Michigan en 1913, il grandit en Californie. Son enfance qu'il décrira « *occupée et heureuse* », sera pourtant assombrie par deux malheurs. Son père, Albion Hewlett, éminent médecin et enseignant dans cette discipline à Stanford, décède d'un cancer du cerveau, alors que Bill n'a que treize ans. Puis, très tôt, lors de son entrée à l'école, des problèmes d'apprentissage font réaliser aux parents du jeune Hewlett qu'il souffre de dyslexie, c'est-à-dire d'une difficulté d'apprentissage en lecture et en écriture, déficience qui toucherait 10 à 12 % de la population mondiale.

Malgré tout, Bill performe en mathématiques. Sa curiosité pour tout ce qui touche la science et la technologie est insatiable. Lui aussi, comme Dave, tâtera de l'expérimentation d'explosifs à la maison. Il s'initiera très tôt à la conception de circuits électroniques. Comme son futur associé, la vie au grand air tient lieu de véritable religion. Hésitant entre une carrière de mathématicien ou de chimiste, il tente une entrée à Stanford. Cependant, son dossier scolaire comporte des lacunes importantes. Mais lorsque les autorités de l'institution réalisent que Bill est le fils du fameux professeur Hewlett, celui qui a œuvré avec brio au sein de l'institution, elles se montrent libérales en matière de critères d'admission. Bill Hewlett peut donc faire son entrée au département d'ingénierie électrique de l'université. Une largesse qui passera à l'histoire.

Voici donc Dave Packard et Bill Hewlett réunis sur les bancs de l'université. Très tôt, leur amitié se développe. Se joignent à eux deux autres étudiants brillants, Ed Porter et Barney Oliver qui joueront un rôle important dans leur future compagnie. Notamment, Oliver qui pendant une trentaine d'années sera responsable de l'incontournable département de la recherche et développement au sein de HP. « *L'un des plus grands du vingtième siècle en matière de science appliquée* » selon le mot de Packard.

Études soutenues sous la direction de Fred Turman, un véritable mentor, et nombreuses expéditions en montagne, notamment au Colorado, soudent ces quatre compères au fil des ans. En 1935, fort d'un premier cycle en ingénierie, Packard fait son entrée dans l'industrie, chez General Electric, alors qu'Hewlett choisit plutôt de compléter une maîtrise en génie au réputé MIT de la côte est. Le passage chez GE sera profitable à Packard puisqu'il s'initie à la production industrielle des lampes à vide. Il apprend sur le tas les problèmes de gestion de la production au sein d'une grande entreprise. Il y développera une vision qui l'accompagnera tout au long de sa carrière et qui placera la future HP dans une position mondialement exemplaire à ce niveau. La grande leçon retenue est que la communication entre l'ingénierie et la production reste déficiente si les cadres ne s'impliquent pas directement auprès de la main d'œuvre. Le tout se traduit par la formule : « *management by walking around/les administrateurs dans l'usine, avec les employés* » qu'Hewlett et Packard pratiqueront tout au long de leur carrière d'industriels. Le 23 août 1937 est à marquer d'une pierre blanche dans l'histoire de HP, puisque lors d'un voyage à Stanford où Bill est retourné, Dave entame les discussions avec son éternel complice pour un projet de fondation de compagnie. On parle de produire des récepteurs à haute fréquence et des appareils électroniques pouvant toucher le monde médical. Comme carte de visite, The Engineering Service Company est le nom qui vient à l'esprit des futurs géants de l'industrie. Packard retourne pourtant chez GE jusqu'en 1939, année où il décidera finalement de rentrer en Californie pour y fonder son entreprise. Dave retrouve alors Bill Hewlett qui a loué une petite maison avec garage adjacent. On reprend les discussions sur les opportunités du marché, tout en répondant à de petits contrats de conception, un champ où Hewlett excelle. C'est ainsi que l'observatoire Lick près du Mont Hamilton se voit livrer un contrôleur variable pour son télescope, et que les propriétaires d'une salle de quilles se montrent satisfaits d'un indicateur de résultats. Packard et Hewlett, qui ont aménagé dans un garage transformé en atelier de travail, prennent ainsi confiance dans les possibilités du marché et réalisent qu'ils sont parfaitement complémentaires pour relever les défis qui s'annoncent. Bill semble exceller dans la conception des circuits, alors que Dave, fort de son expérience chez GE, performe sans problème dans la mise sur pied de procédés de fabrication. Voulant officialiser leur association, les deux diplômés de Stanford lancent donc cette année là, soit en 1939, leur compagnie. Le nom de celle-ci se décide à pile ou face. Le hasard a donc décidé que le nom de Bill apparaîtra en premier sur la marque Hewlett Packard, appelée à devenir célèbre.

C'est Fred Terman qui apportera aux deux associés l'idée en or qui lancera le premier produit d'envergure. En 1927, un chercheur du nom d'Harold Black, rattaché aux laboratoires de la compagnie Bell, avait découvert un procédé électronique dit de « rétroaction négative », un concept prometteur pour la conception d'amplificateurs hautement performants. Bill Hewlett s'empare de l'idée et met au point un oscillateur à fréquence audio de grande qualité. Un brevet est décroché et l'appareil, le 200A, est mis en vente au prix de 54,40 $. Un montant tout à fait aléatoire, avancé par Packard en référence à la latitude de la frontière nord des États-Unis, dans sa partie ouest, et qui est de « 54 degrés 40 minutes ». Comme nous le précisions en début de texte, d'autres compagnies offraient le même type d'appareils, mais à des prix beaucoup plus élevés. General Radio Company par exemple offrait l'oscillateur à 400 $! La rencontre légendaire entre HP et Walt Disney qui devait décider de leur avenir aura lieu lors d'une conférence de présentation de cet oscillateur. Bud Hawkins, ingénieur du son chez Disney, et chargé de l'animation du film *Fantasia*, commandera 8 appareils rebaptisés 200B au modeste prix de 71,50 $ l'unité, une légère hausse, on le remarque, sur le prix de lancement. Les commandes pour l'appareil se multiplient, tant et si bien qu'à leur première année d'activité, HP enregistrera à la fin de 1939, le montant de 5 369 $ de ventes et des profits à hauteur de 1 563 $. La conquête du monde électronique pouvait commencer.

Dès 1940, les deux compères à présent mariés, Bill à Flora Lamson et Dave à Lucile Salter, abandonnent le garage, décor de leur premier atelier, et aménagent dans un local plus spacieux de Palo Alto. Forts d'un prêt difficilement obtenu de 500 $ par la Bank of America, Hewlett et Packard ont le vent dans les voiles. L'année suivante sera cependant obscurcie par l'entrée en guerre des États-Unis, et le départ de Bill appelé sous les drapeaux pour la durée du conflit. Cependant, la situation mondiale augmentera la demande de produits de manière exponentielle. La Seconde Guerre mondiale provoquera une poussée jamais vue sur le plan de l'innovation technologique. Le domaine de l'électronique est le plus largement sollicité. Tant et si bien que la compagnie Hewlett-Packard voit son chiffre de ventes s'élever à 1 M $ par année durant le conflit, et son personnel augmenter à plus de 200 employés. Même l'éloignement de Bill de sa compagnie aura des effets positifs. À son retour de service, fort d'une large expérience au sein du service des communications, celui-ci oriente habilement la production d'HP dans certains domaines bien précis et porteurs d'avenir dans le secteur de l'électronique. Les activités commerciales déclinent quelque peu dans la deuxième moitié des années quarante, mais c'est pour mieux rebondir en 1950, avec le déclenchement de la guerre en Corée. En 1952, HP offre déjà une centaine de produits, principalement dans le secteur des appareils de mesure. À cette époque, guidées par son exemple, une foule d'entreprises sont créées en Californie et Silicon Valley prend son envol. En 1957, HP voit son personnel s'élever à 1 268 employés. Dès 1959, un premier bureau de la compagnie s'ouvre à Genève et une usine de montage est inaugurée près de Stuggart, en Allemagne. Le nombre de produits haut de gamme s'élève maintenant à 380. Hewlett-Packard présente alors toutes les garanties pour gravir les plus hauts échelons.

Au fil des ans, des produits étonnants d'HP apparaîtront sur le marché, comme les diodes électroluminescentes ou un appareil nommé

« interféromètre à laser » pouvant donner des mesures de l'ordre du millionnième de pouce. Ou encore, en 1972, la fameuse calculatrice programmable HP 35 qui relégua pour toujours aux oubliettes la règle à calcul, si prisée des universitaires, et ultérieurement les imprimantes à laser et à jets d'encre. La raison est que Hewlett-Packard, sous la gouverne de Barney Oliver, accorde une importance énorme à la recherche-développement. De plus, les produits qui sortent de l'usine ont une réputation de fiabilité extrême. Tout cela est redevable à l'intérêt accordé à la gestion du personnel. Distribution de bonus, partage des profits, horaires souples : HP innove sur tous les plans pour maintenir un personnel productif et satisfait.

L'entrée de Hewlett-Packard dans le domaine informatique a lieu au milieu des années soixante. On réalisa à l'époque que les instruments de mesure bénéficieraient grandement de l'adjonction d'ordinateurs. HP, qui n'avait aucune expérience dans le domaine, envisagea d'abord d'acheter Digital Equipment Company (DEC) ou de s'associer à Wang Laboratories, une firme spécialisée dans les calculateurs électroniques. Puis on se ravisa. HP, qui avait inventé tant de produits, décida plutôt de lancer son propre projet informatique. Deux de ses ingénieurs, Kay Magleby et Paul Stoft, se mirent à la tâche. En 1964, HP pouvait offrir un mini-ordinateur, le Modèle 2116 qui connut un énorme succès comme appareil d'appoint aux procédures de contrôle. Puis HP lança le projet Omega à sa filiale de Cupertino, qui consistait en un ordinateur de 32 bits, une révolution à l'époque. Le projet, qui entrait directement en concurrence avec la Big Blue Machine, c'est-à-dire IBM, fut pourtant partiellement abandonné. Il faudra attendre la révolution du micro pour que, dans les années quatre-vingt, HP fasse un tabac avec ses PC. Dès 1980, son modèle HP-85 s'imposa mondialement, aidé en cela par une imprimante laser, une première sortie de ses laboratoires. Les revenus de la compagnie cette année-là s'élevèrent à 3 G $ et son personnel, œuvrant à la grandeur de la planète comptait 57 000 employés. Une foule d'innovations et d'acquisitions feront de HP un leader mondial de premier plan dans le domaine des PC. On n'a qu'à penser à l'introduction de l'écran tactile en 1983, ou à l'acquisition de Compact Computer en 2001. Cette percée dans le monde de l'informatique (HP contrôle près de 40 % du marché mondial des PC) explique assez bien ses revenus globaux de quelque 130 G $ en 2008, malgré un contexte de crise financière mondiale.

Au fil des ans, Bill Hewlett et David Packard qui avaient bâti un géant mondial de l'électronique à partir d'une simple entreprise amorcée dans un garage et propulsé Silicon Valley au cœur de la révolution informatique du vingtième siècle, amasseront des fortunes colossales et seront comblés d'honneurs. David Packard, un temps impliqué en politique sous l'administration Nixon à titre de Secrétaire à la Défense, se verra décerner la plus haute décoration des États-Unis, la Presidential Medal of Freedom en 1988 par le président Reagan. Bill Hewlett accrochera à son revers de veston en 1995 le Lemelson-MIT Prize Lifetime Achievement Award, l'une des distinctions les plus prestigieuses de l'industrie.

Les deux complices et associés décédèrent à quelques années d'intervalle. David Packard en 1996 et Bill Hewlett, cinq ans plus tard. Le sens du devoir et l'amour de la vie qui avaient caractérisé leur existence se prolongèrent au-delà de leur disparition. Les deux hommes lègueront des fondations dotées de milliards de dollars et destinées à financer une foule d'œuvres, notamment la construction d'un hôpital et la création d'un centre de recherche sur la vie marine. Mais ce qui retient notre attention, c'est d'abord l'œuvre de leur vie, l'entreprise Hewlett-Packard, qui continue d'offrir au monde des produits d'excellence et de qualité. L'ambition de toute leur vie en somme. Tous et chacun peuvent aujourd'hui visiter à Palo Alto le fameux garage où débuta cette grande aventure, site maintenant historique et baptisé « *le lieu de naissance de Silicon Valley* ». Rien de moins.

Zuse et Stibitz sur une table de cuisine

Vae Victis. Malheur aux vaincus. Cette expression latine lancée par le Gaulois Brennus aux Romains, à qui il imposait une rançon, pourrait fort bien caractériser le destin historique de l'inventeur allemand Konrad Zuse. Du moins, dans la première partie de sa vie. Ce pionnier incontournable des ordinateurs, en fait l'une des figures les plus fascinantes de l'histoire de ce domaine, ne bénéficiera en effet que d'une reconnaissance très tardive des spécialistes pour son apport unique dans le monde de l'informatique, du fait de la défaite de son pays, l'Allemagne, durant la Seconde Guerre mondiale. Konrad Zuse naît à Berlin-Wilmersdorf en 1910 d'une famille dont le père est un modeste postier.

En 1927, il a alors 17 ans, il s'inscrit à l'école technique de sa ville pour y poursuivre des études en dessin industriel. Il complétera sa formation en 1935 par un diplôme en génie civil. Entretemps, Zuse s'est orienté dans le domaine aéronautique, une industrie en pleine croissance dans un pays engagé sur la voie de la guerre.

Au cours de ses travaux, Zuse, comme beaucoup d'autres spécialistes qui l'ont précédé, est rebuté pas les calculs fastidieux et complexes qu'exige son travail. L'idée d'une machine pouvant effectuer ces opérations naît tout naturellement. À peine un an après son embauche comme concepteur aux avionneries Henschel, d'où sortira le premier avion à réaction de l'histoire, le He 162. Zuse démissionnera en 1934 pour se concentrer entièrement à l'invention d'une calculatrice qui serait programmable.

Zuse est un solitaire. Son temps est alors employé à bricoler sur la table de cuisine familiale une machine à base de pièces électriques et notamment de relais utilisés dans la téléphonie. Durant des décennies, le couplage de dispositifs mécaniques et électriques a été utilisé dans moult appareils. Parmi ces dispositifs, le relais a joué un rôle important.

À base de bobines électromagnétiques, ils peuvent actionner un ou plusieurs interrupteurs. Le télégraphe s'appuie sur cette technique.

Fait étonnant, lorsqu'il débute ses travaux, et même durant son parcours au début des années quarante, Zuse n'a aucune espèce d'idée de ce qu'ont fait ses prédécesseurs ou de ce que réalisent ses contemporains. Ni les travaux, ni même l'existence de Charles Babbage ne lui sont connus. Il ignore même le mémoire écrit par Shannon en 1938 concernant la relation entre l'algèbre booléenne et les circuits électriques, une découverte intimement liée à ses propres recherches. Il connaît le procédé des cartes perforées, sans plus. Son approche conceptuelle pour la mise au point d'un éventuel ordinateur se base sur un point de vue logique et mathématique, sur le système binaire de numération et sur des décimales flottantes. Sur le plan technologique, sa machine devra accomplir toutes les opérations arithmétiques, posséder une mémoire importante et des modules ou relais pour opérer sur le mode du oui ou non, c'est-à-dire de circuits fermés ou ouverts.

De ces essais, qui tiennent plus de l'intuition géniale que de la recherche planifiée comme on la connaît aujourd'hui, naîtra en 1936 une machine à calculer électromécanique utilisant la notation binaire qu'il baptise Z1, Z pour Zuse évidemment. Puis suivra la Z2 dans laquelle les relais sont massivement utilisés. Fort de ces réussites, Zuse tente par la suite, mais sans succès, d'intéresser le gouvernement aux calculateurs/ordinateurs. Ce n'est qu'en 1939 qu'il réussit à obtenir une importante subvention pour construire une version commerciale des deux prototypes précédents qu'il nommera, comme on s'en doute, le Z3, ce qui lui permettra aussi d'éviter le service militaire en raison de ses recherches.

En 1941, la guerre mondiale fait rage. La communauté scientifique internationale ignore que le premier calculateur universel à programme enregistré vient de voir le jour en Allemagne.

L'entrée des données de cet appareil fonctionnel se fait par un clavier de machine à écrire, et la sortie des résultats est lue sur un panneau lumineux. La machine lit les instructions sur un ruban perforé. Certaines de ces machines se retrouvèrent dans l'industrie. Ainsi, le Z3 est utilisé dans la conception d'avions et de missiles.

Le Z3 est une immense machine composée entre autres de 2 600 relais électromagnétiques, dont la moitié sert pour la mémoire, et 600 autres pour le CPU (Central Processing Unit) ou processeur, c'est-à-dire l'unité de calcul de l'ordinateur.

En 1942, Zuse, en collaboration avec l'Autrichien Helmut Schreyer, un ami et ingénieur dans le domaine des hautes fréquences, se propose d'améliorer la puissance du Z3 en utilisant des lampes à vide, au lieu de relais, afin de pouvoir commander les flux de courant des appareils. Mais le pays, qui vit une pénurie d'équipements, ne peut fournir les pièces désirées. Konrad Zuse s'attarde alors aux problèmes liés à la programmation de son appareil.

Fait incroyable, il déniche dans un institut pour aveugles de Berlin, un mathématicien répondant au nom d'Arnold Fast, qui malgré son handicap visuel, est enthousiaste à l'idée de participer à l'effort de guerre. Il accepte donc de travailler à la programmation des appareils de Zuse, le Z3 d'abord, puis le Z4 en 1942, en fait un Z3 avec mémoire élargie. Si on exclut le travail de pionnière d'Ada Lovelace au siècle précédent, Fast devient ainsi le premier programmeur de l'Histoire.

Durant les années 1942 à 1945, Konrad Zuse, dont le premier prototype d'ordinateur, le Z1, a été perdu dans un bombardement, s'emploie à sauver son Z4 au cours de cette guerre dont les attaques destructrices n'épargnent rien, ni personne. Avec l'aide des équipes de Werner von Braun, le père des fusées allemandes, l'ordinateur de Zuse suivra un périple qui le conduira de Berlin à Göttingen, puis dans un petit village de Bavière au gré de l'avance des armées ennemies. Le Z3 avait été détruit en 1944. Mais le Z4, lui, sera finalement sauvé. Toujours durant ces années de guerre, Zuse s'attaque à la conception d'un programme avancé pour jeux d'échecs à l'aide d'un langage de programmation de son invention qu'il nomme « *Der Plankalkül* », et qui sera publié en 1948. Une percée magistrale, puisqu'à l'époque, aucun langage informatique évolué n'avait vu le jour. En l'an 2000, grâce à l'Université libre de Berlin, on adaptera ce langage sur Java.

Après la guerre, la vie du Z4 sera prolongée en Suisse, plus précisément à l'École polytechnique de Zurich. Mais Zuse, novateur en tout, a déjà fondé le premier *start-up* en informatique de l'histoire ; dès 1946, la Zuse-Ingenieurbüro Hopferau voit le jour grâce à des capitaux d'Amérique, d'IBM plus précisément, et de Suisse, qui ont pris des options sur ses découvertes. Jusqu'à la fermeture de la compagnie en 1969 (elle a été achetée par Siemens en 1967), la compagnie de Zuse mettra en marché une centaine d'ordinateurs Z25. Au début des années 90, Zuse, toujours à l'avant-garde de la technologie, entame un projet de construction d'éoliennes, que sa mort en 1995 l'empêchera de mener à terme.

Transportons-nous maintenant de l'autre côté de l'Atlantique.

George Stibitz, tout comme Konrad Zuse, débutera également ses travaux sur une table de cuisine, et dans la même direction que le chercheur allemand.

Né en 1904 à York en Pennsylvanie, George Stibitz se dotera d'une formation doctorale en physique mathématique à la célèbre Université Cornell, vivier intellectuel majeur aux États-Unis, comptant une quarantaine de prix Nobel.

Très tôt, cet homme doué se joint aux laboratoires de recherche de la compagnie Bell. C'est en 1937 que le premier circuit binaire verra le jour entre les murs de cette compagnie, ou plus précisément, sur la table de cuisine de Stibitz, car le physicien travaillait chez lui à temps perdu, d'où l'appellation de modèle K (pour kitchen/cuisine) pour désigner sa machine. À noter que Stibitz, dans la vraie tradition des inventeurs tels qu'on les imagine, travaillait avec des matériaux et outils les plus usuels : relais téléphoniques usagés, piles, lumières de lampes de poche et bouts de fils. Mais le petit gadget électrique qui en résultera va lancer la compagnie Bell sur la voie des calculateurs binaires à relais électronique.

Rien de moins. Le principe de fonctionnement de la machine est simple : si deux relais sont activés, ils enclenchent un troisième relais. De cette manière, on peut affirmer que le troisième relais est la somme des deux autres. Et si on associait deux chiffres au premier relais, par exemple 3 et 6, par compilation, le résultat du troisième relais afficherait évidemment le chiffre 9. À vrai dire, en commandant ces recherches, la compagnie Bell ne visait aucunement à créer un ordinateur. Son domaine étant la téléphonie, l'objectif était simplement de perfectionner les équipements à base de relais. Mais quand Stibitz annonça sa découverte de 1937, on l'encouragea fortement à poursuivre ses travaux durant les deux années suivantes. Excellente décision puisqu'une année plus tard, en 1940, Stibitz réalise une percée en mettant au point un calculateur complexe. La machine est énorme et comprend 9 000 relais téléphoniques pouvant effectuer rapidement les quatre opérations arithmétiques. Au fil des ans, Stibitz décrochera au total quelque 34 brevets reliés à ses recherches. Mais dans la carrière du chercheur, le meilleur reste à venir. Au début des années quarante, Stibitz réalise une expérience qui restera déterminante dans les annales de l'histoire de l'informatique. Pour la première fois, en effet, on réalise avec succès la communication entre deux ordinateurs par lignes téléphoniques. L'expérience a lieu entre le local de l'American Mathematical Society et le Dartmouth College, le 11 septembre 1940. À cette occasion, Stibitz transmet par télétype des ordres à un calculateur complexe, et reçoit également par ligne téléphonique la réponse au problème posé, réponse enregistrée sur un second ordinateur. Une première annonçant l'immense activité d'échanges d'informations sur l'Internet à venir. Stibitz quittera Bell en 1964 pour poursuivre ses recherches au Dartmouth College. Son objectif : bâtir des ponts technologiques entre la science informatique et la médecine. Une seconde carrière qui se poursuivra jusqu'à sa retraite en 1983. Le monde universitaire reconnaîtra l'immense avancée scientifique accomplie par les découvreurs Zuse et Stibitz en leur décernant conjointement, en 1965, le Harry H. Goode Memorial Award, une consécration dans le monde de l'informatique. Ce prix conjoint, un précédent qui ne s'est jamais répété en 44 ans d'existence de la fondation, illustre bien que, par leur bricolage génial, ces deux hommes avaient exploré presque simultanément les mêmes avenues déterminantes pour que les ordinateurs numériques voient le jour. Reste que l'Allemand Zuse avait précédé d'une année l'Américain sur cette voie. Il aura donc fallu une vingtaine d'années après la fin de la Seconde Guerre mondiale pour que la communauté scientifique reconnaisse aux machines de Zuse la place qui leur revient dans l'Histoire, celle des premiers ordinateurs généralistes pilotés par programme. En effet, ses ordinateurs comportaient la première entrée de données sous forme binaire sur support de cartes perforées, un CPU rudimentaire, une mémoire pour stocker les nombres et une unité de sortie. De plus, Zuse rédigea les règles de fonctionnement de l'ordinateur. Sans qu'il s'en doute à l'époque, elles appliquaient déjà la logique booléenne. La reconnaissance fut donc bien tardive.

Vae Victis, disions-nous en début de texte ?

Howard Aiken et ses MARK

Le domaine d'Howard Aiken, nous l'avons vu antérieurement, était les calculateurs. Aiken en construisit beaucoup.

Nous sommes à la fin des années 30. La marine de guerre américaine a un urgent besoin de machines de calcul automatiques à l'usage de la navigation. Aiken, que sa double formation d'ingénieur et de physicien destine à ce type de travail, s'embarque dans l'aventure. IBM finance l'entreprise. Au fil des ans, plusieurs ordinateurs baptisés « MARK » verront le jour. Non sans polémiques.

Howard H. Aiken naît au New Jersey avec le siècle, en 1900. Étudiant brillant, il s'oriente d'abord vers le génie électrique, puis vers la physique, matière dans laquelle il décroche un doctorat à la prestigieuse Université Harvard en 1939. Comme on l'a constaté en maintes occasions dans ces pages, l'obsession de se donner des calculateurs automatiques naît souvent des besoins engendrés par des problèmes mathématiques.

Pour Pascal au XVIIe siècle, souvenons-nous, il y avait le désir de soulager son père d'opérations mathématiques fastidieuses. Pour Aiken, ce besoin naîtra des difficultés à résoudre certains types de problèmes comportant des équations différentielles. Cette branche particulièrement complexe des mathématiques vise à construire des modèles traduisant des phénomènes physique et biologique. On y met en relation une ou plusieurs fonctions inconnues et leurs dérivées, c'est-à-dire les variations de ces fonctions. Entre 1937 et 1939 donc, Aiken consacre de nombreuses heures à se familiariser avec le projet d'ordinateur de Charles Babbage, qui vécut au siècle précédent. La tâche est facilitée grâce au descendant de Babbage qui a légué à Harvard des archives de ce pionnier britannique de l'informatique. C'est durant ces années, comme nous le précisions en début de texte, que la marine américaine décide d'utiliser des machines automatiques pour calculer des tables destinées à la navigation. Aiken est déjà connu comme chercheur dans ce domaine. Les instances gouvernementales n'ignorent pas non plus que Thomas Watson, le grand patron d'IBM, pourrait financer une partie de cette recherche, compte tenu des importantes retombées d'affaires qui pourraient en découler. Le projet associe donc pour un temps un grand scientifique et un industriel de talent. L'Université Harvard, à laquelle Aiken est rattaché, s'engage à concevoir la machine, et IBM la financera aux deux tiers. La marine est partie prenante pour le reste du financement.

Il faudra quatre ans, de 1939 à 1943, pour que l'ordinateur voie le jour.

Le calculateur, qui deviendra le Mark I, était une machine électro mécanique géante qui reprenait le principe de construction fondamental de Babbage, à savoir un assemblage de roues dentelées à 10 encoches pour les chiffres de 0 à 9.

Le Mark I qui sort des usines IBM est gigantesque : d'un poids de 5 080 kilogrammes (5 tonnes), il aligne toutes les composantes sur un arbre de 15 mètres (50 pieds) de long dans une structure de 2,45 mètres (8 pieds) de hauteur. La machine comporte 765 000 pièces mobiles,

804 kilomètres (500 milles) de filage, trois millions de branchements, 3 500 relais, 2 225 compteurs et 1 464 interrupteurs. Selon les témoins, quand elle démarre, le bruit entendu ressemble à une usine de textile en marche. Cette cathédrale à la gloire de la mécanique a ceci de fascinant qu'elle est entièrement automatisée. Elle pouvait fonctionner de manière autonome pendant des heures et des jours, sans aucune intervention humaine, les instructions étant fournies par des bandes papier. Selon les mots même de Aiken, si Babbage avait vécu, le Mark I aurait représenté pour lui un « rêve devenu réalité ». Les performances de l'appareil n'étaient pas éblouissantes, loin de là, compte tenu des critères actuels pour évaluer de tels calculateurs : on pouvait effectuer trois additions ou soustractions en une seconde ! Une multiplication prenait six secondes et une division 15,3 secondes. Enfin, une opération sur des logarithmes ou des fonctions trigonométriques demandait plus d'une minute. Pas un prodige de rapidité, dirons-nous. Mais au moins, le tout fonctionnait, et parfaitement bien en plus.

Au fil des ans, Aiken perfectionne son Mark I. D'autres modèles Mark plus performants verront le jour : le Mark II dans les années 47-48, le Mark III en 1949, ces deux modèles destinés à la marine, et le Mark IV en 1952 pour la US Air Force. Ce dernier modèle incorporait les avancées récentes de la technologie électronique. Au bilan, ce type d'appareils restera opérationnel pendant seize ans. Il sera surtout utilisé par la marine pour des calculs balistiques. Fait troublant, lors de l'inauguration officielle de la machine en mai 1944 à Harvard, Aiken s'attribue le mérite exclusif de la conception du calculateur, omettant de mentionner le travail accompli par les trois ingénieurs d'IBM à Endicott : Frank Hamilton, Claire Lake et Benjamin Durfee. La Big Blue Machine retombera rapidement sur ses pieds en construisant une version améliorée du Mark, qu'elle baptisa d'abord ASCC pour *Automatic Sequence Control Calculator*, puis SSEC c'est-à-dire *Selective Sequence Electronic Calculator.* Ce dernier ordinateur verra le jour en 1948. Le SSEC sera d'ailleurs le premier ordinateur à exécuter des programmes entièrement enregistrés dans sa mémoire. Le conflit qui oppose IBM/Harvard explique que le même ordinateur sera connu sous deux noms différents à savoir le Harvard Mark 1, et le IBM ASCC.

Tout en continuant à s'impliquer dans le perfectionnement des Mark, Aiken, à compter de 1947, se consacrera à l'enseignement. Tout d'abord en tant que directeur du laboratoire d'informatique de Harvard qu'il avait fondé, et par la suite, strictement comme enseignant à l'Université de Floride. À sa retraite en 1961, il mettra sur pied sa propre entreprise, Aiken Industries.

On ne peut parler d'Howard Aiken sans ouvrir une parenthèse sur sa collaboratrice Grace Hopper, puisqu'elle joua auprès de l'inventeur un rôle similaire à celui accompli jadis par Ada Lovelace auprès de Babbage. Née Grace Brewster Murray à New York en 1906, cette femme remarquable poursuivit des études en mathématiques et en physique au collège Vassar, d'où elle obtint son diplôme en 1928, avant de poursuivre une spécialisation à Yale en éducation, et de décrocher un doctorat en mathématiques. En 1930, elle épousa Vincent Hopper. Le début de sa carrière s'accomplit dans l'enseignement. Puis en 1943, elle veut aider son pays en guerre en joignant une unité de la marine. Devenue officier, elle est affectée en juillet 1944 auprès de Aiken, à Harvard, pour ce projet qui touche de près sa formation scientifique. La conception du Mark I la fascine et particulièrement l'aspect programmation de la machine. Elle sera d'ailleurs la première personne à la programmer. À la fin de la guerre, elle s'éloigne du service armé, mais continue de travailler au développement des ordinateurs Harvard Mark II, puis Harvard Mark III. Grace Hopper restera attachée trois ans à l'équipe d'Harvard avant de rejoindre en 1949 le duo Eckert-Mauchley qui œuvre à mettre au point un ordinateur concurrent appelé à devenir l'UNIVAC 1. C'est à cette incomparable scientifique que nous devons le terme de « *bug* » (bestiole) pour désigner un défaut du logiciel ou du matériel se manifestant par des anomalies de fonctionnement. Pour la petite histoire, rappelons que ce terme trouve son explication dans le fait que Grace Hopper recherchant un jour la cause d'une panne, fini par l'attribuer à une mite piégée entre deux contacts d'un relais.

À partir de 1957, Grace Hopper se joint à IBM. Elle y défendra l'idée que les langages informatiques devraient s'éloigner des langages machine. De cette idée naîtront des langages comme Cobol et Fortran. Grace Hopper quittera définitivement la marine en 1986 avec le titre prestigieux de contre-amiral. Jusqu'à son décès en 1992, elle donnera des conférences sur les débuts de l'informatique partout en Amérique. Howard Aiken, lui, décédera en 1973. Il aura eu le temps d'exposer lors d'une communication livrée en juin 1959 la philosophie de sa profession, soit l'espoir que « *les concepteurs d'ordinateurs soient conscients de leur responsabilité d'œuvrer pour l'intérêt public et le bénéfice de l'ensemble de la société* ».

Bletchley Park ou l'ordinateur en guerre

La Seconde Guerre mondiale, malgré ses horreurs, permettra au monde d'entrer dans l'ère spatiale, l'ère atomique et l'ère informatique. C'est ce qui distingue en somme ce siècle par rapport à celui qui l'a précédé tout en annonçant les changements radicaux des siècles à venir. En effet, les fusées, l'énergie atomique et les cerveaux électroniques, auxquels il faut ajouter la biologie moléculaire qui naîtra dans les années cinquante, sont indéniablement les domaines où se joue l'avenir de l'humanité.

En 1940, le monde occidental est plongé en pleine guerre. L'armée allemande, victorieuse sur tous les fronts, a confié le secret de ses communications sur le théâtre des opérations à une machine baptisée « Enigma ». Celle-ci crypte les messages les rendant ainsi incompréhensibles à l'ennemi. Inventée par le Hollandais Hugo Koch en 1919 (certains historiens parlent plutôt du travail de l'allemand Arthur Sherbius un an auparavant soit en 1918) et perfectionnée au fil des ans à des fins militaires, elle permet, grâce à un ingénieux système de roues à coder, qui sont en fait des disques de brouillage et de branchements électriques, autrement dit des câbles de couplage, de noyer les messages expédiés dans une possibilité de 22 millions de combinaisons de prime abord indéchiffrables. Le défi des Anglais, alors seuls adversaires à résister.à Hitler, est de mettre au point des méthodes de décryptage fonctionnelles et en temps réel.

Des précurseurs avaient néamoins fait les premiers pas pour cette gigantesque opération : de fameux mathématiciens polonais, on pense à Jerzy Rozycki et Henryk Zygalski, sous la direction du génial Marian Rejewski, un mathématicien dont les connaissances en statistiques l'orientaient initialement vers le domaines des assurances, aidés par les services secrets français, avaient préparé le terrain du déchiffrement. Précisons que la Pologne, devenu pays indépendant après la première guerre mondiale, mais menacé par la Russie et l'Allemagne limitrophes, avait un besoin vital de renseignements. Ce qui explique le développement exceptionnel de la cryptanalyse, ou l'art de décrypter les messages secrets, dans ce pays. Les bases théoriques pour percer le secret du chiffrage étant établies, restait pourtant un défi de taille : comment décoder intégralement tous les messages générés par Enigma en temps réel ? Il reviendra aux centaines de penseurs et d'ingénieurs réunis à Bletchley Park, situé à environ 80 kilomètres (50 milles) au nord de Londres, de réussir à percer les secrets de la diabolique machine allemande. C'est dans ce lieu isolé de la campagne anglaise que les Britanniques rassembleront toutes les compétences possibles en matière de chiffrage et de décodage. Du mathématicien au joueur d'échecs, en passant par des physiciens et des linguistes, le gratin de l'intelligence britannique s'était donné rendez-vous dans ce coin de pays des plus champêtres. On comprit assez rapidement que la rapidité de déchiffrement était une exigence fondamentale. En pleine guerre de l'Atlantique, les sous-marins allemands coulaient impunément les navires alliés qui tentaient de ravitailler les îles britanniques assiégées. Il était donc impératif d'intercepter les ordres radio pour élaborer une stratégie de ripostes efficaces contre la flotte ennemie. D'emblée, l'ordinateur, avec sa rapidité théorique de traitement des données, s'imposait. Petit problème toutefois : l'appareil tant désiré n'existait à toute fin pratique que dans la tête de quelques penseurs !

Le regroupement de Bletchley Park présentera l'avantage de réunir les meilleures compétences dans ce domaine encore tout théorique. Ils ont pour noms Alan Turing, Wynn-Williams et Tommy Flowers. Ces intellectuels travailleront à la mise au point des calculateurs Robinson, connus sous le nom de Colossus. Dans cette machine d'avant-garde, on retrouvera les concepts fondamentaux d'arithmétique binaire, d'horloge interne, de mémoire, de sous-programmes et d'impression des résultats à la machine à écrire, données de base de tous les ordinateurs à venir. Nous l'avons dit et répété, l'informatique est une technologie qui est née et a évolué en fonction des besoins rencontrés. Une évidence qui saute aux yeux avec l'effort de guerre britannique. La mission sera remplie : Enigma, source du code secret des messages de la marine allemande, ne résistera pas à l'ordinateur Colossus. Cette victoire des Alliés dans la bataille de l'Atlantique annoncera le futur débarquement de Normandie qui allait entraîner la défaite finale des armées allemandes.

Mais revenons sur la conception des ordinateurs de service à Bletchley.

C'est en 1943 que l'ingénieur anglais Tommy Flowers conçoit et réalise les machines Colossus I et II, destinées à briser le code secret allemand dénommé Fish.

Né dans la partie Est de Londres en 1905, Thomas Harold Flowers, fils de briqueleur, réussit à décrocher un diplôme en génie électrique de l'université locale, et joint le service des télécommunications de la poste. Très rapidement, la direction prend conscience de ses impressionnantes capacités intellectuelles et lui offre une promotion au service de recherche de l'entreprise. Dans les années trente, c'est là qu'il conçoit un système de commutation entièrement électronique. Quand la guerre est déclarée en 1939, c'est le grand Alan Turing qui lui demande de mettre son expérience au service de Bletchley Park pour concevoir un futur ordinateur. Flowers, bien sûr, accepte. Comment refuser à un génie comme Turing ?

La demande de Turing est précise : ce qu'il faut pour mettre au point cet ordinateur que l'on nomme « la bombe », c'est un décodeur à base de relais électromagnétiques. On abandonna assez rapidement cette voie sans issue pour décoder les messages « enigma ». Mais les compétences de Flowers étaient telles qu'en collaboration avec Max Newman, lui aussi engagé dans l'opération décodage, il entreprend en février 1943 de bâtir un ordinateur qui comprendrait quelque 1 800 tubes à vide, une machine donc dix fois plus puissante que les appareils à 150 tubes utilisés jusqu'alors.

Pour concevoir cet appareil, Flowers s'appuyait sur les travaux pionniers dans le domaine du décodage de Charles Wynn-Williams et Max Newman, deux scientifiques également présents à Bletchley Park.

Après onze mois, la machine voit le jour. Nommé « Colossus », pour des raisons évidentes, l'ordinateur fonctionne cinq fois plus rapidement que les machines précédentes nommées « Heath Robinson ». La satisfaction est telle qu'ils décident de bâtir un modèle amélioré de 2 400 tubes à vide. Ce sera le Mark 2 qui opérera à cinq fois la vitesse du modèle I.

En tout, dix ordinateurs Colossus seront construits durant le conflit. Ces appareils seront démantelés à la fin de la guerre, à l'exception de deux d'entre eux qui seront utilisés secrètement durant la Guerre froide. Leur carrière prendra fin en 1960.

Contrairement à ce que l'on pourrait croire, l'exploit de Thomas Flowers ne sera pas honoré outre mesure à la fin de la guerre. Comme l'opération à laquelle il avait participé était considérée comme un secret d'État, il ne sera récipiendaire de l'Ordre de l'Empire britannique qu'au plus bas échelon, et recevra une modeste somme de 1 000 livres, un montant qui ne couvrait même pas les sommes qu'il avait personnellement investies dans le projet. Thomas Flowers poursuivra sa carrière dans l'industrie téléphonique jusqu'à sa retraite en 1969. Ce n'est que dans les années 70 que le grand public apprendra tout du projet Colossus, et des ingénieurs et des scientifiques, dont Flowers, qui en avaient été les maîtres d'œuvre.

Les services secrets, en perçant les codes ennemis, ont contribué à des victoires militaires majeures. Sur cette lancée et forts de ce précédent, les Américains, sous la direction de John Tiltman, réussiront à percer le code secret de la marine japonaise connu sous la désignation JMA. Une opération d'espionnage qui permit une victoire écrasante lors de la bataille de Midway, et la défaite inéluctable des forces japonaises dans le Pacifique.

Désormais, l'ordinateur pouvait prendre place aux côtés des armes traditionnelles que sont les navires, les bombardiers et autres canons terrestres. Et ce, dans le silence de lieux hautement secrets.

Le grand procès d'Atanasoff, Mauchley et Aiken

Le MARK I de Aiken fut le dernier ordinateur géant électromécanique. Devait lui succéder l'ENIAC, acronyme de *Electronic Numerator Integrator and Computer*, un ordinateur électronique moins connu du grand public et de la presse, parce que considéré pendant longtemps comme un secret d'État, dont la paternité exigea l'intervention des tribunaux américains. L'histoire de l'ENIAC prend naissance en 1938, alors que la Défense américaine se dote d'un laboratoire de recherche balistique. De ce bureau, dont la mission est d'établir les tables de tir afin que les artilleurs puissent obtenir un minimum d'efficacité, devait naître un calculateur exceptionnel.

Un mot sur les tables de tir.

Celles-ci permettent de régler l'angle de tir des canons en fonction de nombreux facteurs : type de projectiles, situation de la cible, vitesse du vent, température et autres. Ces tables, exigeant de nombreux calculs, sont longues et difficiles à établir. Pour un type d'armes donné et dans une situation bien précise, il fallait quelques deux mois pour établir une table de tir complète. Très rapidement, les autorités avaient réalisé l'urgence de mettre au point de grands calculateurs.

Déjà en fonction, le MARK I était jugé insatisfaisant pour ce type de travail. La Moore School de l'Université de Pennsylvanie se révéla apte à offrir une solution.

Jeune école d'ingénierie fondée en 1923, la Moore School semblait toute désignée pour concevoir le calculateur désiré. L'institution disposait déjà d'un analyseur différentiel, sorte de machine munie de roues et de volants, pour résoudre des équations différentielles. Qui plus est, le BRL (Ballistic Research Laboratory/Bureau de recherche balistique) y disposait d'un centre de calcul. C'est là que se rencontrèrent John W. Mauchly (1907-1980), professeur de physique invité et J. Presper Eckert (1919-1995), enseignant passionné d'électronique. Le 5 juin 1943, à la demande du BRL, les deux scientifiques s'engagent par contrat à concevoir un calculateur électronique entièrement nouveau. Le projet fut classé secret militaire et baptisé « PX ». L'ENIAC, l'un des premiers ordinateurs électroniques ne changea pas le cours de la guerre puisque sa mise au point fut effectuée après la fin du conflit. Mais, lors de sa première démonstration publique, le 15 février 1946, on réalisa rapidement qu'il était porteur d'une technologie d'avenir. Devant un auditoire étonné, ENIAC calcula en effet en vingt secondes la trajectoire d'un projectile. Un travail qui aurait pris normalement trois jours à un calculateur humain. Il faut dire que la machine avait de quoi impressionner : le mastodonte occupait une superficie de 47 mètres carrés (500 pieds carrés). Haut de 3 mètres (10 pieds) et comportant 43 armoires, il était doté de 17 468 tubes à vide, 6 000 commutateurs, 1 500 relais, 7 200 diodes à cristal, 50 000 résistances, 10 000 condensateurs, 5 000 000 de joints de soudure et pesait 30 485 kilogrammes (30 tonnes). Évalué à 500 000 $, une fortune pour l'époque, l'ENIAC pouvait en principe résoudre tous les problèmes de calcul, mais devait être recâblé pour exécuter chaque nouvelle programmation. **(voir Annexe photo 6).**

Il faut dire que les deux scientifiques ayant conçu l'appareil n'étaient pas les premiers venus.

Né en Ohio et élevé au Maryland, John Mauchley eut la chance d'avoir un père qui enseignait la physique au Carnegie Institute. Détenteur d'un Ph. D en physique, il poursuivit une carrière d'enseignant au fameux Ursinus College près de Philadelphie. Ses champs de recherche touchaient l'électronique et l'astrophysique. John Adam Presper Eckert, né à Philadelphie d'un père ayant fait fortune dans l'immobilier, se passionna dès son jeune âge pour le monde de l'électronique. Son idole à l'université était Philo Farnsworth, l'un des pères de la télévision. Après de brèves études en commerce, il joint la Moore School où, à 21 ans, il dépose son premier brevet sur la modulation de la lumière.

Après la démonstration de l'ENIAC, Eckert et Mauchley ne tardèrent pas à déposer un brevet de leur machine, le « premier ordinateur de l'histoire », pour utiliser leurs termes. Les années qui suivirent s'inscrivirent sous le signe de la renommée et de la prospérité. Les deux scientifiques fondèrent une compagnie, la première firme d'ordinateurs de ce côté-ci de l'Atlantique, la EMCC pour Eckert-Mauchly Computer Corporation en 1947. John von Neuman, l'un des grands scientifiques du siècle, se joignit même à eux à titre de consultant pour concevoir un second ordinateur, l'EDVAC. Puis les deux se lancèrent dans la construction de l'UNIVAC, premier ordinateur commercial réalisé aux États-Unis, utilisé par la station CBS en 1952 pour prédire l'issue des élections présidentielles à partir d'un échantillon de un pour cent des électeurs. (**voir Annexe 2, photo** 7)

Les années auraient pu ainsi couler doucement pour les deux inventeurs couverts régulièrement d'honneurs (Scott Medal, Goode Medal, Fellows de la IEEE, etc.) quand un coup de tonnerre éclata au début des années soixante-dix : un certain John Atanasoff contestait la validité du brevet déposé par les deux associés en 1946. En fait, Atanasoff revendiquait la paternité complète de l'ordinateur !

John Vincent Atanasoff, né dans l'État de New York en 1904, fit d'abord des études en ingénierie à l'Université de Floride avant de décrocher un master en mathématiques à Ames, dans l'Iowa. Pourquoi s'arrêter en si bon chemin devait-il se demander ? Un doctorat en physique théorique de l'Université du Wisconsin couronna le tout. Au cours de sa thèse consacrée à la structure électronique de l'hélium, il se montra contrarié par les laborieux calculs qu'exige la démonstration. « N'y aurait-il pas une possibilité d'automatiser ces opérations » pensait-il ? Dès 1935, il s'attaque au problème de la conception d'un ordinateur. À ses côtés, un élève génial qui devient son assistant : Clifford Berry. Deux années d'essais multiples et des découvertes qui finalement font toute la différence. Des tubes électroniques, du jamais vu à l'époque, seront utilisés dans la future machine. Se greffent sur cette idée de base des concepts de technologie importants : une horloge mécanique, des mémoires constituées de condensateurs, des opérations de calcul tout électroniques. En 1939, on réalise un prototype au coût de 1 000 $. On le baptise ABC pour Atanasoff-Berry-Computer. Une demande de brevet est même déposée la même année. On tente d'intéresser Remington Rand, mais sans succès. Puis les États-Unis entrent en guerre. Atanassof et Berry passent à autre chose, mobilisés qu'ils sont par le conflit en cours. Les années passent. ABC appartient au passé. Mais entre 1967 et 1973, une histoire de contestation de brevets entre les compagnies Remington et Honeywell ranime l'histoire de l'invention d'Atanasoff.

Il y sera démontré qu'au début des années quarante, Mauchley rendait souvent visite au créateur d'ABC. Il s'était montré très enthousiaste sur les trouvailles du scientifique. Il y sera même démontré qu'en 1941, Mauchly avait rendu visite à Atanasoff et avait eu accès à un mémoire dans lequel celui-ci définissait la théorie de son appareil, c'est-à-dire le fonctionnement complet du calculateur fonctionnant en mode binaire.

Il sera prouvé lors du procès que ce texte intitulé *Machine à calculer destinée à résoudre les grands ensembles d'équations algébriques linéaires*, avait grandement servi à Mauchley, et indirectement à Eckert, pour la mise au point de l'ENIAC à venir.

Finalement, la justice rendra à Atanasoff ce qui lui revenait. C'est-à-dire le titre de premier concepteur d'un ordinateur digital entièrement électronique. Cette reconnaissance tardive s'accompagnera de nombreux honneurs. Atanasoff décèdera en juin 1995, soit la même année que Eckert. Peu de personnes se souviennent aujourd'hui du procès en paternité de l'ordinateur électronique. Pourtant en 2004, d'astucieux étudiants démontrèrent que toutes les fonctions de l'ENIAC qui pesait 30 tonnes et qui consommait 17,4 Kwatts d'électricité pouvaient tenir sur un minuscule microprocesseur d'à peine 0,508 centimètres (0.02 pouce) de côté ! Une manière de rappeler que la science en marche, si elle ne s'arrête jamais, sait aussi profiter des travaux des pionniers du passé.

Lebedev, un ordinateur pour l'espace

On connait l'excellence des Russes dans les domaines touchant les mathématiques et la physique. Si leurs réussites furent moins éclatantes du côté de l'informatique, il n'en reste pas moins que l'ancienne URSS et les pays de l'Est de l'époque soviétique apportèrent une contribution importante à cette technologie.

On peut considérer à juste titre que Sergei Alexseyevich Lebedev fut le père de l'informatique en Russie. Né en 1902 à Nijni-Novgorod, mort en 1974, ce savant apporta une contribution majeure dans la mise au point des ordinateurs de la série BESM.

Diplômé de l'École technique de Moscou en 1928, et d'abord enseignant, comme ses parents, il oeuvra de 1928 à 1946 dans un conglomérat électrotechnique qui unissait Moscou et Kiev. De 1946 à 1951, années de la mise au point des ordinateurs dans cette partie du monde, il fut rattaché à l'Institut électrotechnique de Kiev.

C'est lorsqu'il prit la tête de l'institut de recherche Theophonia, près de la capitale de l'Ukraine, que ce savant russe entreprit des travaux sur les ordinateurs, travaux qui se poursuivront durant toutes les années cinquante, jusqu'à sa mort. C'est dans cette institution que les fameux BESM seront conçus. Durant la guerre, Lebedev, qui était un ingénieur électricien, s'était spécialisé dans le domaine des contrôles automatisés des procédés, tant dans la fabrication industrielle que dans les systèmes d'armements. Entre autres réalisations, il participa à la stabilisation automatique de chars d'assaut et au guidage de missiles. Comme tous ces travaux exigeaient des calculs longs et fastidieux, Lebedev mit donc au point, en 1945, un ordinateur analogique permettant notamment la résolution des équations du calcul différentiel et intégral. En 1948, le savant soviétique prit connaissance des recherches occidentales en matière de mise au point d'ordinateurs basés sur l'électronique. L'idée le fascinait depuis un bon moment. Déjà, durant la guerre, il s'était familiarisé avec l'algèbre booléenne. Son épouse, Alisa Grigorievna, raconte que quand Moscou était plongée dans le noir lors des couvre-feux nécessaires durant les bombardements de l'armée allemande, Sergei se réfugiait dans la salle de bains pour s'exercer à ce drôle de système de calcul fait de 0 et de 1. C'est à cette époque qu'il prit la décision de se vouer à la future technologie des ordinateurs. En 1950, surmontant d'énormes lacunes d'approvisionnement dans un pays dévasté par la guerre, Lebedev met au point le premier prototype de cerveau électronique à voir le jour de ce côté du rideau de fer. L'apparition du MESM, qui veut dire « petite machine à calculer électronique », était l'étape cruciale réalisée dans un temps relativement court pour débuter la production en série de ce qu'on nommait jadis des cerveaux électroniques. « Petite machine » toute relative puisqu'elle comportait quelque 6 000 tubes à vide et consommait 25 kW d'électricité pour fonctionner. La machine pouvait pourtant réaliser 3 000 opérations à la minute. Lebedev, pour des raisons bureaucratiques, dut attendre jusqu'en 1953 pour que la production industrielle de l'appareil débute. Le projet, baptisé M-20, était audacieux : on visait 20 000 opérations à la seconde, une pure utopie à l'époque. En 1958, le défi est atteint et les modèles se succédent jusqu'au modèle BESM-6, le plus fameux d'entre tous qui sera produit durant 17 ans. Pratique, facile à opérer, rapide et utilisant des logiciels sophistiqués, l'ordinateur était tout un exploit considérant le retard industriel de l'URSS dans de nombreux domaines.

En Russie, le contexte des années cinquante explique assez bien la raison pour laquelle les dirigeants politiques débloquèrent facilement les fonds requis pour la recherche sur les ordinateurs. Placée au premier plan des priorités, la course à l'espace justifiait tous les investissements. En effet, à partir de 1950, en nommant Sergei Korolev concepteur en chef des missiles balistiques, le pays ressent un urgent besoin d'ordinateurs pour seconder les ingénieurs dans leurs travaux. Ils ont besoin, entre autres, de calculer la trajectoire des futurs spoutniks et de construire des fusées de plus en plus performantes pour la mise en orbite d'un satellite en 1957, et la conception de programmes pour des vols habités. Il faut dire que la compétence et la personnalité de Serguei jouèrent un grand rôle dans la réussite du programme informatique soviétique. Homme effacé et patient, Lebedev jouissait d'une extraordinaire réputation tant auprès des autorités, que de ses collègues et de ses subalternes.

Dans la foulée du développement de l'informatique en URSS, plusieurs pays satellites du bloc de l'Est, dont l'Allemagne de l'Est, la Pologne et la Bulgarie emboîtèrent le pas dans cette révolution technologique.

Dans les années 80, l'Allemagne de l'Est mit en marché l'ordinateur personnel Robotron et signa le standard ESER, acronyme allemand qui signifie « Système standard pour ordinateurs électroniques ». C'est ce protocole qui reliera les ordinateurs de la dizaine de pays du Comecon (Conseil économique mutuel), l'équivalent pour les pays socialistes, de ce que l'Union européenne représentait pour les pays d'Europe de l'Ouest. Dans cette partie de l'Allemagne, à cette industrie des ordinateurs se greffa le Kombinat Mikrolektronik d'Erfurt, qui produisait des circuits intégrés.

La Pologne entra dans la danse en produisant les ordinateurs Ordra en plusieurs autres modèles, et ce, dès la fin des années cinquante.

Fait étonnant pour le non initié, la Bulgarie joua un rôle de premier plan dans la fabrication des ordinateurs dans le bloc de l'Est. Au début des années 80 en effet, près de 40 % des ordinateurs personnels de cette région du monde étaient fabriqués dans ce pays, une industrie qui employait quelque 300 000 travailleurs dans les villes de Sofia et de Pravetz, non loin de la capitale, et qui générait l'équivalent de 13,30 $ milliards par année. Depuis la fin de l'URSS, ces industries ont presque toutes disparu.

Avec la dissolution de l'URSS en 1991, le plus vaste pays au monde le demeura, sur le plan géographique, mais vit sa population passer de 293 millions d'habitants à 142 millions, amputé notamment de l'Ukraine avec ses 46 millions de citoyens. La perte d'influence dans les pays de l'Est n'arrangea pas non plus les choses. Le tout, comme on le devine, s'accompagna d'un dramatique déclin économique et de la baisse des budgets consacrés à la recherche scientifique. Inutile de préciser que l'informatique fut sérieusement touchée. Durant toutes ces années de développement du parc des cerveaux électroniques, l'industrie s'était presque exclusivement concentrée sur les calculs scientifiques, en négligeant les problèmes de gestion commerciale. Un outil qui aurait été capital dans cette phase de redressement industriel. Mais les Russes, on le sait, sont intelligents et tenaces. La reprise économique de la fin des années quatre-vingt-dix, générée par la manne gazéifère, devrait dans les prochaines années voir ressurgir ce pays à l'avant-scène des leaders du monde.

En 2007, Steve Ballmer, directeur général de Microsoft, producteur mondial numéro un de logiciels, annonçait que dans les deux prochaines années, la Russie occupera la troisième place mondiale pour le nombre d'ordinateurs.

Pour accélérer le développement du marché de la programmation, Microsoft coopère avec plus de 11 000 entreprises de ce pays. Grâce à l'encouragement du gouvernement, le marché russe des technologies de l'information accuse d'ailleurs une croissance d'environ 20 % par année. Pour se doter d'outils afin de recouvrer sa puissance passée, l'Université de Moscou a d'ailleurs acheté un ordinateur Blue Gene IBM, un des ordinateurs les plus puissants de la planète.

Peut-on prévoir que de nouveaux Lebedev verront le jour en terre russe ? Le mouvement de la jeunesse de ce pays en direction des technologies informatiques permet tous les espoirs.

Avec de jeunes *cracks* comme le Russe Petr Mitritchev dans le décor, le monde des ordinateurs, à l'évidence, a de beaux jours devant lui. Véritable légende parmi les programmeurs russes, ce diplômé de la fameuse école no. 57 de Moscou, une usine à former des surdoués dans les domaines des mathématiques et de la physique, et de l'Université Lomonossov, Petr a réussi l'exploit, à 21 ans, de l'emporter sur 21 000 candidats dans le Global Code Jam en 2006, un concours international lancé par Google pour découvrir de nouveaux talents en matière de programmation informatique.

Il s'agissait en fait de la quatrième victoire du jeune Petr depuis 2001. Cet informaticien passionné par le football, et qui enseigne aujourd'hui les mathématiques à temps partiel entre deux voyages entre la Californie et sa Russie natale, résume son itinéraire par cette simple phrase : « *J'aime ce monde* ». Un mot que ne renieraient sûrement pas tous les génies ayant œuvré à la naissance et au développement de l'informatique à l'Est comme à l'Ouest !

CHAPITRE 5

Les bâtisseurs

L'ère des gros ordinateurs débute dans les années quarante pour se poursuivre jusqu'à nos jours. Le sujet est aujourd'hui quelque peu oublié, passionnés que nous sommes par les bouleversements du micro et la miniaturisation. Pour mieux situer les grandes étapes de ce parcours, rapportons-nous aux travaux d'historiens qui distinguent cinq générations d'ordinateurs des origines à nos jours, chaque âge étant marqué par une percée technologique majeure.

De 1940 à 1956, l'histoire de l'ordinateur s'ouvre avec l'ENIAC et l'Univac. La technologie est alors dominée par les lampes à vide donnant des mastodontes qui pèsent des tonnes, mais qui ouvrent la voie au domaine. La seconde génération d'ordinateurs (1956-1963) s'accomplit sous le signe du transistor, d'appareils consommant moins d'énergie et aux vitesses plus performantes. Durant les années 1964 à 1971, la troisième génération en somme, on remarque l'entrée en force des circuits intégrés et d'ordinateurs de taille réduite qu'on nomme mini-ordinateurs. Le microprocesseur, de 1972 à nos jours, propulse la quatrième génération d'ordinateurs partout sur la planète et consacre l'usage domestique du cerveau électronique. La cinquième génération enfin, toujours en devenir, sera celle de l'intelligence artificielle avec des technologies toujours au stade de l'expérimentation.

SAGE une forteresse électronique pour l'Amérique

De tout temps, les hommes se sont donné des systèmes de protection pour se protéger de leurs ennemis extérieurs. Les vestiges architecturaux de la Grande Muraille de Chine et de la Ligne Maginot, les forteresses de Vauban, le Mur de l'Atlantique, la Ligne Gustave, le système Séré de Rivières et les Fortifications de Québec nous rappellent qu'au fil des siècles, le génie des hommes fut sans limite pour réaliser ce type d'entreprises.

29 août 1949. En pleine guerre froide, les Soviétiques font exploser dans le désert du Kazakhstan une bombe atomique de 20 kilotonnes. En Amérique, c'est la consternation. L'hégémonie des armes nucléaires, jusque là l'apanage de ce coin de la planète, vient de prendre fin. Le pays doit de toute urgence se doter d'une protection infaillible contre la terrible menace russe.

Jay Forrester, né sur une ferme isolée et privée d'électricité du Nebraska en 1918, fut paradoxalement l'homme tout désigné pour prendre part à la création de la formidable forteresse électronique qui se dressera contre les armes de destruction de Joseph Staline.

Ce qui intéressait à l'époque cet ingénieur électricien devenu enseignant au MIT, c'était précisément la mise au point, à titre expérimental, d'un projet de protection du territoire du type SAGE, pour *Semi-Automatic Ground Environment.* L'idée de doter le territoire d'un réseau d'ordinateurs hyperpuissants baptisé Projet Whirlwind reliés à un système de radars avait germé dès 1944 et séduisait d'emblée les bonzes de la Défense. Il fallut l'avancée russe en matière d'armes atomiques pour que ce projet purement expérimental prenne la dimension d'une méga entreprise industrielle. Jay Forrester qui jouissait d'un grand prestige dans le milieu des ordinateurs semblait la personne toute désignée pour mener ce projet à bon port. Ses recherches l'avaient conduit à développer des systèmes de mémorisation de l'information, l'ancêtre du RAM (Random Access Memory) à venir, c'est-à-dire la mémoire vive des ordinateurs. Assisté du chercheur John Valley, également rattaché au MIT, Forrester fut le maître d'œuvre de l'immense projet continental de défense aérienne qui se poursuivra tout au long des années cinquante et qui mobilisera d'énormes ressources. Ce projet sera également un immense vivier de création pour l'industrie informatique à venir.

Aux connaissances de terrain de Forrester, Valley, un physicien, apporta le modèle théorique pour contrer la pénétration des bombardiers ennemis en territoire américain. Le Dr Valley, également rattaché au MIT, pensa qu'un chapelet de stations radar aux quatre coins des États-Unis et du Canada devait signaler tout vol dans l'espace protégé. Il pensait que les données devaient être traitées automatiquement en temps réel par des ordinateurs qui pourraient instantanément communiquer aux forces armées les ripostes appropriées. Le projet fut accepté et débuta au début des années cinquante. Il faudra attendre 1963 pour que SAGE soit pleinement opérationnel. Ce système fonctionnera jusqu'au début des années quatre-vingt.

Le projet SAGE sera l'équivalent pour la science informatique de ce que fut le projet Manhattan la décennie précédente pour l'énergie nucléaire : un immense effort, tant financier qu'intellectuel et industriel, pour le développement d'un champ de connaissance aux retombées incalculables. Tous les ordinateurs qui seront conçus dans les années soixante, gros ou mini-ordinateurs, découleront des avancées technologiques réalisées par le projet SAGE. Qu'on en juge.

Chacun des ordinateurs baptisés A/N FSQ-7 pesant 250 tonnes et exigeant une centaine de personnes pour opérer fonctionnait avec 60 000 tubes à vide et consommait 3 MW d'électricité. Ce furent les premières machines à utilisation partagée à fonctionner en temps réel et à pouvoir communiquer entre elles. Coût total des investissements pour le projet : 8 à 12 G $. Nous sommes en 1964. Cinq compagnies et organismes furent les maîtres d'œuvre du projet : IBM, qui remplaça la compagnie RCA, d'abord pressentie, construisit les ordinateurs ; la compagnie Burroughs s'occupa des centres de communication ; Western Electric géra l'architecture et la construction des bâtiments ; et Bell System s'occupa des lignes de transmission. Enfin, toute la dimension des logiciels fut confiée à la compagnie SDC, pour System Development Corporation, une sous-filiale du *think tank* ou usine à penser Rand. SDC fut en fait la première firme au monde à concevoir des logiciels à compter de 1955. À noter que quelque 800 programmeurs furent chargés de s'occuper de cette dimension vitale du projet. Soulignons que l'ensemble du projet SAGE fut coordonné par l'organisme MITRE, une corporation tout droit sortie en 1958 des Laboratoires Lincoln du MIT. La mission qui incombait au projet SAGE était d'évaluer le danger présenté par des objets volants sur chaque écran radar du système. On comptait une centaine de ces installations sur le territoire américain et au Canada, destinées à détecter des bombardiers ennemis pouvant transporter des armes atomiques. Le tout visait à coordonner l'attaque de ces avions ennemis par un système de missiles Bomarc et Nike. Tout le système de défense SAGE était principalement construit pour détecter des bombardiers ennemis. Quand il devint évident au début des années quatre-vingt que la menace ennemie se concrétisait plutôt par l'utilisation de missiles interbalistiques, le système SAGE tomba quelque peu en désuétude. D'autant que le déploiement des satellites de détection prenait le relais en termes de systèmes de surveillance. Avec l'avantage de ne pas être limités aux frontières américaines et de s'étendre à la planète entière. Jay Forrester quitta le projet SAGE en 1956 avec l'idée d'avoir accompli une mission des plus difficiles. Il continua sa carrière à l'école Sloan d'administration du MIT. Les ordinateurs lui servirent dorénavant à élaborer des modèles touchant des problèmes d'organisation et de planication. L'économie américaine fit partie de ses centres d'intérêt et, fait bizarre compte tenu des projets antérieurs, son attention se porta sur l'organisation des garderies au pays. Les autorités américaines lui décernèrent en 1989 la Médaille nationale de la technologie.

Jay Forrester, comme beaucoup de spécialistes, savait qu'à une époque, il avait été au centre du plus grand et du plus coûteux système informatique qui ait jamais été conçu.

Quant à la compagnie IBM, elle puisa dans le projet SAGE un savoir faire et des avancées technologiques qui devaient lui assurer une compétence qui la placera en position d'hégémonie pour les décennies à venir.

Le 360 d'IBM, bébé de Evans et Amdahl

Avant que la révolution du micro ne balaye le monde, l'ordinateur gros format[11] était bien présent sur la scène. Un instantané de l'époque qui précéda la naissance d'Apple nous apprend que de 1960 à 1975, le nombre d'ordinateurs en Amérique et en Europe était passé de 6 400 à 190 000 unités ! Une compagnie dominait mondialement le secteur : IBM, qui, à la fin des années soixante, détenait 64 % des parts du marché.

Autre constat : la domination américaine dans le secteur était pratiquement sans partage, puisque la presque totalité des compagnies était issue de ce coin de la planète. Univac, Honeywell, Control Data, General Electric, RCA, Burroughs et NCR se retrouvaient sur tous les marchés du monde.

C'est l'histoire de l'un des ordinateurs de cette époque dont il sera question dans le présent chapitre. Un ordinateur fameux : le modèle 360 d'IBM. Avec cet appareil, dévoilé en 1964 et commercialisé à partir de 1966, l'ère moderne des gros ordinateurs venait de s'ouvrir. Vingt ans avant que le micro ne balaye le monde.

Le choix du nom de l'ordinateur, en référence au cercle comportant 360 degrés, manifestait la volonté d'IBM de couvrir tous azimuts l'univers informatique.

11 On appelle Mainframe Computer un gros ordinateur ou un ordinateur central.

Cet ordinateur succédait au premier ordinateur grande série de la compagnie, l'IBM 650 mis en marché de 1953 à 1969. Il sera vendu 1 500 exemplaires de ce modèle.

Le président d'IBM d'alors, le légendaire Thomas J. Watson, annonça que cet appareil était le plus important jamais lancé dans l'histoire de la compagnie. On y avait consacré quelque 5 G $ en recherche, l'équivalent de 30 G $ en dollars d'aujourd'hui. On y retrouvait le dernier cri en matière de circuits électroniques où les opérations, précisait alors Watson, se calculaient en milliardième de seconde. Pendant quatre ans, d'énormes ressources furent consacrées par la Big Blue Machine à cette nouvelle génération d'appareils qui innovaient dans le sens de leur standardisation et de leur performance.

Ces ordinateurs se caractérisaient entre autres par le fait qu'ils présentaient une architecture de machine unique du plus petit au plus gros ordinateur d'IBM. Perspective entraînant une baisse de coût. Ces appareils pouvaient également se reconfigurer en cas de détection d'éléments défectueux. Le procédé sera à ce point efficace que le perfectionnement du 360, au fil des ans, aboutira à des modèles ne connaissant que quelques secondes d'indisponibilité par an. Enfin, avec les 360, on pouvait microprogrammer les instructions sur de petites machines afin qu'elles exécutent les programmes des grandes, même si elles le faisaient beaucoup plus lentement.

Précisons que les gros ordinateurs comme le 360 constituent, même de nos jours, la pierre angulaire de l'informatique utilisée par les grandes entreprises. En effet, ils disposent d'une puissance de traitement impressionnante et permettent de gérer simultanément le travail de milliers d'utilisateurs. Ce matériel exige un personnel important chargé de la maintenance, de l'exploitation, de la programmation et de la saisie des données. Ils fonctionnent généralement vingt-quatre heures sur vingt-quatre.

Bob Evans et Gene Amdhal, deux êtres d'exception, comptent parmi les pères créateurs du 360.

Bob Evans, décédé en 2004, avait commencé à travailler pour IBM en 1951. À sa retraite après 33 ans de loyaux services, il avait atteint le poste de vice-président à l'ingénierie, à la programmation et à la technologie. C'est au début des années soixante qu'on lui confia la direction du projet de développement d'une nouvelle classe d'ordinateurs nommée System/360 ou plus simplement S/360. Véritablement le projet du siècle pour IBM qui avec des revenus annuels de 3,2 G $ accepta d'investir 5 G $ dans ce nouveau système.

Avant le 360, il faut préciser que chaque ordinateur était unique dans sa fabrication. Il y avait bien sûr un modèle de base qu'était le 650. Mais tout le reste était adapté à la demande de l'acheteur. De commande en commande, chaque ordinateur présentait des différences notables. Il va sans dire qu'une telle approche dévorait énormément de temps et entraînait des coûts de fabrication élevés. Bob Evans joua donc un rôle clé dans cette évolution des ordinateurs et des produits vendus par IBM. Lorsqu'il quitta la compagnie, Bob Evans entreprit un parcours plutôt inusité en devenant, de 1981 à 1995, conseiller scientifique en chef pour le gouvernement de Taiwan. Ce qui le conduira à devenir le maître d'œuvre de la compagnie Vanguard International dans ce pays, une firme oeuvrant dans la fabrication de semi-conducteurs. Lors de son mandat, en 1985 plus précisément, Ronald Reagan décernera à Bob Evans la médaille nationale de la technologie. On reconnaissait que la série 360 avait massivement contribué à imposer les ordinateurs dans le monde scientifique, et aider une foule d'entreprises à marquer des points au chapitre de l'excellence et de la concurrence.

Gene Myron Amdhal, le deuxième père du 360, tout à la fois gourou et tête de Turc de la Big Blue Machine, affichait une personnalité hors du commun qui transformait en succès presque tout ce qu'il touchait. Né en 1922 au Dakota d'un père qui n'avait que trois années de scolarité, Amdhal fut néanmoins fortement encouragé à poursuivre des études avancées. Il choisit l'ingénierie. Son père l'encouragea plutôt à se diriger vers les arts, lui soulignant que le plus important dans la vie, à ses yeux, était de bien connaître la voie qui mène au bonheur. Compte tenu de ses aspirations et des conseils pleins de sagesse de son père, Amdhal pousuivit les deux formations à l'Université du Dakota du sud. Étudiant moyen, sa vie changea du tout au tout lorsque qu'il fut mis en contact avec la physique. Cette passion soudaine pour l'un des domaines les plus exigeants du savoir eut à la fois des répercussions sur sa vie professionnelle et sur l'univers naissant des ordinateurs. Interrompant ses études pour servir deux ans sous les drapeaux, nous sommes alors en pleine guerre mondiale, Amdhal poursuivra néanmoins ses études en génie physique à l'université de l'État qui l'avait vu naître. C'est à l'étape de son passage de doctorat à l'Université du Wisconsin, que les choses deviennent pour ainsi dire magiques. À la demande du département de génie électrique de l'université, on demande à Amdhal de concevoir un ordinateur pour initier les étudiants, domaine que le physicien explorait en autodidacte. Amdhal choisira ce projet pour thèse de doctorat en physique théorique. Lors de la remise du mémoire en 1951, les examinateurs seront à ce point éblouis par les concepts de l'appareil qu'ils se jugeront tout à fait incompétents pour évaluer la portée de la thèse.

Ses études terminées, Amdhal à l'intention de fonder sa propre compagnie d'ordinateurs. Mais les fonds manquent. IBM lui ouvre alors les portes en 1952, lui offrant la plus forte rémunération jamais payée par la compagnie à un finissant universitaire.

L'époque bouillonne d'idées en matière d'informatique. Architecte en chef des machines modèle 704, les premiers ordinateurs à utiliser le langage Fortran, Amdhal s'embarque en 1955 dans la conception du projet dit 7030, connu aussi sous le nom de STRETCH, un superordinateur pour les laboratoires de Los Alamos, lieu d'où furent conçues les premières bombes atomiques. Un appareil qui sera cent fois plus performant que les ordinateurs présents sur la planète. Catastrophe commerciale, STRETCH ouvrira la voie à de nombreuses innovations technologiques.

Mais entretemps, Amdhal a quitté IBM, prétextant les lourdeurs bureaucratiques. Il travaille alors pour plusieurs compagnies et touche à une foule d'applications des ordinateurs. Son retour au bercail de la Big Blue a lieu en 1960. Il se voit confier la codirection du système 360, qui sera la plus grande réussite commerciale du monde des ordinateurs.

Nouveau départ de la compagnie en 1970. Amdhal est toujours habité par le désir de diriger sa propre compagnie. Son objectif : concurrencer le 360 d'IBM avec un appareil du quart de sa dimension et quatre fois plus rapide. Le pari est tenu en 1975 : l'Amdhal 470 V/6 est en marché au même prix que le 360 d'IBM, 3,5 M $ pièce. Rapidement, la société d'Amdhal deviendra le plus féroce concurrent d'IBM.

Mais Amdhal recherche de nouveaux défis et fonde trois autres compagnies. En 1991, Computerworld dira de lui qu'il fut l'une des 25 personnes qui contribua à changer le monde. Le conseil prodigué jadis par son père sur le sens à donner à sa vie avait été profitable.

Les mini-ordinateurs de Gordon Bell

On a quelque peu oublié le concept des mini-ordinateurs[12] des années 60, 70 et 80. Cet oubli est le résultat de la montée en puissance de la micro- informatique devenue suffisamment puissante pour être utilisée par plusieurs utilisateurs en même temps. D'autant que les capacités de stockage des micro rivalisent maintenant avec les mini pour un prix substantiellement inférieur.

Pourtant, ces ordinateurs de taille réduite, à l'origine des stations de travail et des petits serveurs, ont joué un rôle primordial dans l'évolution de la science des ordinateurs. Le mini-ordinateur est généralement un ordinateur multi-utilisateur capable de gérer jusqu'à trois cents personnes simultanément. Moins rapide qu'un gros ordinateur, il est

12 Le mini-ordinateur est un ordinateur à vocation générale plus puissant qu'un micro-ordinateur. Il dispose d'une mémoire vive, d'une mémoire de masse et d'une puissance de calcul qui autorisent la connexion simultanée de plusieurs dizaines de terminaux ou l'exécution en temps réel. Source : Dictionnaire de la Micro-infomatique. Michel Grenié. Larousse.1997

aussi moins cher. Jusqu'à l'arrivée des mini, l'ordinateur était une énorme machine inaccessible et destinée à traiter des masses de données sans intervention extérieure. L'augmentation de la performance, liée à la diminution de la taille de ces machines, va permettre une interaction accrue entre la machine et l'homme. Quand on parle d'évolution vers les mini-ordinateurs, on passe d'appareils qui tiennent dans une pièce complète à ceux d'une taille équivalente à un vaste réfrigérateur. Aussi éloignés donc des mastodontes pesant une trentaine de tonnes des années quarante qu'aux portables d'aujourd'hui. Bref, l'heureuse transition entre les gros ordinateurs et l'ère du micro.

Le premier de ces mini-ordinateurs fut le PDP-1, de Digital Equipment Corporation, conçu en 1959. Ce fut en fait le premier ordinateur commercial interactif. On y distingue les caractéristiques des premiers micro-ordinateurs qui seront sur le marché 20 ans plus tard.

Gordon Bell fut l'un des cerveaux de cette avancée technologique. Il fut une véritable légende dans le milieu tant ses apports sont nombreux et importants. Il fut associé à la Digital Equipment Corp. et plus tard à Microsoft. On peut le décrire avec un œil sur le futur de l'informatique (la téléprésence) et une main sur le passé comme en témoigne son implication au Computer History Museum de Californie.

Mais le travail de Gordon Bell n'aurait pu s'accomplir sans la compagnie Digital Equipment Corporation à laquelle il fut associé. Une firme fondée par Kenneth Olsen et Harlan Anderson, qui sera considérée un temps comme la deuxième plus importante de la planète après IBM. Olsen, né au Connecticut en 1926 d'une famille d'origine norvégienne et suédoise, complète des études en génie électrique avant de cofonder Digital Equipment Corporation (DEC) en 1957 avec son collègue Harlan Anderson et des capitaux à risque fournis par le français Georges Doriot, dont il sera question plus loin dans ce livre.

Durant sa jeunesse, on comparait volontiers Olsen à l'inventeur Edison, tellement il était habile à analyser le fonctionnement des appareils et à avancer des améliorations. L'été, pour payer ses études, il travaillait dans l'atelier d'usinage de son père, en compagnie de ses deux frères. Son hobby principal consistait à réparer des appareils électriques dans le sous-sol familial. Une belle initiation en somme au monde industriel dans lequel il voulait se diriger. Après son service militaire dans la marine de 1944 à 1945, il s'inscrivit au MIT pour y compléter un bac, puis une maîtrise en ingénierie électrique. C'est au cours de ses études que la marine américaine le contacte pour aider à mettre au point un simulateur de vol informatisé.

Dès le début de ses études, Harlan Anderson fut, quant à lui, intéressé par les ordinateurs. Physicien de formation, il intègre le fameux laboratoire Lincoln du MIT où très rapidement il se lie à Olsen. En 1957, les deux collègues investissèrent 70 000 $ pour fonder DEC. Leur premier champ de conception s'oriente vers la fabrication de circuits imprimés. Très rapidement, l'idée de construire des ordinateurs de taille réduite s'impose.

La ligne des PDP débute en 1960. Cinq ans plus tard, les deux compères sont en mesure de présenter le PDP-8, premier mini-ordinateur produit industriellement et dans lequel les circuits intégrés ont remplacé les transistors. En 1970, le PDP-11 bat tous les records de popularité.

Comme nous le précisions plus haut, le concepteur en chef de ces merveilleux appareils fut Gordon Bell.

Celui-ci consacrera 23 ans de sa vie à DEC, à titre de responsable de la recherche et du développement. Il fit de cette entreprise l'une des compagnies les plus performantes au monde.

Né au Missouri en 1934 et détenteur d'une maîtrise en génie électrique du MIT en 1957, Bell complètera sa formation en Australie avant de se joindre à une équipe de recherche de l'institution qui lui avait accordé sa maîtrise. Sa réputation était telle dans le milieu de l'informatique qu'en 1960 Olsen et Anderson lui demanderont de se joindre à leur compagnie récemment fondée.

Après l'aventure exaltante de la conception des DPD, Bell s'oriente en 1966 vers l'enseignement pour quelques années, à Carnegie Mellon plus précisément. Mais en 1972, DEC, en pleine expansion, fait de nouveau appel à ses services.

Cette fois on lui confie le projet VAX, l'ordinateur le plus performant à voir le jour dans cette compagnie, qui connaîtra un succès remarquable dans les années 70-80 auprès de la communauté scientifique et des groupes d'ingénierie. Qualifié de super mini, le VAX était en sorte un modèle PDP-11 amélioré à l'architecture 32 bits.

Victime d'une attaque cardiaque en 1983, Bell prend une retraite hâtive. Mais le démon des ordinateurs le tenaille toujours. La même année, il fonde Encore Computer, entreprise qui fabriquera l'un des premiers ordinateurs à multi-microprocesseurs.

Entre 1991 et 1995, Bell conseille Microsoft puis se joint au groupe de recherche de la compagnie milliardaire. Emploi qu'il occupait toujours en 2007. Ses recherches portaient notamment sur la téléprésence et la mémorisation des documents tant écrits que visuels.

Membre d'une foule d'organismes, dont l'Association américaine pour l'avancement des sciences, récipiendaire d'un grand nombre de nominations, Médaille von Neumann, Médaille nationale de la technologie, Gordon Bell cultive une passion secrète pour l'histoire de l'informatique. En 1979, Bell et son épouse, Gwen Bell, ont créé le Computer Museum à Boston, et ont contribué à la mise sur pied du Computer History Museum de Californie en 1999. Une vie bien remplie, quoi.

Un dernier mot enfin sur ce qu'il advint de la Digital Equipment Corporation (DEC).

La compagnie sera acquise en 1998 par le fabricant d'ordinateurs Compaq qui à son tour fusionnera avec Hewlett-Packard en 2002. De nos jours, certains produits informatiques apparaissent toujours sous le label DEC, question de rappeler à tous que cette compagnie pionnière a occupé une place unique dans l'évolution de l'informatique. À titre d'exemple, la programmation en C et le système d'opération

UNIX avaient eu pour banc d'essai un modèle PDP tout droit sorti de leur atelier.

Les super de Seymour Cray

Tragique ironie du sort ! En ce mois d'octobre 1996, Seymour Cray devait périr au volant d'une jeep Cherokee que ses superordinateurs[13] avaient aidé à concevoir. Toute la vie de cet ingénieur passionné de tennis avait été dominée par une obsession : bâtir les plus puissants ordinateurs de la planète. Comme par exemple celui récemment acquis par l'Université de Montréal, le SGI Altix 4700, qui peut effectuer 3 000 milliards d'opérations à la seconde !

Pour donner un ordre de comparaison des superordinateurs par rapport aux premiers grands ordinateurs à voir le jour dans les années quarante, l'ENIAC en service de 1946 à 1955 pouvait effectuer une multiplication de deux nombres de dix chiffres en moins d'une demi-seconde. Un exploit à l'époque...

Quand on parle de superordinateurs, on parle de machines ultraperformantes, extrêmement rares et dispendieuses, dont les pièces sont refroidies à très basse température pour diminuer la résistance électrique. Très loin donc d'un PC. À quoi peut ressembler un trou noir dans l'espace ? Comment traiter en temps réel les milliards de données reliées à la météorologie ? Quel est le profil d'écoulement des couches d'air le long des ailes d'un avion à réaction volant à haute altitude et à des vitesses supersoniques ? Seuls des superordinateurs peuvent décrire de tels phénomènes une fois l'ensemble de la question numérisée, et résoudre des problèmes inhérents réclamant un traitement très rapide. En effet, ce qui rend un ordinateur « super » c'est sa vitesse vertigineuse et sa capacité d'effectuer des calculs d'une immense complexité.

Vitesse et puissance donc.

---

13 Un superordinateur est un ordinateur excessivement coûteux qui dispose des processeurs les plus puissants du marché pour traiter de problèmes scientifiques ou d'ingénierie. Notamment en météorologie, en astronomie et en physique nucléaire. Source : Larousse ibid.

Seymour Cray voit le jour en 1925 au Wisconsin.

Né d'un père ingénieur, il s'intéresse dès son plus jeune âge à la science et à la technologie. À dix ans déjà, la photographie le passionne ; puis c'est la radio amateur et l'invention d'une foule de gadgets électriques doublée d'un véritable engouement pour les cerfs-volants qui l'habitera sa vie entière. Enrôlé dans l'armée en 1943 à titre d'opérateur radio, il sert autant sur le front européen que dans le Pacifique. Sur ce dernier théâtre d'opérations, il se joint à une équipe de décryptage des messages ennemis. C'est à son retour au pays qu'il poursuit avec succès des études en ingénierie électrique, et complète sa formation en décrochant une maîtrise en mathématiques. Maigre, taciturne, la voix nasillarde, c'est en 1950 que ce solitaire se joint à la compagnie ERA basée à Saint-Paul. Un destin étonnant s'amorce alors : durant les années qui vont suivre, n'importe quelle machine qui sortira de son cerveau pourra calculer en une seconde ce qu'un homme avec une calculatrice prendrait 1 000 ans à effectuer.

Âgé de vingt-cinq ans, ce diplômé de l'Université du Minnesota se fait rapidement la réputation totalement fondée, ce qui est rare, de tout connaître, doublée d'une confiance en lui-même illimitée. Sa compétence, selon un des ingénieurs en chef d'ERA, Frank Mullaney, se manifestait autant en théorie qu'en pratique. Il est aussi à l'aise à effectuer des calculs complexes qu'à monter des circuits électroniques, fer à souder en main.

Très rapidement, on lui confie la mise au point de l'ordinateur ERA 1103, la première machine à vocation scientifique à connaître un destin commercial. C'est un succès. En quelques années, Seymour Cray franchit tous les échelons de la profession, jusqu'à superviser les projets les plus importants de la compagnie. Son talent ainsi que son incroyable capacité de travail sont mis à contribution. Un seul défaut à signaler : il se montre parfois impatient et cassant envers ceux qui n'ont pas sa vitesse de compréhension. Mais nul n'est parfait. En 1954, Cray est approché pour superviser la conception d'un système de guidage pour missiles à base de transistors, méthode à l'époque tout à fait inconnue, la technique des tubes à vide ayant toujours la cote. En moins de deux, Cray solutionne entièrement le problème dessinant de A à Z tous les circuits logiques de l'appareil. Une fois qu'il a terminé, il lance à ses ingénieurs : « *Essayez avec ceci. Ça devrait fonctionner* » !

Le plus étonnant, c'est que durant ses études, Cray ne s'était aucunement frotté aux ordinateurs. Par contre, le domaine de l'électronique lui était très familier. Un travail à temps partiel en tant que technicien en radio et télévision dans un petit atelier lui avait permis de subvenir aux besoins de sa petite famille. En 1947, âgé de 21 ans, il se marie à la nutritionniste Verene Voll, une amie d'enfance. Rapidement père de deux enfants, et récipiendaire d'une maigre pension d'études versée aux vétérans, on ne peut d'emblée affirmer que le futur s'annonçait lumineux pour cet étudiant brillant. Mais à la fin de ses études, un professeur lui suggère de postuler un emploi chez ERA. Enfin, l'avenir pouvait débuter ! Il faut ici s'attarder à la compagnie ERA qui joua un rôle capital dans la carrière professionnelle de Cray.

À la fin de la guerre, la marine américaine désirait assurer la continuité de la fabrication des appareils de décryptage assumée par l'un de ses laboratoires de recherche. Pour des raisons difficiles à comprendre, on approcha la compagnie Chase Aircraft qui fabriquait des planeurs, utilisés notamment lors du débarquement de Normandie. John Parker accepta la reconversion de son usine. Peu de temps après, Bill Norris joignit les rangs. Celui-ci, qui travaillait à décrypter les messages secrets durant la guerre, avait un passé de fermier dans son Nebraska natal et avait travaillé chez Westinghouse à vendre des équipements de rayons X. Peu scolarisé, en comparaison avec les professionnels qui l'entouraient dans ce lieu très secret de la Défense, cet ingénieur électricien avait eu comme ambition à la fin de la guerre de prolonger la vie des ordinateurs, ces fameuses « bombes » qui avaient servi à décrypter les messages secrets de l'ennemi. Il leur avait trouvé une nouvelle vocation dans l'industrie et le commerce. En janvier 1946, l'ERA, acronyme de *Engineering Research Associates*, voit le jour sous la direction de John Parker. C'est dans une atmosphère de complète liberté que les ingénieurs de la firme travaillent à la conception d'engins électroniques destinés à la Marine américaine pour décoder les messages secrets. Les ingénieurs travaillent aussi sans perdre de vue que les produits de la boîte pourraient s'adapter à la vie civile, comme par exemple la conception d'ordinateurs destinés à la réservation de billets d'avion.

La grande trouvaille des ingénieurs Cohen, Keye et Perkins d'ERA en 1947, ce fut le « tambour magnétique », un système de mémoire extrêmement prometteur et l'ancêtre du disque dur de nos PC. Cependant, en 1951, ERA, par manque de fonds, est vendue au géant Remington Rand qui avait acquis l'année précédente Eckert-Mauchly de Philadelphie, une compagnie pionnière dans le domaine de l'informatique, celle qui avait ouvert l'âge de l'informatique avec l'ENIAC. Habitué à vivre dans une atmosphère de liberté et de création, Norris quitte ERA en 1957 avec d'autres ingénieurs pour fonder Control Data Corporation. Quant à Seymour Cray, il est à l'emploi de la compagnie Sperry et y complète un contrat avant de joindre CDC en 1958 à titre de chef concepteur. À 35 ans, Seymour Cray avait la réputation de concevoir les ordinateurs les plus rapides de la planète.

Le premier des ordinateurs à succès qui mit CDC sur la carte fut le modèle 1604. Cray maîtrisait entièrement tous les aspects de cette machine complexe : mémoire, processeur, système d'alimentation, logique booléenne, circuits, et architecture. Dans la compagnie nul autre ingénieur ne pouvait prétendre à une telle expertise. Lors de sa mise en marché en 1960, l'ordinateur le plus rapide au monde fonctionnait à la vitesse de 5 microsecondes, soit 0,2 megahertz. Même le géant IBM ne pouvait concurrencer le CDC 1604 vendu dans des universités, des centres de recherche américains et même à l'étranger. Rapidement, l'action de la compagnie passa de 1 $ à 9 $. À la fin de la décennie, l'action se transige à 135 $!

Puis d'autres ordinateurs contribuèrent au succès de la compagnie.

Une réussite majeure fut le CDC 6600 à processeur unique mis en service en 1964. Un autre exploit signé Seymour Cray.

Le modèle CDC 6600 avec un système de réfrégiration absolument unique fonctionnera effectivement 50 fois plus rapidement que le 1604. À la stupéfaction de Thomas Watson, le grand patron d'IBM, une équipe formée de seulement 34 personnes, dont 14 ingénieurs, avait pris part à cet exploit. Très rapidement, les ventes du 6600 atteignirent plus d'une centaine d'appareils vendus. En sept ans, CDC qui avait débuté avec un modeste capital de 600 000 $ atteignit les 60 M $ de ventes par année. CDC devint un géant du domaine, acquérant au début des années soixante plus de cinquante compagnies. Présent dans les grandes villes du pays, Boston, Chicago, San Francisco et à l'étranger, Suisse et Allemagne. Des actionnaires qui avaient investi 5 000 $ au début de la compagnie se retrouvaient millionnaires. Le terme de superordinateur venait de naître. On parla même de la « Ferrari » des ordinateurs. Cray avait fait le bon pari. Les meilleures machines étaient produites par un petit nombre de spécialistes immensément motivés et en retrait des agitations du monde. Pas une figure de style pour Cray qui depuis 1962 œuvrait dans un bâtiment hors du périmètre de la compagnie. Mais déjà des tensions naissent entre Cray et Norris qui incarne le pouvoir dans la compagnie. L'objectif de ce dernier est de concurrencer directement IBM en concevant des ordinateurs d'affaires. Cray ne l'entend pas de cette manière.

Pour lui, imiter IBM et son approche bureaucratique serait un frein à inventer des ordinateurs aux performances inédites et destinés prioritairement aux milieux scientifiques. D'autant que pour Cray, l'augmentation de la vitesse d'opération se présente comme un véritable Graal. Comme sa clientèle potentielle se résume à quelque deux douzaines de clients, qui désirent des appareils se détaillant entre 5 et 6 M $ pièce, son champ d'action est clairement établi. La liberté de manœuvre et d'invention est pour lui une nécessité vitale. Son grand projet est de construire un ordinateur cinquante fois plus rapide que le 1604. L'isolement et le silence sont des conditions à sa créativité, contexte fort éloigné d'une boîte bureaucratisée à outrance comme le projette Norris. C'est dans ce contexte qu'en 1972, Cray fonde sa propre compagnie, la Cray Research Inc.

À peine quatre ans plus tard, en 1976, il fait paraître le Cray 1 à processeur unique comportant 10 kilomètres (6 milles) de câblage. Cette machine était l'un des premiers ordinateurs à mettre en pratique le traitement vectoriel qui appliquait la même instruction à une série d'éléments : il calculait 150 millions d'opérations à virgule flottante par seconde. Au prix de 5 M $ l'unité, l'École polytechnique en France et la société Michelin en acquérèrent un chacune. Il faudra attendre 1982 pour que les superordinateurs entrent dans l'ère du traitement parallèle.

Cray conçut trois autres superordinateurs, tous plus extraordinaires les uns que les autres.

Le 14 mai 1989 pourtant, Seymour R. Cray quitte Cray Research, la compagnie qu'il avait fondée et qui était alors sans équivalent dans l'univers des superordinateurs, vendant trois fois plus de machines que tous ses compétiteurs japonais réunis. L'idée de satisfaire les actionnaires et de conserver des emplois était incompatible avec sa vision des choses qui était de risquer pour réaliser l'impossible. Ce qui importait pour lui, c'était la révolution, plutôt que l'évolution. Une mission que de plus petites compagnies n'hésitaient pas à entreprendre. Le visionnaire, l'idole, le père des superordinateurs, celui qu'on qualifia de Thomas Edison ou d'Einstein des superordinateurs, franchit le seuil du lieu où il avait réalisé tant d'exploits technologiques discrètement et en silence, fidèle à lui-même. Quelques années avant sa mort, en 1994, Seymour Cray fera l'éloge des « *start-up* », ces compagnies venues de nulle part et qui souvent balayeront le monde de l'informatique : « *les gens insatisfaits des grandes compagnies dans lesquelles ils travaillent peuvent quitter, et démarrer les leurs, prendre de grands risques et éventuellement faire fortune. Je crois que tout cela est vraiment magnifique.* »

Cray fera école.

Steve Chen, un de ses employés, concevra deux superordinateurs à multiprocesseurs, le Cray X-MP et Y-MP. Puis Chen fondera sa propre société en 1987 pour mettre au point le SS-1 surperordinateur à 64 processeurs. Une autre approche des superordinateurs utilisera des logiciels perfectionnés plutôt que des circuits puissants pour coordonner des processeurs nombreux et plus lents. Baptisés « massivement parallèles » ces machines de traitement attèlent des centaines, voire des milliers de processeurs à la solution d'un même problème. La Connection Machine de Daniel Hills, terminée en 1985, comportait 65 536 processeurs avec chacun sa propre mémoire, le tout branché en réseau.

Parmi les derniers nés des super : le Roadrunner d'IBM mis au point au coût de plus de 200 M $ au Los Alamos National Laboratory et dévoilé en 2008. Il peut calculer en une semaine ce que la machine la plus rapide il y a dix ans aurait mis vingt ans à accomplir. Vitesse d'opération : un pétaflop, ce qui signifie un million de milliards d'opérations à la seconde ! Deux fois plus rapide donc que la BlueGene/L toujours d'IBM, le plus rapide des superordinateurs au moment de la sortie du Roadrunner qui affichait une puissance de calcul de 478 téraflops en moyenne, et de 596 téraflops en pointe. Première application : la simulation d'explosions nucléaires au Los Alamos Laboratory du Nouveau Mexique. Mais des versions commerciales seront prochainement sur le marché, notamment pour la modélisation des activités financières, les prévisions climatiques et la recherche dans les domaines énergétique et astronomique, la conception de matériaux, l'exploration pétrolière, l'industrie automobile et l'aéronautique. Soulignons qu'on n'en est pas encore à la miniaturisation dans ce secteur puisque le Roadrunner occupe une superficie de 1 115 mètres carrés (12 000 pieds carrés). Sans oublier la Chine, qui dans ce secteur comme dans bien d'autres, ne cesse d'étonner le monde. En 2010, ce pays de 1,2 milliard d'habitants a été propulsé à la seconde place dans le Top 500 du classement des supercalculateurs les plus puissants de la planète. *Nébuleuse*, *Xingyun* en chinois, opère à 1,27 pétaflop, c'est-à-dire à 1,27 million de milliards d'opérations par seconde. Elle n'est dépassée que par *Jaguar*, une machine américaine installée à l'Oak Ridge National Laboratory qui performe à 1,75 pétaflop. À titre statistique, les Américains ont toujours la suprématie dans ce domaine puisqu'ils possèdent 282 des 500 premiers calculateurs de l'univers, l'Europe en comptant 144. Terminons en soulignant que l'esprit de Cray est toujours présent dans l'univers des superordinateurs puisque les Japonais travaillent à mettre au point un ordinateur opérant à 10 pétaflops, soit une vitesse dix fois plus rapide que le Roadrunner. On parle ici d'une performance à peine concevable de dix millions de millards à la seconde ! Que dire de ce laboratoire à Louvain dédié à la prochaine génération de supercalculateurs qui devrait voir le jour autour de 2020 ? Qui manipulera des exaflops, c'est-à-dire un milliard de milliards d'opérations à la seconde ?

Backus et Kemeny donnent la parole à Fortran et Basic.

En 1957, quand le langage informatique[14] Fortran fit son apparition, les spécialistes estimèrent qu'il représentait un tournant capital pour l'informatique, au même titre que l'invention du microprocesseur pour la conception d'ordinateurs.

Désormais, les communications entre humains et ordinateurs s'appuyaient sur un niveau de langage significatif, compréhensible pour les utilisateurs. À vrai dire, le Fortran fut le premier véritable langage informatique.

Étudiant raté en chimie, puis en médecine, combattant durant la Seconde Guerre mondiale, opéré pour une grave tumeur au cerveau, John Backus tarda à trouver sa voie. Embauché presque par hasard par IBM, celui qui, au fil des ans, avait acquis une formation de mathématicien,

14 Programme servant à écrire avec un nombre fini de symboles, de mots et de conventions une suite d'instructions traitant une tâche donnée qui, une fois convertie en langage machine, est exécutable par l'ordinateur. Source : Larousse, ibid.

mit au point le premier langage d'envergure pour les ordinateurs, le Fortran, et élabora les règles grammaticales pour les langages à venir connues sous le nom de « Backus-Naur Form ».

Quelques mots au sujet des langages informatiques. Les ordinateurs ne comprennent que des séquences de nombres. Le but ultime de tout langage d'ordinateur est donc de traduire les commandes de l'utilisateur en nombres interprétables par l'appareil. On distingue deux grands types de langages d'ordinateurs : le langage assembleur et les langages de haut niveau.

Le langage assembleur permet d'accéder directement à l'ensemble des possibilités du matériel au prix d'une certaine complexité, et d'une lenteur de programmation. Les langages de haut niveau, tels le C, Pascal, Basic et bien sûr le Fortran, simplifient les tâches du programmeur en lui masquant les détails complexes du matériel, et en groupant plusieurs commandes de bas niveau en instructions très puissantes.

Le langage informatique agit donc comme intermédiaire entre le langage humain, désirant faire exécuter certaines fonctions à l'ordinateur, et le langage machine, le seul que comprend l'ordinateur et qui est une séquence de chiffres limitée de 0 à 1.

L'Américain John Backus, qui vit le jour à Wilmington au Delaware, était le fils d'un négociant en valeurs mobilières. Adolescent difficile, notamment dans ses relations familiales, non conformiste et rebelle, il abandonna ses cours à l'Université de Virginie. Il avouera plus tard que le fait d'avoir fréquenté une école privée, le Hill School de Pennsylvanie, lui avait fourni l'occasion d'enfreindre tous les règlements en vigueur dans cette institution.

Nous sommes en 1943. Les États-Unis ont déclaré la guerre au Japon. John Backus est appelé à servir dans les forces armées. Mais ses tests de quotient intellectuel sont à ce point élevés, que l'armée le réoriente dans trois universités où des budgets gouvernementaux financent les surdoués comme lui. Il y étudiera de nombreuses matières : médecine et ingénierie, entre autres. La guerre terminée, Backus a trouvé son champ d'études : les mathématiques. Il s'inscrit alors à l'Université Columbia où, en 1950, il décroche une maîtrise dans cette discipline. Il trouve facilement à se placer chez IBM, à New York, à titre de programmeur. Les ordinateurs à l'époque, on le sait, occupent une pièce entière.

Il réalise, chez IBM, que les modes de programmation alors en vigueur sont insatisfaisants. Rappelons qu'à l'époque, on programmait directement en langage machine en entrant les données dans l'ordinateur au moyen d'interrupteurs ou de cartes perforées. Avec une équipe de jeunes scientifiques dans la vingtaine et la jeune trentaine, il met alors au point cette langue pour ordinateurs dont il puise la base conceptuelle dans la sténographie et l'algèbre. Le nom Fortran provient de l'anglais *Formula Translator* qui signifie « Traducteur de formule ». Les scientifiques, alors principaux utilisateurs des ordinateurs, n'étaient aucunement dépaysés par ce langage informatique, puisqu'il s'inspirait de formules mathématiques utilisées régulièrement par les ingénieurs et autres spécialistes des sciences exactes.

Le succès du Fortran est instantané. En moins de deux, le langage rejoint rapidement quelque 95 % des personnes qui à l'époque utilisent un ordinateur. Avec le projet Fortran, John Backus venait de résoudre deux problèmes fondamentaux de la science informatique : faciliter la programmation et structurer les codes appropriés pour y parvenir.

Pour noter et décrire la structure des langages informatiques, un peu comme une grammaire pour les langues courantes, John Backus s'associera à un scientifique danois, Peter Naur. Ce travail sera connu sous le nom de formalisme Backus-Naur.

Un mot sur Peter Naur.

Ce Danois d'origine, né en 1928, débuta sa carrière comme astronome après des études de doctorat. Mais sa rencontre avec les ordinateurs dans les années cinquante allait changer sa vie. De 1959 à 1969, il est employé par la Regnecentralen, l'Institut danois d'informatique. Il donne également des conférences au célèbre Institut Niels Bohr de Copenhague. Pendant trente ans, il enseignera en sciences informatiques à l'Université de Copenhague. Son champ d'activité concernait l'ingénierie des logiciels. Ses positions sur les logiciels, compilées dans le volume *Computing: A Human Activity*, paru en 1992, rejettent catégoriquement l'école de pensée voulant que la programmation relèverait des mathématiques.

Il prend aussi ses distances par rapport à son importance dans la conception de la grammaire du logiciel l'associant à John Backus. Scientifique assez modeste, ce qui est rare, il préférait que les fameuses normes de programmation soient simplement désignées par le terme : *Backus Normal Form*. Autre avancée pour ce descendant de Vikings pour qui rien n'est simple : il s'oppose à l'expression « sciences informatiques » pour la remplacer par « *datalogy* », un terme qui fut adopté dans son pays. La Suède suivra avec le terme dérivé « *datalogi* ».

Tous les langages informatiques qui suivront seront rendus possibles grâce au travail pionnier du Fortran et à ce formalisme Backus-Naur. Le découvreur John Backus décédera le 17 mars 2007, à l'âge de 82 ans.

En guise d'épitaphe, Alex Aiken, enseignant à Stanford, précisera que le grand mérite de Backus aura été de développer un système de programmation qui, plutôt que de donner des instructions point par point à l'ordinateur, mettait l'accent sur la description du problème que l'utilisateur souhaitait voir résolu par la machine.

À l'aide du langage Fortran, John Backus devait marquer d'autres points en inspirant la création du langage, qui pendant des décennies, fut le plus employé par les non initiés : le BASIC.

Un mot sur son créateur.

John Kemeny, Juif hongrois, dut fuir son pays natal pour se réfugier aux États-Unis durant la guerre. Contrairement à sa famille, qui fut exterminée, il échappa de peu à la mort. Étudiant en philosophie et en mathématiques à Princeton, il travailla sous la direction de Richard Feynman au projet Manhattan, pour la mise au point de la première bombe atomique, et y côtoya le grand John von Neumann. Après le conflit, Kemeny retourna à Princeton où il travailla en tant que mathématicien et assistant d'Albert Einstein.

En 1953, fort d'un doctorat en mathématiques, il joint le Dartmouth College pour œuvrer dans sa spécialité. C'est dans ce lieu de haut savoir qu'il rencontre Thomas Eugene Kurtz, un spécialiste en sciences informatiques et docteur de Princeton. Les deux échangent beaucoup, notamment sur les difficultés qu'éprouvent les étudiants face aux ordinateurs. Les langages de programmation permettent de définir l'ensemble des instructions effectuées par l'ordinateur lors de l'exécution d'un programme. Encore faut-il que cette langue de programmation soit accessible au plus grand nombre, ce qui n'était pas le cas avec Fortran qui s'adressait à une catégorie très pointue de spécialistes : physiciens, ingénieurs et autres scientifiques.

Kemeny et Kurtz font des essais en matière de langage informatique. De leurs cerveaux bien armés sortira une première expérimentation nommée LGP-30, un banc d'essai pour ce qui devait suivre.

En donnant à son futur langage le nom de *Basic*, Kemeny se référait à un concept depuis longtemps ressassé par des linguistes anglophones pour la simplification de leur langue. Ils souhaitaient que l'anglais, langue universelle, rejoigne davantage de gens. Charles Kay Ogden, entre autres, avancera l'idée de *l'anglais basic*, ou anglais de base, un sous-ensemble très restreint de 850 mots avec ses propres règles grammaticales. Le *Globish* proposé par Madhukar Gogate prolongera le projet de Ogden en proposant de simplifier radicalement l'orthographe de la langue et même sa prononciation.

Familiers de l'informatique, Kemeny et spécialement Kurtz, étaient bien au fait des débats et des essais au sujet d'une langue simplifiée. Pourquoi alors ne pas appliquer cette approche pour une langue informatique, pensèrent-ils.

En 1964, avec l'aide financière de la National Science Foundation, nos deux enseignants en mathématiques rendent publique une langue destinée à faciliter l'accès à la programmation des gros ordinateurs utilisant Fortran. Comme on s'en doute, cette langue se nomme BASIC.

BASIC est l'acronyme de Beginner's All Purpose Symbolic Instruction Code, littéralement Code d'instruction symbolique tout usage pour débutant. Dès son lancement, ce langage très simple d'utilisation connut un énorme succès. Tiny BASIC et surtout Microsoft BASIC furent extrêmement populaires. Dans les années 1970-80, on le trouvait sur tous les micro-ordinateurs comme le TRS-80, le célèbre Apple II, le Sharp MZ80-K et le Z80 de Sinclair. Langage précis, simple et facile à comprendre, BASIC, à la différence de FORTRAN, présentait un avantage majeur : offrir à chaque étape des instructions condensées avec une syntaxe indépendante. Bien que d'autres langages aient aujourd'hui pris la relève, nous pensons entre autres à Visual Basic, le BASIC reste tout de même un des langages les plus simples à utiliser pour résoudre rapidement de petits problèmes d'arithmétique et d'analyse numérique.

L'invention de Kemeny et de Kurtz ne les rendit pas millionnaires, loin de là. Tous deux poursuivirent une carrière sereine dans l'enseignement et dans divers postes administratifs. Mais à des milliers de kilomètres de là, un certain Bill Gates savait parfaitement que le langage BASIC des deux K possédait un énorme potentiel. Comme on le verra, il sut en profiter.

Bob Bemer, père du Code ASCII et du Cobol

Décédé en 2004, Bob Bemer fut incontestablement un pionnier de la grande informatique. C'est lui qui le premier, en 1971, lança une mise en garde mondiale contre le fléau annoncé de l'an 2000 baptisé Y2K, Y pour *year,* année, 2 K pour 2 kilos ou 2000. Cette mise en garde du millénaire, renouvelée en 1999, et largement amplifiée au tournant du siècle, devait mobiliser des milliers de techniciens sur la planète entière pour ajuster le calendrier de l'armada informatique planétaire, une opération qui coûta au bas mot entre 300 et 600 G $. Heureusement, cette maladresse technologique n'eut pas la dimension apocalyptique

que les chantres habituels de la fin du monde prochaine voulurent bien lui donner. Cette menace baptisée « bug du millénaire », était née d'une négligence des informaticiens et d'une perspective d'économie de bout de chandelle : pressés de programmer les premières machines au cours des années 60 et 70, les techniciens n'avaient utilisé que deux chiffres au lieu de quatre pour désigner les années ! Le 1er janvier 2000 pouvait ainsi être lu par ces machines comme le début de l'année 1900, menaçant ainsi de paralyser tous les appareils électroniques programmables.

Rappelons qu'il devait revenir à un ancien ingénieur d'IBM, Peter de Yaeger, d'ouvrir un centre d'information sur Y2K en 1995, et d'alerter la communauté mondiale sur les risques de disfonctionnement de matériel si les conversions n'étaient pas effectuées. Le tout devait aboutir aux États-Unis où l'on adopta la loi dite Clinger-Cohen, de mise en conformité des systèmes d'information par rapport aux directives gouvernementales.

Mais revenons à Bemer. Plus important que l'affaire du *Y2K Bug*, Bemer apporta une contribution majeure à l'informatique en inventant le code[15] ASCII et en participant à la conception du langage Cobol.

Né à Sault Ste Marie au Michigan en 1920, Bemer débuta sa carrière en 1949 en tant que programmeur pour la Rand Corporation, puis pour IBM et Honeywell. C'est lorsqu'il travaillait pour IBM dans les années 50 et 60 qu'il apporta une contribution majeure à l'élaboration du code ASCII, sorti en 1961.

ASCII est l'acronyme de *American Standard Code for Information Interchange/Code américain standard pour l'échange d'nformations*. Ce fut le premier codage largement répandu. Cette nécessité de coder les télécommunications lors d'échanges est née avec la télégraphie. En effet, le morse, mis au point par Samuel Morse en 1844, qui associe l'alphabet latin à une série de pressions longues et courtes sur le manipulateur du

15 Un code est l'association, si possible biunivoque, élément par élément, d'une nomenclature et d'un système de représentation. Source : Larousse, ibid.

télégraphe, est l'un de ces codes, le premier en sorte, à permettre une communication longue distance. Le téléscripteur, apparu en 1874, permettait de coder et de décoder des caractères grâce au code Baudot sur 5 bits.

Le code ASCII code les lettres, les chiffres et autres symboles en une suite de sept nombres entiers qui se limitent à 0 et 1. Si un tel codage n'existait pas sur Internet, par exemple, tout document transmis se transformerait en un véritable fouillis. Sans code ASCII, inutile de penser aux courriels, aux imprimantes laser ou aux jeux vidéo.

Ce codage fut donc la première percée de portée mondiale de Bob Bemer. Mais sa contribution au monde de l'informatique sera double, puisqu'il joua un rôle majeur dans la construction du langage COBOL.

En 1959, le département de la défense des États-Unis réunit les six grands constructeurs informatiques du pays : Burroughs Corporation, IBM, Honeywell, RCA, Sperry Rand et Sylvania Electric pour initier le vaste projet de se doter d'un langage informatique commun, indépendant des constructeurs, aux fins d'applications de la gestion de l'administration américaine. Ce langage verra le jour l'année même de la rencontre, et ce, pour une raison simple : il s'inspirait largement du langage FLOW-MATIC inventé par Grace Hopper, dont nous avons vu le rôle dans le chapitre sur Aiken. On la surnomma même la « mère du langage COBOL ».

Langage de troisième génération, le COBOL est de loin le langage le plus employé des années 1960 à 1980. Il reste largement utilisé dans les grandes entreprises notamment les institutions financières. En 2005, on estimait que 75 % des données du monde des affaires étaient traitées par ce type de programmes. Cette belle victoire de Bob Bemer vient s'ajouter à plusieurs inventions et projets de toutes sortes qu'il réalisa durant sa vie. Il suffit d'évoquer la conception 3D sur ordinateur, lorsqu'il travailla pour Lockheed, ou son intérêt manifesté pour le concept d'ordinateur à temps partagé.

Sur son site WEB, Bemer se définissait ironiquement comme étant *consultant en logiciel informatique, futuriste et raconteur*. Sa vie, qui s'acheva en 2004, prouva qu'aucun des titres ou termes qu'il avait utilisés pour se définir n'avait été usurpé.

Si tous les ordinateurs du monde…

Au début des années 2000, les scientifiques sont dans une impasse. Les recherches exigent énormément de puissance en calcul, et les superordinateurs deviennent financièrement inaccessibles. C'est alors que surgit l'hypothèse de coupler les ordinateurs pour additionner leur puissance, et en faire ainsi un hyperordinateur.

Le constat qui s'imposait était qu'un PC standard utilisait moins de 10 % de sa puissance au quotidien. Qu'est-ce qui empêcherait alors de récupérer la puissance inutilisée, de regrouper le tout en réseau et de mettre cette puissance gigantesque au profit de travaux exigeant une très forte puissance de calcul ? Le même raisonnement en somme qui créa au XIXe siècle le mutualisme des banques en Allemagne et au Québec, avec la fondation des Caisses d'Alphonse Desjardins. La logique du regroupement de forces faibles pour créer des mégapuissances dans le monde économique migra vers l'informatique : comment faire de grands ordinateurs avec une foule de petits ?

Cette approche remontait aux problèmes rencontrés par Bob Taylor en 1965. Directeur du département informatique de l'ARPA (rétro-acronyme d'ARPANET, le prédécesseur d'Internet), il disposait de nombreux ordinateurs aux quatre coins des États-Unis. Parfois, certains n'étaient pas utilisés alors que d'autres étaient surchargés. D'un côté, on avait de la puissance de calcul disponible, de l'autre on en manquait, un peu comme avec l'argent. Taylor inventa alors une sorte de système bancaire de la puissance de calcul, un réseau pour faire circuler cette puissance, la rendre accessible là où elle était nécessaire. L'idée de la grille informatique était née.

Il s'agit en fait d'une infrastructure virtuelle constituée d'équipements techniques d'ordres matériel et logiciel. Cette infrastructure est virtuelle, car les entités qui la composent n'existent pas sur le plan matériel, mais uniquement d'un point de vue logique. Il faut distinguer la grille informatique ou *grid,* qui est un ensemble de ressources hétérogènes et délocalisées géographiquement du *cluster,* qui est un ensemble d'ordinateurs homogènes, localisés et organisés en grappes, par exemple, à l'intérieur d'une même entreprise.

Mais cette expérience de regrouper en réseau des ordinateurs s'amorça réellement en 1999 avec le projet Seti (*The Search for Extraterrestrial Intelligence*). Il s'agissait d'une recherche d'analyse de signaux intergalactiques dont l'objectif était de prouver l'existence d'une intelligence extraterrestre. On connecta ainsi 160 000 ordinateurs personnels pour analyser des signaux provenant de l'espace. La méthode allait faire école puisqu'actuellement, cette approche dite de la grille informatique ou *grid* se retrouve derrière un grand nombre de projets scientifiques.

La recherche de nouveaux médicaments exige de grandes capacités de calculs. Ainsi, en 2005, quelque 5 000 calculateurs dans 27 pays se regroupèrent au sein du projet W*isdom* pour mettre au point des médicaments destinés à soigner des maladies négligées comme le paludisme. Le projet en physique Egee, amorcé en 2003, regroupe, à lui seul, 33 000 calculateurs de Suisse, des États-Unis et de France et traite les données de l'accélérateur de particules du Cern ou Centre européen de recherche nucléaire. Autre grille de calcul, le projet baptisé *Spruce*, a été conçu pour analyser les catastrophes, lancer des programmes de simulation, et déterminer si l'évacuation des populations s'impose.

Cette pratique de la grille informatique étendue de nos jours à une foule de domaines, comme nous l'avons vu précédemment, est issue principalement de l'initiative de trois brillants chercheurs américains : Ian Foster, Carl Kesselman et Steve Tuecke.

Ian Foster, pionnier dans le domaine des *grids* comme les désignent nos voisins américains, fut nommé en 2005 par le magazine *Network World « l'une des 50 personnalités les plus influentes dans le domaine informatique »*.

Né en Nouvelle-Zélande, il est considéré comme le *père du grid*. Directeur du département de mathématiques et de science informatique à l'Argonne National Laboratory, il est aussi enseignant en science informatique à l'Université de Chicago. En fait, tout découle de l'algorithme qu'il a mis au point pour la mise en commun des ordinateurs, lequel algorithme fut testé en 1995 en reliant quelques 17 superordinateurs d'Amérique du Nord.

Précisons qu'un algorithme est un ensemble de règles opératoires qui permettent la résolution d'un problème par l'application d'un nombre fini d'opérations. La formulation d'un algorithme, comme le précise l'excellent dictionnaire d'informatique du Québécois Michel Grenié, précède la réalisation informatique d'un programme et est en général indépendante du langage de programmation choisi. Très conscient, comme le veut un vieux proverbe de l'ouest américain, « qu'il est plus facile de conduire un attelage avec deux bœufs qu'avec mille poulets », Foster opta néanmoins symboliquement pour l'attelage de volatiles. La solution de l'avenir consiste précisément à interconnecter des stations de travail en grappes pour constituer des superordinateurs à peu de frais. Dans le cas qui nous préoccupe, la mise en réseaux d'ordinateurs, l'algorithme décrit une procédure de calcul spécifique permettant d'obtenir une relation entrée/sortie.

Au fil des ans, Ian Foster collecta moult distinctions comme la prestigieuse médaille Lovelace de la British Computer Society et le Gordon Bell Prize, en plus d'être fellow de la Société américaine pour l'avancement des sciences. En 2004, Ian Foster a fondé sa propre compagnie, Univa Corporation, une maison spécialisée dans la conception de logiciels livrés avec code source.

Carl Kesselman, deuxième mousquetaire de l'équipe, est sorti du même moule que Foster : en résumé, des diplômes en chaîne et des innovations en continu dans les grandes boîtes informatiques. Côté diplômes, un baccalauréat en génie électrique à l'Université de Buffalo, une maîtrise, toujours en génie électrique au Southern California et enfin un Ph. D en sciences informatiques à la même université de la côte ouest. Associé à son copain Foster, il initie le Globus Project, ou Global Alliance. Si la création de ce projet, dédié au développement de technologies reliées aux ordinateurs en réseaux, remonte à 1995, il faudra attendre 2003 pour la fondation officielle du regroupement. Soulignons que le laboratoire Argonne, relié à l'Université de Chicago, de même que l'Université d'Édimbourg et l'Institut royal de technologie de Suède sont de la partie. En 2006, un doctorat *Honoris causa* de l'Université d'Amsterdam couronna Kesselman de manière importante, en faisant connaître son apport inestimable dans le domaine de la grille informatique.

Steve Tuecke, qui couronne ce brillant trio, débuta sa carrière en 1990 aux côtés de Foster, à l'Argonne National Library. Un mot sur cet institut des plus prestigieux.

Situé à quelques kilomètres de l'Université de Chicago, ce centre de recherche du ministère américain de l'énergie a pour vocation principale de procéder à des modélisations informatiques dans les domaines de la science physique, de la biologie et des sciences de l'environnement. Quelque 1 000 étudiants de deuxième cycle et de niveau post doctoral y accèdent à une formation. Ce n'est donc pas un hasard si l'on y retrouve l'un des plus puissants ordinateurs de l'univers, l'IBM Blue Gene, dont la puissance de calcul dépasse le pétaflop, c'est-à-dire un million de milliards d'opérations à la seconde.

En 1995, Tuecke joue un rôle de premier plan dans la mise sur pied du premier réseau permanent d'ordinateurs. Il est reconnu, en 2003, par le magazine *InfoWorld*, comme « l'un des dix plus importants innovateurs sur le plan technologique ». La grille informatique est porteuse de tous les espoirs. Avec son extension, c'est l'équilibre mondial de la recherche qui pourrait être réajusté. Dans un avenir prochain, on pourrait en effet voir s'établir un équilibre parmi les laboratoires du monde en termes d'outils de travail, car la grille donne la possibilité à des équipes de pays moins développés de participer à de grands projets de recherche. Comme le souligne Girolamo Ramunni, historien des sciences et des techniques : « *Il faut imaginer un rapide essor de certains laboratoires dans les pays en développement. Car demain, avec les grilles, des équipes inconnues pourront peut-être émerger en très peu de temps* ». « *Si tous les gars du monde voulaient s'donner la main* » écrivait, il y a longtemps, le poète Paul Fort. Si les hommes n'y sont pas encore parvenus, les ordinateurs l'ont fait, grâce à des aventuriers du savoir comme Foster, Kesselman et Tuecke, et avec les résultats heureux que l'on connaît.

CHAPITRE 6

Les révolutionnaires

À la fin du XVIIIe siècle, à Manchester en Angleterre, un regroupement de scientifiques, de technologues, d'hommes d'affaires et de libres penseurs se réunissaient chaque mois à la pleine lune avec la volonté affichée de changer le monde. Ceux qu'on baptisa les *Luna Men* réussirent leur pari. Matthew Boulton, James Watt, Josiah Wedgwood, Erasmus Darwin, aïeul du père de l'évolutionnisme, et Joseph Priestley, réussiront à changer le cours de l'histoire en jetant les bases de la Révolution industrielle, rien de moins

Presque deux cents ans plus tard, l'histoire allait se répéter.

Quand en 1977 apparurent sur les marché les premiers ordinateurs personnels, les fameux *home computers* sous la marque Apple II, au prix de 1 300 $ pièce, bien peu de gens dans le monde pensèrent que, trente ans plus tard, le petit appareil domestique, fruit de l'initiative d'une dizaine de surdoués, allait rejoindre un milliard de personnes et que nos habitudes de vie allaient changer radicalement pour toujours.

Assez prophétiquement, le magazine *Rolling Stone,* cinq ans auparavant, avait prévu le coup en écrivant : « *Ready or not, computers are coming to the people. That's good news, maybe the best since psychedelics* ». *(Prêt pas prêt, les ordinateurs domestiques arrivent. Ce sont de bonnes nouvelles, peut-être les meilleures depuis l'avènement du psychédélique).* Oui, vraiment une bonne nouvelle pour la planète entière.

Mais qui donc inventa le micro-ordinateur ?

La question de l'antériorité au chapitre des inventions ne date pas d'hier. Tout au long de l'Histoire, des hommes et des institutions se sont affrontés pour faire reconnaître leurs prérogatives concernant une découverte donnée. Quand certaines idées sont dans l'air, elles le sont généralement pour plus d'une personne, avec des conséquences souvent tumultueuses.

Le Suisse Bürgi inventa-t-il les logarithmes avant Napier ? Qui de Leibniz ou de Newton conçut le calcul infinitésimal au XVIIe siècle ? Peut-on concevoir que le grand mathématicien Henri Poincarré formula avant Einstein les bases conceptuelles et mathématiques sur lesquelles s'élabora la théorie de la relativité restreinte ? Le Français Clément Ader précéda-t-il les frères Wright en faisant voler le premier avion ? Qui de Max Gallo ou de Luc Montagnier isola le premier le rétrovirus du sida dans les années 1980 ? Toutes ces questions passionnantes ont le mérite d'occuper les historiens et de vendre de la copie. L'invention du micro-ordinateur[16], on le devine, n'échappe pas à ce type de polémique.

La version la plus répandue sur la naissance de cet appareil concerne Ed Roberts et son ordinateur en kit Altair. La réalité, comme nous le verrons, est plus complexe. Tentons donc de démêler l'écheveau.

En 1968, Datapoint Corporation est fondée par deux ingénieurs, Phil Ray et Gus Roche qui ont acquis une vaste expérience en travaillant sur des projets de la NASA, l'Administration nationale de l'aéronautique et de l'espace, qui posera les premiers hommes sur la Lune.

Sur les conseils d'un professeur de l'Université du Texas, ils entreprennent de fabriquer un ordinateur de format réduit qui pourrait servir de terminal aux gros ordinateurs, les fameux *mainframe computers*. Dotés d'un clavier silencieux, on se servait jusque-là de bruyants télétypes, et d'un écran de télévision pour la lecture des données, l'appareil pourrait facilement se brancher en ligne avec un gros ordinateur. En 1969, trois

16 Ordinateur construit autour d'un microprocesseur auquel on adjoint l'environnement, logiciel et matériel, nécessaire au traitement complet de l'information. Source : Larousse, ibid.

prototypes sortent donc de l'atelier. On les nomme Data Point 3300. Les demandes affluent pour cet ordinateur qui a toutes les apparences des PC à venir. Le Data Point 2200 suit. Version améliorée, il va sans dire, puisqu'il possède sa propre mémoire. Un premier microprocesseur est même conçu pour répondre aux exigences de l'appareil. Victor D. Pool et Harry Pyle travailleront sur ce chip qui inspirera plus tard Intel pour créer le fameux 8008.

Malheureusement, les problèmes techniques s'ajouteront aux problèmes financiers et le Data Point 2200 ne démarrera jamais vraiment comme véritable micro-ordinateur grand public. Mais la transition des gros et mini-ordinateurs vers le micro était amorcée. La leçon ne sera pas oubliée.

Second pionnier au tableau : John V. Blankenbaker.

Dès ses années d'études collégiales, John s'intéresse à cette nouveauté qu'est le calcul numérique. Au sortir d'études en mathématique et physique, Blankenbaker est embauché par Hughes Aircraft. On lui confie la tâche de concevoir une unité arithmétique opérant en décimale codée binaire, avec flip-flop électronique. John réalise le projet avec un minimum de pièces électroniques. Il tente sans succès de breveter le procédé. Nous sommes en 1955 et fort de cette expérience, le jeune prodige a l'idée d'un calculateur pouvant être fabriqué pour moins de 500 $. L'idée restera en veilleuse jusqu'en 1970. À ce moment, et sans doute influencé par les idées qui circulent sur la micro-informatique, il entreprend de réaliser un petit ordinateur à bas prix. Il faut dire que les coûts des composants électroniques ont chuté. Comme le microprocesseur n'a pas encore été inventé, le premier, le 4004 d'Intel, ne sortira qu'en septembre 1971. Son unité centrale est entièrement réalisée à l'aide de quelque 130 éléments (transistors, résistances etc.) assemblés sur une plaquette unique. L'ordinateur travaillait sur 8 bits, opérait à 1 000 instructions par seconde et sa mémoire interne atteignait 25 bits. Nommé Kenbak-1, à partir de quelques lettres de son nom, cet appareil est incorporé à la compagnie qu'il fonde en septembre 1971. Conçu comme un outil éducatif pour former les collégiens aux traitements informatiques, il se programmait à l'aide d'interrupteurs et n'avait pas réellement de fonction pratique. Il se détaillait 750 $. Kenbak Corporation en vendit une quarantaine d'exemplaires avant de fermer ses portes en 1973.

Troisième franc-tireur : Jonathan Titus. Étudiant en chimie au niveau du doctorat au Virginia Polytechnic au début des années 70, Titus utilisait des mini-ordinateurs de l'institution, notamment le modèle DEC PDP-8/L. Assez habile sur ces appareils, au point même de créer des programmes, Titus caressait le désir de posséder son propre ordinateur. Le coût d'un mini à l'époque était d'environ 6 000 $, montant très éloigné du budget moyen d'un amateur. Il était inutile de tenter de concevoir un appareil de ce type à la circuiterie des plus complexes. Mais nous sommes en 1973. L'année précédente, Intel avait mis en marché le microprocesseur 8008 contenant 3 500 transistors au coût de 125 $ chacun. Jonathan Titus s'en procure donc trois, les assemble en un habile bricolage. Mais comme il n'a aucun moyen d'établir une mémoire de type PROM (*Programmable Read-Only Memory*) il bricole donc sur le panneau avant de l'appareil un système d'interrupteurs accompagnés de voyants lumineux qui lui serviront à créer de petits programmes.

À sa grande suprise, le tout fonctionne. Il lui faut baptiser son invention. Comme il s'agit d'un processeur à 8 bits, il nomme donc son appareil Mark-8. Voulant faire partager son invention, Titus propose un article au magazine *Popular Electronic* qui refusa de le publier. Son concurrent direct, *Radio Electronics*, accepte de publier les données techniques du Mark-8. Les applications de ce premier micro sont à toutes fins pratiques inexistantes. Son plus grand mérite sera d'initier des milliers de lecteurs au monde de l'informatique, et de tracer la voie à l'ordinateur maison.

On peut facilement imaginer qu'Ed Roberts avait pris connaissance de l'initiative de Jonathan Titus. Puisque pas moins de deux ans plus tard, il refait le parcours de ce dernier en offrant, comme nous le précisions en début de texte, un ordinateur similaire dans *Popular Electronics*, à la différence qu'il offre toutes les pièces de l'appareil accompagnées d'un plan de montage. Qui se rappelle d'Ed Roberts aujourd'hui ? À vrai dire, personne. Dans le numéro de janvier 1975 du magazine *Popular Electronics,* il publia un long article avec photo au sujet d'une machine baptisée Altair 8800, qu'on offrait aux acheteurs par correspondance. Cette année-là, les États-Unis et l'Europe occidentale possédaient un parc informatique totalisant environ 190 000 ordinateurs. L'initiative de Roberts, qui allait contribuer à lancer la révolution du micro, allait amener 33 ans plus tard un milliard de personnes à posséder un tel appareil.

Dès son plus jeune âge, Ed Roberts s'était passionné pour l'électronique, au point de joindre l'U.S. Air Force pour se spécialiser dans le domaine. En 1968, il fonde, au Nouveau-Mexique, la compagnie MITS, spécialisée dans la vente par la poste de transmetteurs radio pour modèles réduits. En 1975, la commercialisation du petit ordinateur Altair par la société de Roberts devait marquer, aux États-Unis, le point de départ du développement des micro-ordinateurs et de l'informatique individuelle, et faire de Roberts une véritable vedette. Vendu en pièces détachées au prix assez élevé, pour l'époque, de 398 $, Altair devait être prêt pour Noël 1974 avec une projection de ventes de 300 à 800 exemplaires. Finalement, la sortie eut lieu en janvier 1975 et dès le mois de mars, 1 500 exemplaires avaient été expédiés. Ce qui amènera la compagnie à ouvrir en juillet 1975, à Los Angeles, son premier magasin de détail. N'ayons pas peur des mots : sans doute la première boutique de micros au monde. Dernier pionnier au tableau : Clive Sinclair, lequel apportera, dans le monde anglo-saxon, hors des États-Unis et avec une politique de bas prix sans précédent, l'ordinateur accessible à tous !

Ce Britannique avait l'énorme avantage d'être né surdoué sur le plan intellectuel : il sera président de Mensa de 1980 à 1997, regroupement mondial des personnes dont le quotient intellectuel dépasse 132, un groupe constituant moins de 2 % de l'humanité. Depuis 1958, Sinclair dirigeait sa compagnie, Radionics, une entreprise produisant divers gadgets électroniques : calculatrices et autres. Son Sinclair ZX80, sorti fin des années 70 début des années 80, allait faire un tabac.

Né d'une lignée d'ingénieurs, pratiquant avec entrain voile et natation durant sa jeunesse, autodidacte dans l'âme et heureux au sein de sa famille au point de fuir tout ce qui lui était étranger, Clive excelle en mathématiques. Cependant, des problèmes financiers familiaux l'amènent à occuper divers petits emplois dont un, dans une compagnie d'électronique qui décidera des débuts de sa vie professionnelle. Âgé de 18 ans, il décide de vendre par la poste de petits kits électroniques, et ce, tout en écrivant des livres d'initiation à l'électronique. Nous sommes à la fin des années 50. L'électronique, radio transistors aidant, passionne tous et chacun. La compagnie de Sinclair connaît énormément de succès et la prospérité est au rendez-vous.

Le meilleur reste pourtant à venir.

À la fin des années 70, sa compagnie, Science of Cambridge, lance l'idée d'un ordinateur qui se vendrait 100 livres sterling. Le ZX80, conçu par Jim Westwood, est lancé en février 1980. En 1982, la compagnie Timex, de manière surprenante, obtient une licence de fabrication de l'appareil. On engrange les profits. Jusqu'en 1986, date de la vente de la compagnie, Sinclair sortira plusieurs modèles de son appareil qui se vendra à 50 000 exemplaires. Rien à voir évidemment avec le commerce actuel. Mais le ZX 80 contribuera fortement à implanter le désir et la nécessité de l'ordinateur maison. Dans les années 90, Clive Sinclair s'attaquera au domaine du transport en inventant et mettant en marché de nombreux véhicules, du vélo électrique baptisé Zike à la bicyclette pliante.

Pake et son PARC chez Xerox

Au cours des années 70, une page de l'histoire de l'informatique personnelle fut écrite dans les collines au sud de Cupertino, en Californie, siège du centre de recherche avancée de la société Xerox surnommé le PARC, acronyme de *Palo Alto Research Center.*

Cette décennie, marquée par la grande crise du pétrole, voit l'entrée en force du néolibéralisme. Au même moment, une machine étrange voit alors le jour chez Xerox. Baptisé Alto, le dispositif comprend un écran, une interface graphique avec des fenêtres, un petit boîtier avec des roulettes, pour déplacer un curseur à l'écran, et un langage de programmation baptisé *Small Talk*. Mais l'Alto est considéré avec peu d'intérêt par les dirigeants de Xerox. Le prototype est donc remisé et oublié pour un temps. Mais l'avenir, comme on sait, a le temps pour lui.

Drôle de boîte que cette compagnie Xerox.

Connue principalement pour avoir popularisé le photocopieur et fabriqué des imprimantes, la compagnie, basée à Rochester, est apparue à la fin des années quarante sous le nom de Haloid. Sa présence dans le monde industriel s'expliquait par la volonté des dirigeants d'exploiter la xérographie inventée dix ans plus tôt par Chester Carlson, dont nous avons déjà parlé au chapitre sur les inventeurs.

Assez rapidement, les succès de la compagnie s'accumulent. Le lancement du premier photocopieur nommé XeroX Model, suivi de plusieurs autres modèles, balaye littéralement le marché. Au point qu'en 1961, Haloid prend le nom de son produit vedette et devient Xerox.

La compagnie Xerox, il faut le préciser, pouvait pendant vingt ans exploiter exclusivement le brevet de la reproduction xérographique, une innovation extraordinaire permettant la photocopie sur papier ordinaire. Au-delà de ce délai, relativement court à l'échelle de l'univers industriel, la compagnie devait trouver de nouvelles manières de rester présente sur le marché. C'est ce qui explique que Xerox finança généreusement la recherche et l'innovation à hauteur d'investissements dépassant les 100 M $. Toutefois, une orientation dominait le centre : le PARC laissait la plus grande liberté à ses chercheurs et ne leur assignait aucun objectif commercial précis. Le 1er juillet 1970, donc, le Xerox Palo

Alto Research Center ouvre ses portes. La mission est claire : *créer une technologie architecturale nouvelle pour que circule l'information.*

Les chercheurs du centre, nous l'avons dit, ont carte blanche pour prospecter le futur en matière d'automatisation du bureau. Tant et si bien que de nombreux standards technologiques et informatiques, très présents dans nos vies professionnelles, sont issus de ces efforts de recherches. Comme l'immense volet de l'interface graphique[17]. Les fenêtres, par exemple, se traduisant par des documents multiples pouvant être ouverts grâce à une série de zones divisées ou encore les icônes, comme représentations graphiques des différentes commandes. À ces percées extraodinaires il faut ajouter l'imprimante laser qui verra le jour en 1971, un an à peine après le lancement de PARC. Sans oublier les bases d'Ethernet, l'ancêtre d'Internet, un protocole technologique permettant aux ordinateurs de communiquer entre eux.

À l'origine de ce lieu incomparable de recherche, véritable incubateur du monde numérique qui regroupera des centaines de chercheurs, on trouve une personnalité hors du commun, George Pake, physicien de formation, décédé en 2004, entouré de trois informaticiens de génie : Martin Kay, Chuck Thacker et Butler Lampson. Tous des chercheurs exceptionnels qui n'exploiteront pas leurs découvertes à titre personnel.

Rien ne prédisposait d'emblée George Pake à lier son destin, de 1970 à 1986, à une compagnie œuvrant dans la photocopie. Notre homme avait étudié la physique au Carnegie Institute of Technology et à Harvard où il décrocha un doctorat. Des problèmes de santé lui évitèrent le service dans les Forces armées durant la Seconde Guerre mondiale. Mais ce fils d'un professeur d'anglais de l'Université de Kent en Ohio, qui avait vu le jour en 1924, avait de l'ambition. Au point de prendre la tête du département de physique de l'Université de

---

17 L'interface utilisateur graphique est une interface utilisateur d'un système d'exploitation ou d'une application qui tire parti des possibilités graphiques des écrans en affichant les commandes accessibles sous forme d'icônes, de menus déroulants, de fenêtres ou de messages activables par le clavier ou la souris. Source : Larousse, ibid.

Washington après seulement quatre ans passés dans cette institution comme enseignant, alors qu'il n'avait que 28 ans. Puis, de se hisser au poste de vice-recteur de l'institution. Titre qu'il assume de 1962 à 1970. Son talent exceptionnel de gestionnaire attire l'attention de Xerox qui lui confie alors son centre de recherche. Ce choix allait être le bon puisque rapidement George Pake monte une équipe exceptionnelle de chercheurs. Parmi ceux-ci, les informaticiens Kay, Thacker, Deutsch et l'exceptionnel Butler Lampson.

Britannique d'origine et diplômé de Cambridge, Martin Kay était un spécialiste de la linguistique reliée à l'informatique. En 1961, il déménage aux États-Unis pour rejoindre la Rand Corporation en Californie. Rapidement, il fait sa marque dans ce *think tank* en poursuivant des recherches sur la traduction assistée par ordinateur. Puis en 1972, l'Université de Californie l'embauche pour y poursuivre ses recherches. C'est en 1974 qu'il joindra le PARC de Xerox parallèlement à une entrée à Stanford en tant que professeur honoraire. Récipiendaire de nombreux hommages, Martin Kay est une autorité mondiale en matière de traduction par informatique.

Charles P. Thacker, aujourd'hui associé aux laboratoires de recherche de Microsoft, se fera rapidement une solide réputation de leader en recherche au PARC dans les années 70 et 80. Coinventeur d'Ethernet et participant majeur dans la mise au point de l'imprimante laser, il recevra, en 2007, la Médaille John von Neumann pour son rôle central dans la mise au point de l'ordinateur personnel.

Peter Deutsch est l'enfant prodige du groupe. Il débute la programmation à la fin des années cinquante, alors qu'il n'a que onze ans. Son père, un scientifique de haut niveau, rapporte un soir au domicile un mémo au sujet de la programmation d'un accélérateur d'électrons de Harvard. Le texte attise la curiosité de l'enfant qui immédiatement entreprend de copier l'étrange langage permettant de communiquer avec des machines. Tôt inscrit au MIT, il devient un familier de l'ordinateur PDP-1 de l'institution, au point d'y exercer ses talents de *hacke*r. Après un passage à Berkeley, Deutsch joint le PARC où il fait sa marque dans la mise au point du langage *Small Talk*. Puis en 2002, sa passion de l'ordinateur rejoindra son amour pour la musique. Aux dernières nouvelles, l'enfant prodige du PARC se donnerait tout entier à la composition musicale.

Né en 1943, bachelier en physique et docteur en ingénierie électrique et informatique, Butler Lampson joindra également l'équipe de recherche de Microsoft. Après un parcours on ne peut plus impressionnant, Butler sera au cœur du programme de recherche Génie qui débuta en 1964 à l'Université de Californie, une contrepartie du projet MAC initié par le MIT, grand rival de la côte est. En fait, il s'agissait de jeter les bases d'un très grand nombre de technologies de pointe pour l'avancement de l'informatique, et plus précisément, les innovations rattachées au temps partagé entre ordinateurs. Le tout aboutira au milieu des années soixante à la conception d'un ordinateur, le SDS 940, destiné principalement à des applications scientifiques. En 1970, Lampson se joint à Xerox. Fort de son expérience dans le projet Genie, il pond un mémo en 1972, intitulé *Why Alto* ?, dans lequel il lance l'idée d'un ordinateur personnel. Un an plus tard, le prototype expérimental voit le jour. En 1973, George Pake contemple l'ordinateur Xerox Alto sorti de son centre de recherche. Pour des raisons mystérieuses, l'appareil ne sera jamais commercialisé. Pourtant, c'est un exploit. Une fenêtre ouverte sur l'avenir. Premier appareil à utiliser une interface graphique, il possède une unité arithmétique et logique à 4 bits. Un archaïsme aujourd'hui, mais une primeur à l'époque. L'appareil est muni d'un système d'exploitation appelé Alto OS et c'est sur cet appareil avec moniteur et clavier que la première barre d'outils apparaît. Cependant, le PARC passe à autre chose. Les années s'écoulent. En 1979, un certain Steve Jobs a vent de ces découvertes et effectue une visite au PARC. C'est là qu'il découvre l'univers fascinant de l'interface graphique. Apple pouvait révolutionner le monde. Cela dit, c'est une autre histoire que nous aborderons ultérieurement dans cet ouvrage.

Au fil des ans, le PARC continuera d'alimenter le monde technologique avec des percées étonnantes. À titre d'exemples, il y aura la xérographie par laser en 1986, une technique d'impression à sec qui exploite la propriété de certains corps à devenir sensibles à la lumière, s'ils sont électrisés, puis un système d'encodage (1989) nommé *Xerox Encrypton Unit* permettant de sécuriser, à l'aide de mathématiques, les signaux transmis par ordinateurs, ou encore, le *Fast Cytometer* (2003) qui effectue rapidement les tests sanguins pour le cancer, et enfin, en 2006, la mise au point de dispositifs qui rendent possible la production d'énergie solaire à bas prix. Le PARC de George Pake, comme on le voit, a laissé un héritage impressionnant.

Les trois rencontres de Bill Gates

À trente et un ans, Bill Gates était milliardaire. Neuf ans plus tard, il était devenu l'homme le plus riche au monde. Un titre qu'il conservera de 1996 à 2007, et qu'il reprendra en 2009. Sa fortune actuelle est estimée à 53 G $ dont 50 % est constituée d'avoirs extérieurs à Microsoft. Citizen Gates (pour paraphraser le chef d'œuvre cinématographique d'Orson Welles sur le magnat de la presse William Randolph Hearst) domine toujours la planète informatique dans sa totalité. Comme l'écrivait Daniel Ichbiah à propos du personnage : « *cette fusion invraisemblable de Henry Ford, de Thomas Edison et de... Bugs Bunny* ».

La réussite exceptionnelle de William Henry III Gates, son nom réel, hormis un sens des affaires et une détermination exceptionnels, tient à la rencontre providentielle de trois personnages ayant pour noms John Opel, Tim Paterson et Scott McGregor.

Avant d'aborder le contexte dans lequel se sont produites ces rencontres, faisons un bref retour sur le passé de ce Bill phénoménal.

Ce conte de fées, puisque cela en est un, débute à Seattle en 1955. Son père était un avocat appartenant à la haute bourgeoisie, qui répondait également au prénom de William. Sa mère, Mary Maxwell, était aimante et enseignante de profession. Il avait également deux sœurs, Kristiane et Libly. Voilà qui complète la description d'un milieu familial aisé et chaleureux. Avec un quotient intellectuel se hissant dans la zone isolée de 160 (par comparaison, Mozart avait été coté 165), les choses allèrent plutôt bien pour Bill, côté études. Détail qui a son importance : très jeune, il est en contact avec le monde des ordinateurs. Initiation scolaire au BASIC, puis bricolage avec les copains sur un ordinateur PDP-1. Des connaissances qui s'avéreront capitales pour la suite des choses. À dix-neuf ans, Bill se retrouve à Harvard où il a en tête de devenir le meilleur mathématicien du monde. Golf et poker aidant, si l'on peut dire, les ambitions mathématiques de Bill s'estompent. Nous sommes en 1975.

C'est aux côtés de ses camarades d'études Paul Allen et Steve Balmer que Bill réalise que la révolution micro-électronique, c'est-à-dire l'entrée en force des semi-conducteurs, des circuits intégrés et des microprocesseurs dans l'industrie, va déclencher une révolution sans précédent dans le domaine de l'informatique. Puis il y a cet ordinateur domestique, plutôt primitif, qui vient de voir le jour au Nouveau-Mexique, qui a pour nom Altair, et qui les fascine. À leur connaissance, il s'agit du premier micro-ordinateur à voir le jour.

L'Altair, on le sait, se programme à l'aide d'interrupteurs. Bill propose donc à Ed Roberts, qui exploite ces premiers micros, de concevoir un programme en BASIC qui simplifierait grandement les choses. L'association aura des suites décevantes. Mais elle incitera Bill à abandonner ses cours à Harvard et à fonder la compagnie Microsoft. Vocation de l'entreprise : la conception de logiciels à base du langage BASIC pour micro-ordinateurs. Les années passent. Microsoft vivote. En 1980, le géant IBM décide de se lancer dans la fabrication de micro-ordinateurs. C'est à partir de ce moment que les portes du paradis vont commencer à s'entrouvrir pour Bill Gates et ses associés.

L'aventure avec IBM se résume comme suit. Frank Carry, président d'IBM à l'époque, réalise qu'à terme le secteur de la micro-informatique, dont la croissance de marché est proche de 70 % par an, pourrait générer des profits considérables. Il y a donc urgence à ce que la Big Blue Machine s'engage dans ce tournant. Après avoir envisagé plusieurs hypothèses, dont l'achat d'Apple, IBM, dont le grand patron Frank Carry a cédé sa place à John Opel, décide de produire son propre micro-ordinateur. Mais le mode d'opération dans cette entreprise étant très lent, en moyenne quatre ans pour mener un projet à terme, la direction opte alors pour la création d'une unité spéciale de conception qui serait affranchie des lourdeurs bureaucratiques. On fixe un délai très court pour mener le projet à terme. Un an, tout au plus, le temps étant un impératif dicté par l'évolution rapide de ce marché. Le projet portera le nom de code de *Chess*. Le nom de travail du futur ordinateur *Acorn*.

Le problème majeur concerne le système d'exploitation[18] de la future machine, c'est-à-dire le logiciel de base destiné à commander l'exécution des programmes. Un bref examen du marché des micros révèle que la majorité des ordinateurs fonctionne à partir du système d'exploitation CP/M de Digital Research et comporte le langage BASIC réalisé par Microsoft. Une très petite compagnie à l'époque dont les revenus s'élèvent à 2,5 M $.

Le nom de Bill Gates apparaît donc sur la liste des entreprises susceptibles de pouvoir fournir une expertise à IBM. Le pdg d'IBM, John Opel, en parlant de cette compagnie Microsoft, aimerait avoir une information concernant ce Bill Gates : « *Est-ce le fils de Mary Gates ?* »

La première rencontre, la rencontre décisive de Bill Gates avec son destin fulgurant venait d'avoir lieu. John Opel connaissait bien Mary Maxwel (Mary Gates). Tous les deux étaient actifs au conseil d'administration d'un organisme philantropique qui avait pour nom United Way of America. Créée à Denver au Colorado en 1887, la fondation regroupait quelque 1 300 succursales à travers le pays, dispensant une foule d'aides et de services. En 2007, United Way

18 Ensemble des programmes de base stockés sur disque dur qui gère la communication interne entre les diverses composantes d'un ordinateur comme le processeur, la mémoire vive, la mémoire de masse, ainsi que les entrées-sorties avec les périphériques. Source : Larousse, ibid.

distribuera 4,2 G $ à diverses communautés. Mary Maxwell, la mère de Bill, qui décédera en 1994, est un nom très connu aux États-Unis à l'époque. Elle était très active au chapitre des œuvres caritatives et participait à une foule de conseils d'administration de compagnies telles que Bell et Unigard Security Insurance. Il sera démontré par la suite qu'elle avait glissé un mot à John Opel, pdg d'IBM de 1981 à 1986, au sujet de la compagnie de son fils. Ce qui, on l'imagine facilement, n'a pas du tout nui à la visibilité de Microsoft. Quelques rencontres exploratoires ont lieu entre des dirigeants d'IBM, Gates et ses associés. On s'entend pour que le futur ordinateur, en plus du BASIC, puisse accepter d'autres langages informatiques. Notamment, des versions de Fortran, Cobol et Pascal. Se pose alors la question du système d'exploitation. Gates met les dirigeants d'IBM sur la piste de Garry Kildall, le concepteur du fameux système CP/M. Mais Kildall se montre désinvolte face aux demandes de rencontres d'IBM. L'équipe attachée au projet *Chess* revient donc vers Bill Gates pour lui demander s'il peut prendre en charge l'important projet du système d'exploitation. Coup de poker de Gates qui accepte en n'ayant ni les compétences, ni les ressources requises pour mener à bien une telle mission.

Situation désespérée dirions-nous ? Pas vraiment. Bill Gates a en tête le nom d'un programmeur expert en la matière, Tim Paterson. Il sait d'ailleurs pertinemment qu'au cours de l'année, ce dernier, las d'attendre une version du CP/M de Kildall, a créé un système d'exploitation adapté à la puce 8086. Système qu'il baptise QDOS. C'est bien l'homme qu'il faut à Gates. En fait, Paterson constitue sa deuxième rencontre importante.

Un contrat, sous la supervision du père de Bill, brillant avocat, est donc signé entre IBM et Microsoft le 6 novembre 1980. Le plus grand coup de génie de Gates se manifeste à ce moment. John Opel, le pdg de la Big Blue Machine, accepte le principe d'une licence non exclusive. Microsoft sera donc libre de vendre le système d'exploitation, le futur MS-DOS, à d'autres fabriquants d'ordinateurs. En fait, la future avalanche de milliards de dollars pour Microsoft est liée principalement à cette clause exceptionnelle. Pour Microsoft, reste maintenant à livrer la marchandise. S'organise alors l'opération visant Tim Paterson. Alors qu'il ignore qui est le commanditaire de Microsoft, ce dernier accepte la commande d'effectuer de son bureau, au Seattle Computer Products, des modifications bien spécifiques de son DOS. Les problèmes seront nombreux. Mais à force de travail et d'astuces, les embûches sont surmontées une à une. En avril 1981, Paterson se joint à Microsoft. C'est là qu'il apprend que son système a été vendu à IBM. Microsoft complètera ses obligations à son endroit en lui versant en juillet la somme de 50 000 $ pour l'ensemble des droits de son QDOS. La bonne affaire pour Bill quoi ! Un mois plus tard, le 12 août 1981 plus précisément, IBM annonce la sortie de son ordinateur personnel, le fameux PC. Microsoft est alors en route vers la gloire. Trois ans plus tard, 80 % des ordinateurs PC et compatibles sur la planète utilisaient le système MS-DOS. Le troisième personnage clé dans la vie de Bill Gates, sa troisième rencontre capitale en fait, a pour nom Scott McGregor. Avec cet ingénieur en informatique, c'est le fameux système Windows qui prendra forme.

À la fin de l'été 81, Bill Gates est bien conscient que Steve Jobs, fort des fantastiques percées technologiques réalisées chez Xerox, prépare un coup fumant avec son Macintosh. Des concepts tels que l'interface graphique, la souris et les icônes s'incorporeront au futur Mac et risqueront de chambarder du tout au tout l'univers des ordis. Microsoft ne doit pas être en reste. Il faudra pourtant deux ans de gestation pour que le grand Bill décide de passer à l'attaque. Scott McGregor, chercheur réputé du PARC de Xerox, est approché. On lui fait une offre qu'il ne peut refuser, et le voilà chez Microsoft. On lui confie alors la responsabilité de mener à terme le projet nommé « Windows », une mission qui est dans ses cordes. La tâche de revampage s'avérera d'une extrême complexité. Il s'agit de marier une foule de logiciels conçus pour MS-DOS à ce nouveau formatage. S'impose également une mise en marché préparatoire, c'est-à-dire la tâche de convaincre une foule de joueurs du milieu d'alors, HP, Compaq et Zenith entre autres, de s'ouvrir au futur univers Windows, donnée non négligeable sur la carte de ce champ de bataille technologique. IBM affûte ses armes pour contrer l'empire Microsoft. En 1985, Windows fait son apparition. La mission confiée à Scott McGregor s'avère un succès grâce à ses réalisations ingénieuses. Qui plus est, l'opération d'encerclement de la Big Blue Machine, menée brillamment par Bill Gates, s'est conclue par une victoire totale inespérée : tous les joueurs du milieu, ou presque, ont choisi Windows, système, qui au fil des ans, sera le logiciel d'exploitation le plus vendu au monde. Même IBM est entré dans le rang. La fortune de Microsoft et de ses actionnaires est assurée pour des années à venir. À l'été 2008, Bill Gates passe la main à Steve Balmer pour la gestion de Microsoft, tout en restant président du conseil d'administration. Une démission mûrement préparée afin de se consacrer à la fondation qu'il dirige avec sa femme Melinda French Gates, pour la cause mondiale de la santé et de l'acquisition des connaissances. Bill y a versé 95 % de sa fortune. Cagnote à laquelle son ami Warren Buffett s'empresse d'ajouter 30 G $ de ses avoirs personnels. À l'été 2010, une quarantaine de milliardaires ont rejoint les rangs, ajoutant une partie de leurs immenses fortunes au fonds des Gates. On parle ici notamment de Larry Ellison d'Oracle, de Michael Bloomberg, maire de New York, de David Rockefeller de la Standard Oil, de George Lucas, cinéaste et de Ted Turner, fondateur de CNN. Valeur estimée du fonds : 158,8 G $! Une manière en somme pour Bill de remercier Mary Maxwell, sa mère adorée, qui on le sait, croyait à la charité et à l'entraide. Elle avait joué un rôle certain dans sa réussite. Puis il y a ce mot d'Andrew Carnegie, l'ex-roi de l'acier, qu'on disait à l'époque le plus riche du monde, et qui avait quasiment inventé la philantropie à l'échelle industrielle lorsqu'il déclara : « *l'homme qui meurt riche meurt déshonoré* ». Un bilan de vie positif pour Bill Gates ? Assurément.

L'entreprise qu'il a mise sur pied il y a trente-trois ans avec une poignée de dollars hérités de son grand-père compte 90 000 employés, dont 3 000 qu'il a rendus millionnaires, et génère des revenus annuels à hauteur de 90 G $. Les quelque 75 produits logiciels qu'offre Microsoft équipent 90 % du milliard de PC en activité sur la planète. Le *drop-out* d'Harvard a assez bien tiré son épingle du jeu. Au point même que son ancien centre universitaire lui a décerné un doctorat *honoris causa* en 2007.

Et l'homme Gates dans tout cela ? Le golf, le bridge, une passion pour les voitures sport comme en témoigne une Porsche à sa porte valant dans les 600 000 $. Il se montre économe en voyageant en classe touriste et a la réputation d'être un père attentif à ses trois enfants, Jennifer Katharine, Phoebe Adele et Rory John. Une constante attirance frivole pour la vitesse ? Oui toujours. Un petit vice de jeunesse jadis sanctionné par un tribunal, mais pondéré il faut le dire, par une vie tranquille dans une maison techno-futuriste frisant les 50 M $. Tout, en fait, pour confirmer ce que l'écrivain Scott Fitzgerald avait confié à Ernest Hemingway : « *les gens riches sont différents de vous et de moi* ».

Steve Jobs, la légende et le miracle Apple

Jobs, comme on l'appelle, incarne plus que tout autre la révolution de l'ordinateur personnel. Avec son complice Wozniak, un entrepreneur autodidacte, il fut le premier au monde à proposer un ordinateur fabriqué en série et destiné aux particuliers. Nul ne peut nier qu'on doit beaucoup à ce *drop-out* charismatique de Californie, qui chercha et trouva le sens de sa vie en Inde. Au nombre de ses réussites, notons l'ordinateur Apple, le Mac, l'iPod, l'iPhone, l'iPad, le MacBook et Pixar, qui donna au cinéma d'animation une seconde vie en l'informatisant. Né en 1955 à San Francisco de Joanne Carole Schieble, d'origine allemande et suisse, et d'Abdulfattah Jandali, un enseignant en sciences politiques d'origine syrienne, l'enfant est abandonné en très bas âge pour des raisons obscures, alors que ses parents étaient étudiants à l'époque. Il fut adopté par Justin et Clara Jobs. C'est ce couple ouvrier qui lui donnera les prénoms de Steven Paul. Pour compléter la généalogie, Steve a une sœur née de ses parents biologiques deux ans après sa naissance, la romancière Mona Simpson, mariée au producteur de la fameuse série télé du même nom. Elle lui dédicacera son premier livre intitulé *Anywere But Here*.

Des études à Cupertino, de brefs emplois d'été chez Hewlett-Packard et Atari, puis un court passage au Reed College en Oregon : tout cela le convainc que les milieux académiques et le 8 à 5 à l'usine ne sont pas faits pour lui. Il n'oubliera pourtant pas un cours de calligraphie qui le suivra jusqu'à la conception de son Mac. Mais ne brûlons pas les étapes, ou plutôt si, parce que cet homme est pressé.

En 1974, Steve fréquente les *nerds*[19] du *Homebrew Computer Club* où il rencontre Steve Wozniak avec qui il rêve de faire de l'ordinateur une machine à changer le monde. Un peu comme ces révolutionnaires de Greenwich Village dans les années trente qui puisaient dans Marx et Lénine des formules pour donner un sens à leur utopie. Mais déjà Jobs est en route pour l'Inde avec un camarade, Daniel Kottke, qui sera le premier employé de sa future entreprise. Son but : entrer en contact avec le père de la méditation transcendantale, le Maharishi Mahesh Yogi, tant vanté par le Beatle George Harrison.

De retour de la patrie des gourous, crâne rasé, vêtements à l'avenant et expérience du LSD en poche, Jobs retourne chez Atari. Nolan Bushnell, maître des lieux et des jeux vidéo à l'époque, lui promet un bonus s'il réalise une réduction du nombre de micropuces sur un circuit imprimé. Steve accepte le défi et associe au projet son ami Wozniak, l'ingénieur autodidacte du tandem. Celui-ci réussit l'exploit de réduire de cinquante les circuits intégrés. Bushnell ne remet aux deux compères que 600 $, une somme très loin des 5 000 $ anticipés à raison de 100 $ du chip en moins. Steve Jobs retiendra la leçon pour les contrats à venir. Qu'importe :

19 Personne solitaire et intelligente, à la fois socialement handicapée et passionnée de sujets liés à la science et aux technologies.

son passage chez Atari lui aura permis de s'initier à la programmation des jeux vidéo.

Puis l'aventure d'Apple commence. Nous sommes en 1976. Les deux Steve bricolent, dans le prolongement de la saga Altair, un ordinateur dans leur garage, une voie qu'avaient suivie quarante ans plus tôt Hewlett et Packard dans le même coin de la Californie. Le microprocesseur choisi est le 6502 de Mos Technologies, le tout fonctionnant en Basic et se branchant sur un écran télé. Un coffre de bois recouvre le tout. De l'artisanat en somme. Ronald Wayne qui s'était joint à eux, ne croit plus à l'aventure. Il se retire avec les 1 500 $ investis deux semaines auparavant. Une décision quelque peu prématurée, puisque la boutique Byte achète 50 appareils. Les ventes explosent. À 666,66 $ pièce, un prix étonnant parce que Woz aime bien les séries du même chiffre, l'achat se présente comme une aubaine. De partout au pays, les demandes affluent. Bien sûr, l'appareil est loin d'être pratique. Mais il aura réussi l'exploit de tracer la voie à plusieurs des caractéristiques des ordinateurs à venir. Nouvel effort l'année suivante : nos deux inventeurs sortent l'Apple II en 1977. Un appareil au design d'enfer. Ce sera en fait le premier ordinateur personnel de l'histoire à être fabriqué à l'échelle industrielle. Quelque six modèles, dont un portable, l'Apple II C, seront offerts. On estime que depuis l'année de sa sortie à la fin de la production en 1993, il se vendit de cinq à six millions d'appareils sous ce label. Une industrie qui, avec ses activités dérivées, commerces, services et autres, généra environ 1 G $ par année.

La légende veut que le nom de la compagnie, Apple, se soit imposé suite à un régime alimentaire à base de ce fruit, le plus répandu sur Terre, régime qu'aurait suivi Jobs à l'époque. Cette explication fut sans doute une porte de sortie facile pour éviter les poursuites, qui ne manqueront pas de toute manière : à cette époque, les Beatles faisaient un malheur avec leur maison de disques portant précisément le nom « *Apple Records* ». Apple II comble l'amateur avec 4 Ko de mémoire vive, le Microsoft Basic comme langage de fonctionnement et une innovation de poids : l'ajout d'un magnétophone et d'une cassette standard qui permettaient d'enregistrer le code et le charger en mémoire sans avoir à le taper. Les premiers ordinateurs Apple se vendaient 1 298 $ pour le modèle de base, et 2 638 $ pour la version comportant 48 Ko.

Un vent de réussite incontestée souffla durant quelques années.

Puis, au début des années 80, Jobs est conscient que le géant IBM le suit à la trace. On a beau faire la une du magazine *Fortune* au chapitre des grandes fortunes de ce monde, et s'y distinguer par son jeune âge, reste que la jungle des affaires est sans pitié. On doit lutter pour survivre. La Big Blue Machine prépare un grand coup dans l'univers du micro-ordinateur, qui aura pour nom PC. Jobs se doit donc de concocter l'ordinateur de l'avenir. Ce sera le Macintosh. La référence au monde des pommes, une nouvelle fois, fera sourire le destin.

Cinq ans d'efforts seront pourtant nécessaires pour mettre Macintosh sur le marché en 1984. Jef Raskin, le maître d'œuvre du projet a su monter une équipe du tonnerre.

Il faut dire que l'équipe Jobs-Raskin a bénéficié d'une carte gagnante. Lors d'un passage au PARC de Xerox, la compagnie leur a cédé la technologie de l'interface graphique et de la souris. La révolution dans la révolution quoi ! Jusqu'alors, pour pouvoir accéder à un programme, il fallait taper au clavier des lignes et des lignes de commandes souvent très complexes. À cette percée technologique s'ajoute la qualité de conception du Mac, digne de figurer au catalogue des héritiers du Bahaus, laquelle, comme on le sait, est une école esthétique qui, dans les années vingt en Allemagne, lancera l'idée du beau dans la production industrielle. Deux héros de l'aventure, Terry Oyama et Jerry Manock témoigneront de l'apport de Jobs. C'est lui, avoueront-ils, qui les orientait constamment vers son concept de *friendly* (amical) pour le maniement et l'apparence de l'appareil.

Face à Goliath (IBM), Jobs osera également imposer avec son Mac son propre système d'exploitation nommé OS pour *Operating System*. Il n'hésite pas ainsi à affronter dans l'arène du micro tous les grands constructeurs de l'époque, notamment Dell et HP. Les amateurs de sports à haut risque, navigateurs de hauts fonds et joueurs de poker, auxquels on peut associer la personnalité de Jobs, performent rarement, c'est bien connu, dans les colonnes comptables. Mais en 1995, c'est le choc, comme si la terre s'entrouvait : Steve Jobs quitte Apple. Il n'est pas congédié, comme on l'a longtemps colporté, mais son départ est le résultat de sa démission. Steve jugeait inacceptable que lui, en tant que fondateur de la boite, soit amputé de ses privilèges au conseil d'administration. On ne sut jamais quels impératifs de saine gestion guidèrent John Sculley dans les restrictions imposées. Cruelle ironie de l'histoire, car Jobs, quelques années auparavant, avait convaincu le même John Sculley de quitter Pepsi-Cola pour diriger le conseil d'administration d'Apple. C'est lui qui avait mené avec succès une lutte épique contre le géant Coca-Cola en inventant le concept publicitaire de *Pepsi Generation*. Il apparaissait donc comme le candidat idéal pour lutter contre un autre géant de l'industrie, à savoir IBM. Jobs, c'est connu, pour le convaincre de se joindre à lui, lui avait lancé : *« préférez-vous passer le restant de vos jours à vendre de l'eau sucrée ou voulez-vous avoir une chance de changer le monde ? »* Le oui de Sculley aboutissait à un retournement des plus cruels. De 1985 à 1997, le jardinier Steve Jobs vivra éloigné du verger qu'il avait si généreusement offert au monde. Il fonde alors, aidé des capitaux de Ross Perot, candidat malheureux à la présidence du pays en 1992, la compagnie informatique NeXT qui se spécialise dans la fabrication d'ordinateurs destinés au monde de l'enseignement. Puis il essaye, sans beaucoup de succès, dans la foulée de Palm, de commercialiser un agenda électronique baptisé *Newton*. Avec Pixar, le succès lui sourit de nouveau. Compagnie spécialisée dans les images de synthèse fondée par George Lucas en 1979, l'usine à images acquise en 1986 fera des prodiges. Quelque 22 Oscars couronnent l'entreprise qui sera ensuite vendue à prix fort à Walt Disney. Durant ce temps, Apple, même si elle est loin de son fondateur, ne cesse de prospérer. De 1985 à 1997, John Sculley décuple le chiffre d'affaires qui passe de 800 M $ à 8 G $ par année, de quoi justifier son salaire, le plus élevé à l'époque pour un cadre de Silicon Valley : 2,2 G $ en 1987 ! Avec les années, Apple fait de nouveau face à la tourmente. Il devient impérieux que la maison se dote d'un nouveau système d'exploitation. NeXT, concentré depuis peu dans la conception de logiciels innovants possède précisément ce qui manque à Apple. Une offre d'achat est déposée. La transaction est conclue à hauteur de 427 M $ et, surprise, suite au jeu des paiements d'affaires sous forme d'actions, Steve Jobs se retrouve de nouveau à la tête d'Apple. Exit John Sculley !

Le diable Jobs sort alors une nouvelle carte de sa poche, un spécialiste déjà en poste chez Apple, mais à qui il donne carte blanche pour faire éclater son génie. On parle ici du designer britannique Jonathan Ive. C'est lui qui avec son équipe définira le look du iMac et des gammes iPod, iPhone et iPad, avec le succès que l'on sait.

Ive, homme jeune et discret, est né en 1967 et il n'accorde jamais d'entrevue. Il a fait ses études de design industriel au Newcastle Polytechnic où, dès son entrée, il manifeste un immense talent. En 1990, ce concepteur, que les médias qualifieront de Giorgio Armani de l'informatique, entre au bureau de design londonien Tangerine. Sa force est de se montrer minimaliste dans ses réalisations, de pouvoir travailler sur n'importe quel projet et d'avoir une approche toujours juste et unique. Ainsi, pour concevoir un mobilier de salle de bains, il se plongera dans des livres de biologie marine pour découvrir des influences formelles. En 1992, il se rend aux États-Unis et entre comme consultant chez Apple. Il était temps. La compagnie est de nouveau durement soumise à une forte concurrence. Il faut des idées nouvelles. De retour au bercail, Jobs sait qu'avec Ive, il possède une carte maîtresse dans la main. Le modèle iMac, sorti tout droit de la tête d'Ive, est un succès. Il en est fini de la fadeur esthétique des ordinateurs : l'appareil qui relance Apple est compact, transparent, coloré. Mais le coup de génie, notamment sur le plan design, sera le iPod. Le boîtier blanc, net et facile à utiliser, est au cœur de la révolution de la musique numérique. L'iPhone poursuivra sur cette lancée. La grande consécration pour Ive, le seul, en passant, à mettre sa signature sur les produits Apple, est exprimée par David Kestner, directeur du Design Council, organisme visant à promouvoir le design des produits britanniques : « *Jonathan Ive définit le look de la génération. Il est le designer industriel par excellence.* »

Steve Jobs cultive soigneusement son image personnelle auprès des quelque 50 millions de fanatiques de la tribu Mac, les *Applemaniacs*. Lors des grandes messes de lancement, on le voit apparaître toujours en col roulé noir, jeans délavés, crâne dénudé, lunettes cerclées d'acier et mal rasé, mais avec en poche une innovation qui surprend et aux lèvres un message de défi et d'optimisme.

En 2009, c'est-à-dire avant la sortie du iPad, Apple représentait un chiffre d'affaires de 42,9 G $, des profits à hauteur 11,74 G $, 34 300 salariés, une capitalisation boursière qui pèse dans les 213 G $, dépassant à ce chapitre le géant Google avec ses 33 G $. Voilà pour Steve Jobs l'industriel, le bohème, l'errant sur les routes de l'Inde, devenu par la force des choses l'héritier du Grand Moghol.

Côté vie personnelle, les faits sont plus difficiles à aligner. L'homme des années 80, qui n'hésitait pas à livrer son âme aux journalistes et son look aux photographes, est à présent solitaire et cloîtré dans un mutisme insondable.

Jobs habite Palo Alto, à 50 kilomètres de San Francisco. Une ville de 600 000 habitants où, si on y déambule, les chances sont grandes de croiser Sergey Brin, M. Google en personne, John Doer, financier d'Amazon ou même Mark Zuckerberg de Facebook. Steve, ce patron, qualifié de « *plus précieux de tous les temps* » par le magazine *Barron's*, ayant même évalué sa fortune à 25 milliards de dollars, mène une vie simple. Maison confortable, petit verger à l'arrière, coupé Mercedes à la porte, trampoline pour l'exercice. Ses concitoyens le voient parfois flâner dans les galeries d'art de la ville. Si on le salue, il répond par un petit signe de la main. Parfois, on le surprend dans un de ses restaurants favoris où il apprécie fortement la soupe aux lentilles, un mets qui convient parfaitement à ses habitudes végétariennes. La petite gâterie lors de ses sorties se traduit par une glace à la noix de coco, un yogourt ou un *smoothie*, cocktail liquide aux fruits glacés.

La nostalgie de sa jeunesse, c'est une moto BMW modèle 1966 qu'il garderait toujours dans son salon. Pas très généreux le Jobs toutefois, si l'on se fie à un itinérant du coin, un certain Victor Frost, qui mendie dans les rues de la ville. Bill Gates, à ce qu'il paraît, aurait laissé un meilleur souvenir à cet itinérant en lui tendant cinq dollars. Quoi d'autre à ajouter. côté habitudes de vie et traits de tempérament ? Que Steve Jobs est changeant comme le climat avec son personnel, tout en douceur un jour, et cassant le lendemain. Généreux quand il le veut bien parfois : à preuve, cette prime de 22 M $ qu'il a accordée à son bras droit Tim Cook, celui qui l'avait remplacé six mois durant sa convalescence. Dur en affaires, il fallait voir, raconte-t-on, lors de son démarrage en téléphonie en 2007, la manière avec laquelle il avait imposé ses conditions à AT&T. Côté look enfin, Jobs a adopté une tenue qui, comme le mot d'Elisabeth d'Angleterre, *Annus Horribilis (horrible année),* lancé en 1992 suite à une série de déconvenues, a fait le tour du monde. Pull noir créé par St. Croix, couturier du Minnesota, jeans Levi's 50, baskets de marque New Balance remplacés par des Nike en 2006.

La part d'ombre (*dark places*) de Jobs, pour reprendre la belle expression d'un autre Californien, le romancier James Elroy, autrement dit son univers émotionnel, est plus complexe à démêler. Il y a d'abord l'abandon à sa naissance qu'il réussira quelque peu à expliquer, notamment en retrouvant et en identifiant ses parents grâce au travail d'un détective privé. Puis cet enfant, Lisa, dont il est le père, qui est née alors qu'il n'avait que 23 ans en 1978, et qu'il abandonnera pendant des années. Mais il saura se rattraper avec le temps, en aidant financièrement la mère, Chris Ann Brennan. Il baptisa un ordinateur d'avant-garde du nom de sa fille, alors qu'il était associé au Local Integrated Software Architecture. Au début des années 80, Jobs entame une relation avec la chanteuse Joan Baez, de quatorze ans son ainée, une ex-amie de Bob Dylan, *reine du folk* et *conscience d'une génération*. Puis l'union prend fin, Jobs désirant fonder une famille. Ce qu'il fera en 1991, liant sa vie à Laurene Powell, une ex-employée de la banque Merryll Lynch. Le mariage est célébré par le moine zen bouddhiste Kobun Chino Otogowa. De cette union naîtront trois enfants : Reed Paul, Erin Sienna et Eve.

En 2004, le drame éclate : Jobs apprend qu'il souffre d'un cancer pancréatique. En 2009, il doit subir une transplantation du foie. Le donneur est un jeune homme de vingt ans, décédé dans un accident d'auto, qu'il remerciera d'ailleurs aux côtés du gouverneur Arnold Schwarzenegger, incitant les gens à s'ouvrir aux dons d'organes. Depuis, les choses de la vie pour Jobs sont incertaines. Ses rares apparitions publiques montrent un homme diminué physiquement et très amaigri. Mais le cœur comme on dit est toujours à la fête. Comme lors du lancement de son révolutionnaire iPad cette année, un événement qui fut suivi par le dévoilement de la quatrième génération du iPhone.

La tragédie grecque avec Eschyle, Sophocle et Euripide nous apprend que les dieux meurent aussi. Mais les Athéniens, dans leur grande sagesse, ont imaginé une mythologie qui fait que les dieux peuvent aussi ressurgir des fleuves de l'enfer. Tout au long de sa vie, Steve Jobs, pareil au Phénix, a connu d'incroyables évolutions, question de nous apprendre que renaître était possible. Il est permis de s'imaginer que le destin, cette divinité aveugle que ces Grecs à l'origine de tout nommaient *Moïra*, se montrera encore une fois généreux pour lui. Terminons par ce beau mot de Jobs, qui fait penser que malgré tous ses succès, tant personnels que financiers et industriels, et ses revers aussi, l'homme au sac à dos, qui cherchait la vérité sur les routes de l'Inde il y a des décennies, n'a pas complètement disparu du monde des milliardaires où il gravite maintenant : « *J'échangerais toute ma technologie*, déclara-t-il un jour, *pour un après- midi avec Socrate* ».

Philip Estridge, le vengeur d'IBM

C'est en 1976 que les premiers micro-ordinateurs, sous le nom d'Apple, font leur apparition sur le marché. Voyant la popularité instantanée du produit, de nombreux constructeurs tentent de s'emparer de ce créneau si prometteur. Tant et si bien qu'en 1980, les États-Unis comptent quelque 200 marques d'ordinateurs destinés à des particuliers. Pendant six ans, Apple, ainsi que Commodore, malgré la concurrence, dominent l'industrie. Mais en secret, IBM, le géant mondial de l'informatique, prépare une terrible et merveilleuse riposte.

L'incontournable Machine Bleue commence à réaliser que tout ce qui était perçu comme gadgets sans importance entre véritablement dans le champ de l'informatique, sa chasse gardée. Le créneau des micro-ordinateurs ne doit d'aucune manière leur échapper.

À l'évidence, la multinationale est victime de ce que l'on nomme la *Loi de Grosch,* qui fait que la combinaison des ressources informatiques sur une même machine a un effet multiplicatif et non additif. Selon cette logique, d'importantes économies d'échelle sont possibles en allant vers le gigantisme. Un mode de pensée, il va sans dire, qui se situe bien loin du concept du micro-ordinateur. Il est donc impératif de s'éloigner à tout prix des idées qui ont dominé l'industrie lourde de l'informatique des années 60 et 70. Pour écarter Apple et Commodore, qui se sont taillé dans ce créneau une réputation d'excellence, il faut donc intervenir avec du matériel sérieux. L'appareil que les dirigeants de la Machine Bleue ont en tête est un micro-ordinateur efficace, pas trop complexe, mais suffisamment fonctionnel pour balayer la foule des petits constructeurs qui ont envahi le marché, et bien sûr, le souverain Apple.

Le défi sera relevé partiellement.

En 1981, quand le PC du géant bleu équipé du système MS/DOS de Microsoft est mis en marché, il est légitime de penser que le micro-ordinateur a gagné ses lettres de noblesse et qu'il s'imposera sans doute à la grandeur de la planète, et ce, pour deux raisons : IBM a choisi ce qu'il y a de mieux sur le marché : le processeur Intel 8088, avec 4,77 MHz, une fréquence incroyable à l'époque, une mémoire de 16 Ko extensible à 64, un lecteur de disquettes et un écran de dimension 640 x 200 pixels. Ses standards vont s'imposer à l'industrie toute entière, à peu d'exceptions près. Une vraie révolution !

Derrière cette victoire grand public, un homme qui n'aura jamais le charisme de son concurrent, le redoutable Steve Jobs, mais au moins autant de talent : Philip « Don » Estridge !

Belle histoire que celle de ce Philip Estridge, chargé par IBM de créer le PC qui concurrencerait efficacement l'Apple de Jobs. Avec une équipe réduite de 12 spécialistes, il s'attaquera de façon originale au défi, avec des résultats à la hauteur des attentes. Cinq ans après le début de l'aventure, l'univers du PC d'IBM gère 10 000 employés et encaisse des revenus estimés à 4,5 G $! Philip Estridge naît en 1937 en Floride. Son père est photographe. Mais le fils décide de devenir ingénieur. En 1959, il décroche un baccalauréat en génie électrique de l'Université de Floride. Rapidement, il entre au service d'IBM où on lui offre de travailler pour mettre au point des radars, domaine où l'informatique jouerait un plus grand rôle. Don, comme on le surnomme, fait preuve d'un talent hors du commun. Comme la lutte est engagée pour la suprématie de l'espace et la conquête de la Lune entre les deux super puissances que sont les États-Unis et l'Union soviétiques, les industries de pointe font appel à des hommes de talent comme lui.

Philip Don Estridge a toujours été un « *easy going* », une bonne nature, un bon bougre. Éternellement chaussé de ses bottes de comboy, chaleureux et excellent meneur d'hommes, il a le profil d'un acteur célèbre à l'époque, Fred Mac Murray. Il présente toutes les qualités pour qu'on le nomme à la tête du projet spécial d'IBM pour entrer dans l'univers du micro. Sitôt nommé à la tête du projet *Chess,* qui a pour mission d'accoucher du futur PC, il informe la direction d'IBM que la petite compagnie Microsoft pourrait répondre à certains besoins du projet. Heureuse initiative comme on le sait. En une dizaine de mois, son habile direction conduit le géant IBM à une nouvelle victoire. Sitôt le lancement du PC annoncé, le 12 août 1981 au chic hôtel Waldorf-Astoria de New York, et sourd aux offres alléchantes que lui fait Apple et le grand concurrent Jobs, Don s'attaque à d'autres défis. Cependant, la réussite ne sera pas au rendez-vous.

Le PC/AT, officiellement référencé comme le modèle IBM 5170, apparaît en 1984. L'appareil est muni d'un processeur Intel 80286 à la place du 8088 du premier PC, ce qui en fait un modèle puissant, 2,5 fois plus performant que son prédécesseur. Mais l'ordinateur s'avère un échec sur le plan commercial.

Même déconvenue pour le PC junior qui apparaît à la même époque. La campagne de publicité monstre déclenchée fin 1983 misant sur une foule de gadgets, ne réussira pas à faire franchir la barre à l'ordinateur destiné aux jeunes qui porte les surnoms de Dragon vert et de Peanut. Deux entrées pour manettes de jeu, une icône publicitaire illustrée par Charlie Chaplin extraite du film *The Tramp* et quelques innovations destinées à charmer la jeune génération d'accros ne feront pas oublier un invraisemblable clavier d'une inefficacité absolue, et surtout le prix de vente, qui est le double de ce qu'offrent Commodore et Atari.

Ces erreurs de conception et de mise en marché, alliées au fait que Don fait des jaloux dans la boîte, car il est devenu une véritable vedette dans la compagnie à l'égal de Bill Gates, lui valent une rétrogradation, sous la forme d'un poste de vice-président à la production. Une désignation qui habituellement ne veut rien dire. La mise au rancart voulue par le directeur Bill Lowe sera tragiquement de courte durée. En mars 1985, l'appareil Delta dans lequel il prend place avec son épouse et cinq autres employés d'IBM s'écrase à Dallas entraînant dans la mort plus de cent passagers. En 2002, IBM cesse la production des PC, à cause d'une foule de raisons reliées à sa vocation première de constructeur de gros ordinateurs mais aussi à cause de la concurrence. Mais l'héritage qu'a laissé le grand Don est énorme. Le projet de créer à l'échelle mondiale un *Personal Computer*, connu dans les pays francophones sous le nom d'ordinateur personnel, avait l'ambition de devenir un standard dans cette industrie. Le microprocesseur d'architecture x86 d'Intel et le système d'exploitation DOS qui deviendra Microsoft Windows, seront repris par la très grande majorité des constructeurs d'ordinateurs dans le monde. À l'exception notable du Macintosh, tous les autres constructeurs tels Commodore, Sinclair, Tandy, seront rayés de la carte. Pour un temps, IBM a dominé le monde du micro.

Lisa et son Mac font la noce

Les ordinateurs Apple I et II avaient propulsé la petite compagnie de Steve Jobs et de Steve Wozniak au firmament de la renommée et de la fortune. Cependant, la concurrence montrait son nez. Comme déjà précisé, plus de 200 fabricants de micro-ordinateurs occupaient le terrain à la fin des années 1970. IBM promettait un ordinateur personnel qui risquait de tout balayer dans la décennie suivante. Branle-bas de combat donc chez Apple pour lancer deux projets qui allaient faire grand bruit. Au menu : un Apple de la troisième génération et un nouvel ordinateur haut de gamme qui prévoyait envahir le vaste terrain du champ d'affaires. La coordination des opérations fut confiée à Tom Whitney, un cadre de HP (Hewlett Packard) que Wozniak connaissait bien. Wendell Sender, qui avait toute la confiance de la compagnie, se vit alors confier la mission de mener rapidement à terme, on parlait d'un délai de moins d'un an, l'Apple III, sous le nom de code « Annie ». Quant à John Couch, ancien programmeur de talent de H-P, on lui demanda de démarrer le projet « Lisa ». Un acronyme, disait-on, de *Local Integrated Software Architectur*e, mais plus vraisemblement une référence au prénom de la fille de Steve Jobs, née en 1978, l'année du lancement du projet.

Pour diverses raisons, les deux ordinateurs seront des échecs.

L'Apple III lancé à l'automne 1980 pique rapidement du nez. Une foule de défectuosités ramènent rapidement les ordinateurs vendus chez le fabriquant. On note une surchauffe de l'appareil, laquelle surchauffe entraîne une déformation des cartes. Puis, l'ordinateur est jugé insuffisamment puissant : un cahier de charges imprécises, de constantes réorientations du projet, le microprocesseur 16502 dépassé technologiquement, voilà en quelques mots de quelle manière se lit le bilan post mortem de l'échec à la fois technologique et commercial d'« Annie ».

Le projet Lisa mobilisera quelque 90 personnes dont Wayne Rosing, un astronome amateur qui fera par la suite sa marque chez Sun Microsystems et Google. Wayne s'occupe de tout l'aspect *hardware* du futur appareil et Larry Tesler se voit confier la responsabilité de la dimension logicielle de l'affaire.

Ce dernier, un scientifique de très haut niveau, diplômé de Stanford, avait touché au domaine de l'intelligence artificielle avant de passer du PARC de Xerox à Yahoo, sans oublier Amazon, et bien sûr Apple.

Lancé en 1983, au coût de 9 995 $, soit environ l'équivalent de 22 000 $ actuels, le projet Lisa est le premier ordinateur commercial au monde à offrir l'interface graphique et la souris. L'excellente idée qu'avait eu Steve Jobs de négocier avec Xerox, pour prendre le meilleur de leur ordinateur expérimental Alto, se concrétisait. Notamment parce qu'un penseur comme Alan Kay, qui y avait travaillé, s'était inspiré de sommités en psychologie comme Jean Piaget et surtout Jérome Bruner, qui affirmait que l'image, au même titre que l'action et le langage, contribuait grandement à l'apprentissage. Inventeur du Sketchpad aux côtés d'Ivan Sullivan, un programme d'ordinateur qui donnera naissance au fameux GUI (*Graphic User Interface*), ce docteur en informatique qui se payait le luxe d'être aussi guitariste de jazz professionnel, avait eu ce mot qui avait bien plu à Jobs : « *La meilleure manière de prédire l'avenir est de l'inventer* ». Avec la puce 68000 de Motorola, tout semblait annoncer une donne gagnante. Mais le prix de vente trop élevé et surtout le fait que l'ordinateur n'était compatible avec aucun produit sur le marché menèrent rapidement cette nouveauté à sa disparition. Parmi les mégacompagnies sollicitées, seule la NASA sera partie prenante. Fait à noter, on continuera pour un temps à commercialiser l'appareil sous le nom de Macintosh XL.

En ce début des annés 80, les ordinateurs IBM et le système MS-DOS de Microsoft dominent donc la scène de l'informatique. Face à ces géants, Steve Jobs se sent engagé dans une lutte à finir, un combat mortel pour sa survie en somme, un peu comme ce fut le cas de Pepsi face à Coke, ou de la compagnie Avis par rapport à Budget dans le domaine de la location automobile, ou du magazine *Newsweek* luttant contre son éternel rival, *Time*. Confronté à deux échecs majeurs, le projet Macintosh s'impose donc impérativement. L'homme que Jobs désigne pour mener à bien cette charge de cavalerie légère à saveur électronique se nomme Jef Raskin.

Scientifique reconnu, considéré comme le père du Mac, Jef Raskin se brouillera avec Jobs en 1982 avant même de profiter de la révolution des ordinateurs personnels qui va déferler. Mais il en aura magistralement tracé la voie.

Lors de son entrée chez Apple en 1978, Jef Raskin portait le numéro d'employé 31. À peine un an dans la boîte, et voilà qu'il manifeste haut et fort l'obsession qui l'habite : simplifier à tout prix l'utilisation de l'ordinateur par des interfaces logiques et rapides ! Comme il l'expliquait à son entourage, il fallait que l'utilisation d'un ordinateur soit aussi simple que n'importe quel appareil domestique comme un grille-pain ou une machine à laver. Puis il y avait selon lui la loi des coûts : un ordinateur ne devrait pas coûter plus de 1 000 $ affirmait-il ! Sur cette lancée, il trouve le nom de son ordinateur de rêve : Macintosh ! Du nom de la catégorie de pommes qu'il préférait entre toutes quand il habitait Manhattan.

Jef regroupe autour de lui une équipe hors pair. On assiste à un de ces moments magiques où des talents inouïs se retrouvent pour inventer l'inimaginable. Comme à Peenemünde jadis pour la mise au point des fusées V2 ou le projet Manhattan d'où surgira la première bombe atomique.

Une brève présentation de ces pionniers de l'impossible s'impose.

Né en 1951, Bill Atkinson avait la réputation d'être un programmeur exceptionnel. Ancien étudiant de Raskin à l'Université de San Diego, il reçut le choc de sa vie en 1978 à la sortie du premier ordinateur Apple. Depuis, il s'investit tout entier dans ce domaine du savoir. On lui doit deux programmes uniques qu'il inventera pour le Mac : le *Mac Paint* et l'*Hyper Cord*. Ce chercheur aura pour mérite de livrer des bases de données alliant dessins, son et textes. Concept auquel s'ajoutera le dessin animé. Il quitte Apple en 1990 pour fonder une société nommée General Magic. L'aventure sera de courte durée. Il s'adonne depuis à sa deuxième passion : la photographie.

Burrell Caver Smith est né en 1955. Il est l'ingénieur qui va concevoir les circuits imprimés du Macintosh. Embauché par la compagnie en 1979 en tant que réparateur, il se fait rapidement un nom en aidant Bill Atkinson à augmenter la mémoire des appareils dont il assurait l'entretien grâce à une technique inusitée. Atkinson le recommandera chaudement à Raskin. Burrell Caver Smith quittera la boîte en 1985 suite à une mésentente avec la direction.

Andy Hertzfeld est né en 1953. Il travaillera aux logiciels du Mac. Diplômé en sciences informatiques à Berkeley, il entre au service d'Apple en 1979. On peut lire sur sa carte d'affaires *software wizard*, c'est-à-dire *magicien du logiciel*. Ce qu'il est sans aucun doute. Ayant à son crédit la conception du système d'opération du Mac, il se consacre maintenant à recueillir les témoignages concernant la révolution informatique, tout en travaillant pour Google. Pour terminer, Susan Kare fut invitée à se joindre à l'équipe du Mac par Andy Herzfeld. Née en 1954, c'était une artiste graphique exceptionnelle, détentrice d'un doctorat de l'Université de New York. Elle créa de nombreux éléments d'interface du Mac. En 1985, quand Jobs quitte Apple, elle le suit pour participer à l'aventure de l'ordinateur NeXt. Susan Kare vit toujours de son art. L'aspect design du Mac sortira du génie conjugué de Terry Oyama et Jerry Manock. Mais tous deux avoueront assez honnêtement que leur travail, du début à la fin, avait été guidé par les idées et l'inspiration de Jobs en personne. À ces ingénieux artisans s'ajouteront George Crow, Chris Espinosa, Joanna Hoffman, Bruce Horn, Guy Kawazaki et Daniel Kottke.

La sortie du Mac se fera en 1984 avec tambours et trompettes, c'est le moins qu'on puisse dire.

Jobs qui sait faire les choses à ce niveau réserve les 39 pages publicitaires du magazine *Newsweek* au coût de 2,5 M $. Il commande un bref film publicitaire conçu par Ridley Scott, qui venait de terminer le classique *Blade Runner.* Cette publicité est projetée au moment du Super Bowl, où les messages publicitaires de trente secondes coûtaient à l'époque 600 000 $. *1984*, le titre de la pub, inspiré du célèbre roman de George Orwell, reprend le thème de la lutte contre Big Brother, en l'occurrence IBM. Au menu, le Mac, sous les traits d'une athlète inconnue, libérant l'humanité du conformisme plat dans l'univers des ordinateurs. Une pub couronnée de nombreux prix qui s'imposera comme un classique du genre.

Même avec un lancement aussi éclatant, bien que doté d'une technologie aussi révolutionnaire, la vente des Mac restera longtemps sous la barre des 10 % du marché, atteignant un sommet de 13 % en 1993. Une donnée significative : en 1998, le Mac comptabilisait 2,8 millions d'appareils vendus, alors que 100 millions de PC et marques affiliées inondaient le marché.

En 1998, l'arrivée du iMac, avec le retour de Jobs aux commandes d'Apple, et le lancement du Power Mac G4 l'année suivante, vont remettre la compagnie en piste. C'est que partout à travers le monde, l'Applemania est demeurée une constante. Avec ses fanatiques de la marque, un pdg charismatique adulé et ses cathédrales partout sur le globe qui portent le nom de Mac Stores. Comme le souligna un jour le célèbre sémiologue Umberto Eco : « *il y a des marques qui dépassent leur statut commercial pour s'ériger en véritable religion* ». Dix-huit ans après la déclaration de guerre d'Apple avec Mac au poing, IBM baisse pavillon. En effet, en 2002, la Big Blue Machine, concurrencée par Compaq, Dell et bien sûr Apple, abandonne la production des PC. Le Mac, comme l'avait anticipé la pub de Ridley Scott, avait éliminé Big Brother.

En 2005, Jef Raskin décède d'un cancer du pancréas à l'âge de 61 ans. Steve Wozniak, cofondateur d'Apple, lui rend un hommage appuyé. « *C'est lui*, dit il, *qui convainquit Jobs d'aller explorer ce que Xerox avait produit comme innovations avec des technologies de pointe* », avec les résultats que l'on sait. Woz ajouta que le rêve de Raskin changea le monde, qu'il fut sans contredit le plus important personnage de la révolution de l'ordinateur personnel à ce jour. Pas un mince compliment venant d'un tel pionnier des ordinateurs.

Le génie technologique de Raskin et le talent inouï de Jobs en matière de marketing s'étaient alliés pour faire du Mac l'ordinateur personnel phare de cette fin de siècle. Après son départ d'Apple en 1981, Raskin obtint le financement de la compagnie Canon pour lancer le *Canon Cat* qui n'eut qu'une très brève existence. Lancé en 1987 au prix de 1 495 $ pièce, cet ordinateur qui utilisait le même microprocesseur que le Mac, soit le 6800 de Motorola, avait la particularité de n'utiliser ni pictogrammes, ni souris, mais de faire appel à un clavier aux touches particulières pour les commandes. On en vendit 20 000 exemplaires, avant que Canon décide d'interrompre la production, six mois après le lancement.

Jef Raskin était un musicien accompli et un artiste. Ses œuvres firent l'objet d'une exposition au New York Museum of Modern Arts. Il eut même l'occasion de diriger l'Opéra de San Francisco. Dans ses passe-temps, Raskin pratiquait le tir à l'arc, la conception d'avions en modèles réduits, et la course automobile.

Auteur du livre *Humane Interface* publié en l'an 2000, Raskin travaillait dans les dernières années de sa vie à un logiciel nommé *Archy*, un programme qui faciliterait l'utilisation de l'ordinateur, son éternelle obsession. Un documentaire qui lui rend hommage fut réalisé par Dave Burstein.

Trois hommes de l'ombre : Allen, Wozniak et Motwani

Il est indéniable que ce sont les compagnies Apple, Microsoft et Google qui ont généré le carré d'as que sont Steve Jobs, Bill Gates, Larry Page et Sergey Brin. À eux quatre, ils incarnent la grande révolution de la micro-informatique dans ses aspects les plus visibles.

Ce qu'on oublie toutefois, c'est que trois hommes de l'ombre, ou de second plan si l'on préfère, ont joué un rôle capital dans la réussite phénoménale des entreprises mises sur pied par ces géants. Paul Allen, féru d'électronique, persuada Bill Gates de laisser tomber ses études à Harvard pour fonder Microsoft.

Steve Wozniak, à l'époque ingénieur sans diplôme, conçut les schémas électroniques des ordinateurs Apple I et II qui lancèrent la compagnie.

Rajeev Motwani enfin, est considéré par Page et Brin comme leur mentor dans la fameuse formule mathématique qui devait donner au monde le moteur de recherche le plus performant sur le marché.

Pleins feux donc pour une fois sur Paul Allen, Steve Wozniak et Rajeev Motwani.

L'odyssée de Paul Allen aux côtés de Bill Gates débute à l'adolescence. En 1968, les deux compères âgés respectivement de 15 et 13 ans prennent un plaisir fou à bidouiller sur un mini-ordinateur PDP-10 loué par l'école privée de Seattle qu'ils fréquentent, le Lakeside High School. Leur talent conjugué réussit à faire émerger de cet appareil un petit jeu de Tic-Tac-To informatisé. Peu après, ils fondent avec deux autres amis une petite compagnie qu'ils baptisent Lakeside Programmer's Group. Viennent alors de petits contrats pour tester et sécuriser des programmes informatiques écrits en langage assembleur. Ils sont même embauchés pour une brève période par Traf-O-Data, une compagnie qui fabriquait des appareils pour compter les autos en circulation. Une foule d'initiatives qui soudera l'amitié de Paul et Bill pour toujours, et qui leur fera gagner des milliards de dollars par la suite.

Quarante-deux ans après les événements qui apparaissent ci-haut, Paul Allen navigue lentement sur l'un de ses trois navires, probablement l'Octopussy, de 127 mètres de long. Au moment de sa construction en 2003, il s'agissait du plus long et du plus luxueux yacht privé au monde. Paul Allen est célibataire, et on ne lui a jamais connu de liaisons. Avec une fortune estimée à quelque 13,5 G $ en 2010, et à la tête de plusieurs sociétés dans la sphère des hautes technologies, il mène le genre de vie dont rêvent les hommes. Mais Paul Allen est malade, et la route fut longue pour en arriver là. Le génie de Paul Allen se manifestait dans sa passion pour l'électronique et tout ce qui s'y rapportait, comme le fonctionnement des ordinateurs, ou les secrets du générateur Van de Graff, ou encore les robots dirigés par ultrasons.

Les années passent. Paul Allen s'inscrit à l'Université de l'état de Washington. Il interrompt ses études deux ans plus tard pour joindre la compagnie Honeywell de Boston à titre de programmeur. Son ami Gates est déjà sur la côte est, à Harvard plus précisément. En décembre 1974, Allen, qui effectue un voyage par autobus, tombe sur un article annonçant la sortie de l'ordinateur personnel Altair. C'est le coup de foudre. Nous avons raconté précédemment dans le chapitre consacré à Gates comment lui et Bill, qu'il a convaincu d'abandonner l'université, se sont impliqués avec la compagnie d'Ed Roberts pour fournir le logiciel de fontionnement BASIC. Par la suite, les choses iront vite. Fondation de Microsoft (1975), contrat avec IBM pour fournir le système d'exploitation de leur appareil (1981) et fortune en termes de milliards de dollars en 1986 avec l'entrée en bourse de Microsoft. Paul Allen jouera un rôle clé dans la croissance de Microsoft. À titre de directeur technique, précisons-le, car Bill Gates s'occupait surtout du marketing et de la gestion de la compagnie. Ce sera sous sa gouverne que Microsoft investira des montants faramineux dans la recherche et le développement. Cette façon de faire sera ce qu'il léguera de plus précieux à la compagnie. Car depuis des décennies, Microsoft domine mondialement l'industrie du logiciel grâce à cette injection de fonds. En 2010, quelque 10 milliards de dollars sont consacrés au perfectionnement des produits Microsoft, soit 30 % de plus que ce qu'IBM alloue à ce poste budgétaire. Paul Allen abandonnera assez rapidement ses activités dans la célèbre usine de logiciels, tout en restant actionnaire et membre du conseil d'administration. En 1983 la maladie de Hodgkin, un cancer touchant les ganglions, le frappe durement. Chimiothérapie, transplantation de moelle osseuse, tout est tenté pour le sauver. Paul survivra une première fois à la maladie. En 2000, il abandonne cette fois le conseil d'administration de Microsoft pour se limiter à un rôle d'actionnaire.

En cessant de jouer un rôle actif dans Microsoft, Paul Allen, cité deux années de suite par le magazine *Time* comme l'une des cent personnalités les plus influentes de la planète, s'est impliqué dans une foule de projets qui apparaissent sous le parapluie de la société Vulcan Ventures. Plus d'une quarantaine de compagnies dans les domaines des hautes technologies et des médias rythment le quotidien de cet homme d'affaires hors du commun. Sans compter son implication dans des activités sportives : il est propriétaire de l'équipe de *football* Seahawks et de l'équipe de *basketball* Trail Blazers. Il s'investit dans des projets hors norme, tels que le SpaceShipOne, avion capable de monter dans l'espace, et l'observation astronomique par l'Allen Telescope Array, destiné à fouiller l'espace pour déceler des ondes d'origine extraterrestres. Sans oublier l'Allen philantrope : en phase avec Bill, son ami de toujours, il a accepté en 2010 de donner au moins 50 % de sa fortune à sa fondation.

Depuis 2009, Paul Allen combat un autre cancer des ganglions, sans pour autant cesser ses activités. Belle leçon de courage de la part de celui qui, selon ses propres dires, eut toujours la passion d'anticiper le futur pour résoudre des problèmes à venir.

Si Steve Jobs a créé Apple Computer, devenu au fil des ans Apple Inc., il ne fait aucun doute que le seul et unique inventeur des deux premiers ordinateurs de cette compagnie fut Steve Wozniak.

Né en 1950, cinq ans avant Jobs, dans la Silicon Valley, ce garçon d'origine polonaise a la chance d'être initié très tôt aux mathématiques et à l'électronique par un père ingénieur à l'emploi du grand avionneur Lockheed. Un paternel qui lui donnera la passion du métier d'ingénieur tout en lui inculquant que, dans la vie, l'honnêteté constitue la valeur suprême. À onze ans, il conçoit déjà son matériel de radioamateur. Deux ans plus tard, ce surdoué décroche un prix chez les jeunes scientifiques pour la conception d'une calculatrice à base de transistors.

Bon sportif, notamment au baseball, à la course et en natation, mais timide, le jeune Wozniak s'oriente tout naturellement vers les sciences à l'Université de Berkeley. Après trois années d'études en ingénierie, par manque d'argent, il décide en 1973 de postuler un emploi au sein de l'entreprise technologique Hewlett-Packard. Il y travaillera au perfectionnement d'une calculatrice, la HP-35, une pure merveille pour l'époque qui a relayé aux oubliettes la règle à calcul, compagne fidèle des scientifiques depuis des lustres.

Mais la Californie du début des années soixante-dix, du moins les milieux que fréquente Woz comme le *Homebrew Computer Club*, bourdonne avec l'arrivée du premier micro-ordinateur, l'Altair. La rencontre de Bill Fernandez, un passionné d'électronique comme lui, lequel lui fera rencontrer Steve Jobs, va orienter son destin.

Il y aura d'abord avec Jobs ce projet d'appareil appelé Blue Box qui permettait de court-circuiter les circuits téléphoniques sans frais. Sa période « *phone freak* »[20] selon lui, un projet dont il sera question au chapitre touchant le *hacking*. Rapidement, les deux compères dont les talents et les personnalités se complètent merveilleusement, passent à l'idée de fabriquer et de mettre en marché un ordinateur personnel

---

20 Terme désignant un pirate téléphonique.

digne de ce nom. Jobs se charge d'acquérir les pièces et de placer les futures commandes. Wozniak, hippie bien particulier qui ne consomme ni alcool ni drogue, mais adore Bob Dylan, s'attaquera à tout l'aspect technique de la chose. Au-delà de ses multiples talents en électronique et en informatique, l'atout maître de Steve Wozniak pour le projet est d'avoir analysé en profondeur, durant son adolescence, les schémas de conception de la quasi totalité des ordinateurs existants. Au point d'être devenu un véritable expert en la matière. L'ordinateur Altair qui suscite l'engouement de tous ne l'impressionne guère, lui qui cinq ans auparavant, par pur amusement, concevait le même type d'embryon d'ordinateurs qu'il nommait des « *cream soda computers* ». Il y avait aussi eu ce bref passage chez Atari pour la conception du jeu Breakout. Une parfaite mise en condition pour le design technique du futur appareil. Wozniak se mit à sa table à dessin pour concevoir les circuits électroniques qui le mèneront à l'Apple I, appareil qui sera vendu 666,66 $. Et puis, miracle ! L'argent commence à entrer. Mais déjà, Wozniak est sur la touche pour mener à bien le futur Apple II.

Nous n'insisterons pas pour le moment sur les péripéties entourant la levée de fonds pour ce second appareil révolutionnaire. Qu'il nous suffise de mentionner qu'un dénommé Mike Markula joua le rôle d'*angel investor*, expression qu'utilisent les Américains pour désigner des investisseurs qui prennent l'allure de sauveurs pour donner naissance à des idées audacieuses. Sans ce Markula, il y a fort à parier que la compagnie n'aurait pas connu l'immense succès que l'on sait.

Apple II se révélera une véritable merveille technologique.

Doté d'un processeur MOS Technology 6502, fonctionnant avec 8 bits à 1 MHz et présentant un RAM riche de 4 Ko extensible à 64 Ko, l'ordinateur, sorti tout armé du cerveau de Wozniak, est une véritable révélation. La suite est bien connue. En 1980, Apple entre en bourse, sur Nasdaq, et Wozniak devient multimillionnaire.

Puis débute le projet Apple III auquel Wozniak ne consacrera que très peu de temps. Le nouvel ordinateur s'avère un échec complet.

Wozniak expliquera que la part trop grande laissée aux experts en marketing au détriment des ingénieurs de la boîte avait tout gâché. En 1981, l'ingénieur quitte l'entreprise. Il est victime d'un grave accident d'avion qui le laisse pour un temps amnésique. Mais il s'en sort et décide de terminer ses études en ingénierie sous le nom de Rocky Clark. Retour chez Apple en 1983. Deux ans plus tard, fort d'une fortune estimée à quelque 100 M $, il quitte de nouveau pour fonder une compagnie. Sa nouvelle entreprise se nomme CL9. Son ambition : mettre au point une télécommande universelle afin de faciliter la vie aux consommateurs. Mais le projet échoue. Cet échec met fin, pour ainsi dire, à la vie d'ingénieur de cet homme dont le nom et les inventions sont honorées au National Inventors Hall of Fame, dont le musée est situé à Akron, en Ohio.

La vie de Steve Wozniak évoluera par la suite à travers une foule de projets plus ou moins heureux, dont le financement de concerts tant aux États-Unis qu'en ex-URSS par exemple, question de rapprocher les peuples. Il participa à des entreprises philantrophiques, notamment en fournissant des ordinateurs aux très jeunes écoliers et en les initiant à cette merveilleuse technologie. Une succession de quatre mariages avec Alice Robertson, Candice Clark, Suzanne Mudern et Janet Hill, d'où naîtront trois enfants, lui démontreront que la vie à deux est souvent plus difficile que le plus complexe des ordinateurs. Au cours des années 90, il ne se montra pas très enthousiaste à la sortie du iMac. Par contre, quand Apple mit en marché l'iPod, il cria au prodige. Steve Wozniak est toujours à l'emploi d'Apple Inc. Moyennant un salaire très modeste, l'ex prodige du micro-ordinateur se montre toujours disposé à rencontrer des gens, le plus souvent des jeunes, pour les convaincre que les cerveaux électroniques sont sans doute les plus belles choses à avoir meublé la planète.

Rajeev Motwani, originaire des Indes et complètement inconnu du grand public, ne le cède en rien aux Allen et Wozniak au niveau de l'influence qu'il a exercée pour la naissance du géant du Web qu'est Google.

Ouvrons une parenthèse pour préciser que, périodiquement, comme elle l'a fait avec Motwani, l'Inde fait découvrir à l'Occident les génies qu'elle recèle. Au début du vingtième siècle, le mathématicien autodidacte Srinivasa Ramanujan (1887-1920) éblouit le monde avec ses avancées sur la théorie des nombres. Plus tard, durant le même siècle, l'astrophysicien Subrahmanyan Chandrasekhar (1910-1995) se vit décerner le prix Nobel avec sa théorie sur l'évolution des étoiles. Enfin, en 2007, le prodigieux Viswanathan Anand décrocha le championnat mondial du jeu d'échecs. Né en 1962, Rajeev Motwani, jadis enseignant à Stanford en sciences informatiques, est à classer dans la catégorie des chercheurs théoriques de ce savoir. Ayant grandi à New-Delhi dans une famille dont le père était militaire, il caressa tout jeune le projet de devenir mathématicien. Il décroche un bac en sciences informatiques à l'Université de Kanpur avant de faire le saut aux États-Unis en 1988, à Berkeley plus précisément, pour terminer des études doctorales sous la direction de Richard Karp, ce dernier étant mondialement réputé pour sa vision théorique des algorithmes destinés aux communications entre ordinateurs. C'est à lui d'ailleurs que nous devons l'algorithme dit d'Edmonds-Karp pour résoudre les problèmes du flux maximum dans un réseau. Nous voyons déjà se profiler le type de problèmes que devront affronter Page et Brin pour concevoir Google. Mais n'anticipons pas.

Dès son arrivée à Stanford en 1993, Sergey Brin avait eu comme tuteur le professeur Motwani. Leurs efforts se concentraient sur la meilleure façon d'extraire des informations choisies d'une énorme quantité de données.

À l'époque, le Web était un véritable fatras. Chercher des données précises relevait de l'expédition aveugle. Après des heures et des heures, la moindre recherche sur le Web aboutissait à une multitude de résultats apparaissant dans le désordre. Maître et étudiants s'associèrent alors pour créer un nouveau groupe centré sur cette question. Les recherches sur ce sujet étaient rares. Les moteurs de recherche existants, *WebCrawler, Lycos, Magellan, Infoseek, Excite* et *HotBob* étaient loin d'être efficaces. Le *MIDAS*, acronyme de *Mining Data at Stanford* voit donc le jour. Au fil des mois, Motwani et Brin, forts des réflexions du groupe, produisirent un certain nombre de communications scientifiques sur le sujet.

En 1995, Motwani avait testé un moteur de recherche de son cru baptisé *Inktomi*. Déjà se profilaient des pistes de solution prometteuses.

De son côté, Larry Page analysait comment fonctionnait le moteur de recherche AltaVista. Son attention se porta sur l'importance des liens en surbrillance que l'on retrouvait sur le Web. Encore une fois, c'était une piste prometteuse au niveau de la fréquence de consultation de ces liens.

Mowatmi, Brin et Page travaillèrent finalement en étroite collaboration. Ils le firent non pas dans une perspective d'hommes d'affaires pressés de trouver le moteur de recherche gagnant, mais dans l'optique purement scientifique qui se résumait à répondre à la question suivante : comment améliorer le système de recherche sur le Web. Les profondes connaissances de Mowatmi en mathématiques furent providentielles. Ayant étudié sous la direction de Richard Karp, comme nous le précisions en début de texte, il décida d'utiliser l'algorithme dit *Edmonds-Karp* que ce dernier avait développé pour résoudre le problème du flux maximum dans les réseaux. Le tout aboutira à la signature d'une communication scientifique avec Page, Brin et Terry Winograd, un enseignant de Stanford, sur l'une des clés principales du succès technique de Google, que l'on nommera l'algorithme *PageRank*. Cet algorithme, pour ceux et celles que cela intéresse, se lit comme suit :

$$PR(A) = (1-d) + (PR(T1)/C(T1) + \ldots PR(Tn)/C(Tn)$$

Pour le duo, l'aboutissement de cette équation se soldera par une fortune estimée à des dizaines de milliards de dollars.

Rajeev Motwani continuera sa vie d'enseignant, de chercheur et de conseiller pour des *start-up* (entreprises internet en démarrage) liées aux technologies de pointe. Notamment PayPal, une entreprise spécialisée dans l'envoi d'argent par courriel.

Récipiendaire du prestigieux prix Gödel en 2001, prix destiné à couronner des travaux remarquables d'informatique théorique, le chercheur, père de deux enfants et âgé de 47 ans, périra accidentellement par noyade dans sa piscine en 2009. Depuis des lustres, il se promettait qu'un jour, il suivrait des cours de natation…

La poignée de mains électroniques de Hayes

Comme nous l'avons vu dans un chapitre précédent, le chercheur George Stibitz avait réalisé une première, le 11 septembre 1940, en faisant communiquer deux ordinateurs par réseau téléphonique. Dennis C. Hayes prolongera cette expérience en mettant en marché, trois décennies plus tard, un appareil fort ingénieux, le modem, qui créera un réseau de communications entre les mordus du micro-ordinateur. Mais il aura fallu bien du temps avant que la poignée de mains des cerveaux électroniques d'un génial autodidacte devienne une pratique courante et répandue.

En fait, le projet de communiquer par l'intermédiaire de lignes électriques remonte bien plus loin. C'est au milieu du XIXe siècle que l'invention du télégraphe, par Samuel Morse, en 1844, trouvaille géniale s'il en est, devait mettre au rancart les carrioles et chevaux de l'agence de poste Pony Express. Désormais, les messages urgents allaient voyager par lignes électriques. Le morse, fait de points et de tirets, fut le premier code permettant une communication à distance. Puis, nouvelle révolution en 1876 avec l'arrivée de la téléphonie. Une invention sortie du cerveau de l'Écossais immigré aux États-Unis, Graham Bell. Cette fois, les lignes électriques pouvaient transmettre la voix sur des distances infinies pour l'époque. Détail intéressant pour la suite de notre histoire, l'inventeur fut confronté sa vie durant au problème de la communication, sa mère et son épouse étant sourdes. Il inventa donc des appareils auditifs qui l'amèneront à l'invention de la téléphonie.

En 1901, une nouvelle étape est franchie quand l'inventeur Donald Murray impose le téléscripteur avec clavier de machine à écrire et bande perforée. L'appareil, qui utilise également un réseau de lignes, permet de transmettre l'information écrite. Les agences internationales de presse comme *Associated Press, Reuters, Havas/Agence France-Presse, Tass* et *Agenzia Stefani* communiqueront ainsi partout sur la planète jusqu'aux années 80 pour alimenter la nouvelle. Mais à partir des années 1970, les télécopieurs, puis l'entrée en masse des micro-ordinateurs, entraînent des mutations majeures dans les communications, mutations dont le modem est une composante clé.

Le modem, un acronyme des termes MOdulateur-DEModulateur, est un périphérique qui permet à des ordinateurs de communiquer par l'intermédiaire de lignes téléphoniques. Si on oublie l'expérience de Stibitz, on peut affirmer que le précurseur de ce dispositif électronique, fabriqué par IBM, a été utilisé pour la première fois entre les radars du réseau SAGE postés aux États-Unis et au Canada, dans les années 1950. La première application civile de cette invention permettra de relier des compagnies d'aviation aux agences de voyage pour l'émission de billets. Dans les années soixante, la compagnie Bell, forte d'une percée majeure dans les technologies de digitalisation et de modulation, reliera ses centrales téléphoniques par le même procédé. Avec l'entrée en force des ordinateurs personnels au milieu des années soixante-dix, la mise au point d'un modem particulier reliant ces appareils fera la fortune de son inventeur. L'aventure du modem inventé par Dennis C. Hayes débute en 1977. Détail qui a son importance et qui nous ramène à Graham Bell confronté aux handicaps de perception de son entourage, car Hayes souffre d'un touble visuel dégénératif. Ce qui n'est sans doute pas étranger à son désir d'inventer un mode de communication perfectionné pour relier les hommes.

Ce bricoleur surdoué naît à Spartenburg, Caroline du Sud, en 1950. De brèves études techniques au *Georgia Institute of Technology*, puis le voilà à l'emploi de quelques compagnies en communication de haut niveau dont AT&T. Pendant dix ans, il apprend toutes les ficelles de l'électronique, domaine qui le passionne. C'est pendant qu'il est à l'embauche de la *National Data Corporation* qu'il réalise l'immense potentiel que recèle la communication de données par ordinateurs. Avec un copain du nom de Dale Heatherington, qui quittera rapidement le projet, et fort des connaissances acquises sur les microprocesseurs alors qu'il travaillait chez Financial Data Sciences, il s'emploie, à temps perdu, à assembler sur un bout de table de cuisine des pièces électroniques disparates. Son but : mettre au point un dispositif de communication adapté aux micro-ordinateurs, le fameux modem.

Les principes sur lesquels s'appuie cet appareil électronique sont les suivants. On sait que les ordinateurs fonctionnent sur le mode digital, c'est-à-dire qu'ils utilisent un langage binaire fait de 1 et de 0, ces symboles signifiant que le courant passe ou ne passe pas dans un circuit. Les systèmes électriques qui transmettent la voix par la téléphonie fonctionnent, eux, sur un mode analogique parce qu'ils couvrent toutes les valeurs que peut prendre l'intensité d'un courant relié aux ondes sonores. Pour faire une comparaison avec le domaine musical, un piano fonctionnerait en numérique. Une note est émise ou non selon qu'une touche est actionnée ou pas. Un violon par contre relèverait de l'approche analogique : l'archet sur les cordes génère toutes les fréquences de sons. Par l'intermédiaire d'un réseau électrique, le modem permet à deux ordinateurs de communiquer ensemble. Dans un premier temps, le modem transforme les impulsions numériques de « l'ordinateur émetteur » en mode analogique, c'est-à-dire module ou transforme ces impulsions pour les faire voyager sur la ligne de courant. Par la suite, le modem sert à démoduler ces ondes pour que « l'ordinateur récepteur » puisse les interpréter sur un mode numérique.

Au début, l'entreprise de Hayes relevait presque du cocooning. Le bouche-à-oreille, les ventes entre amis et autres étaient adaptés à une production des plus artisanales. Mais très rapidement les initiés se multiplient. Rendre possible la communication entre des ordinateurs donne une dimension fantastique à la micro-informatique naissante. La demande prend de l'ampleur.

En janvier 1978, avec une mise de fonds de 5 000 $, il fonde sa compagnie, la *DC Hayes Associates Inc.* qui sera connue plus tard sous le nom de *Hayes Communications*. Au début, le modem n'est adapté que pour l'ordinateur Apple II. Mais en quelques années, Hayes impose son monopole dans le domaine. En établissant notamment en 1981 le « Hayes Standard AT » pour les PC. Quatre ans plus tard, les ventes atteignent 120 M $. Malheureusement pour Hayes, la révolution Internet bouleversera en profondeur le mode de communication des ordinateurs, reléguant presque aux oubliettes la belle aventure du modem. On dit bien presque, puisque *Netscape Service Accéléré* offre à ses utilisateurs nomades un accès à Internet par commutation à l'aide d'un modem 56 K, c'est-à-dire transmettant 45 000 à 50 000 bits par seconde. En 1994, une procédure de faillite de sa compagnie est amorcée. En 1999, la compagnie de Hayes cesse complètement ses opérations. Exit le modem, et bienvenue dans le monde du Web.

Les rendez-vous manqués de Kildall et Paterson

L'élément clé pour le fonctionnement d'un micro-ordinateur, on le sait, est le système d'exploitation qu'on désigne en anglais par Operating System (OS). Un composant capital puisque le matériel est inutilisable sans lui. Il s'agit d'un logiciel de base destiné à commander l'exécution des programmes en assurant la gestion des travaux, les opérations d'entrée et de sortie sur les périphériques, l'affectation des ressources aux différents processus, l'accès aux bibliothèques de programmes et aux fichiers, ainsi que la comptabilité des travaux. À ce chapitre, le PC d'IBM et de Microsoft a une dette immense envers deux hommes : Gary Kildall qui écrira le PC/M, le système d'exploitation qui dominera l'industrie du micro et inspirera un très grand nombre de concepteurs, et Tim Paterson, créateur du MS-DOS, l'âme du système Microsoft.

Lorsque Gary Kildall meurt en 1994, à l'âge de 52 ans, pour des raisons qui n'ont jamais été clairement élucidées, chute d'une échelle, arrêt cardiaque, blessures consécutives à une bagarre dans un bar, on ne sait trop, peu d'utilisateurs de PC dans le monde sont conscients que sa disparition est une immense perte pour le monde informatique.

Reçu docteur en science informatique en 1972, Gary Kildall, ce natif de Seattle dans l'État de Washington, comme Bill Gates qu'il a d'ailleurs connu, s'oriente vers les services de la Défense américaine à titre d'enseignant en informatique à l'école navale. Jeune, ce descendant de Norvégien n'était intéressé que par le bricolage d'automobiles. Puis ses goûts évoluèrent passionnément pour les mathématiques. Rendu à l'étape des études universitaires, les ordinateurs furent au centre de sa vie. C'est dans une base située à Monterey en Californie, où il initie ses étudiants au fonctionnement des mini-ordinateurs PDP-10, qu'un microprocesseur 4004 lui tombe sous la main, le premier à sortir des usines Intel, une primeur mondiale. Une telle merveille électronique incite Kildall à expérimenter avec ses étudiants sur ce circuit intégré des plus performants. On lui confie alors le projet de créer un langage de programmation pour le 4004. Assez rapidement, le PL/M qui signifie Programming Language/Microprocessor sort tout armé de son cerveau, un langage dont les concepts lui serviront à programmer un microprocesseur beaucoup plus performant, le 8080, également d'Intel. Excellent pédagogue et chercheur, l'un de ses étudiants, Gordon Eubanks, adaptera le langage Basic à ce système d'exploitation. Kildall quitte la carrière militaire, où la guerre du Vietnam l'avait entraîné, en 1976 pour devenir consultant. Sa compagnie, Intergalatic Digital Research, met au point, entre autres, des systèmes servant à opérer les disquettes. À cette époque, deux compagnies, MITS et IMSAI vendent des ordinateurs en kits basés sur le microprocesseur 8080. MITS offre une version BASIC conçue par Bill Gates et Paul Allen pour opérer les disquettes, un système somme toute peu performant. Néanmoins, talonné par la concurrence, IMSAI offre à Kildall 25 000 $ pour opérer sous licence le CP/M qu'il a mis au point. Kildall, qui jouit d'une solide réputation dans le milieu, décide alors de perfectionner le CP/M qu'il a conçu lors de sa période d'enseignement, et de livrer aux amateurs et aux manufacturiers une version améliorée et très performante de son système d'exploitation.

Il fonde alors la compagnie Digital Research Inc. avec sa compagne Dorothy McEwen et se met au travail. Le résultat dépasse toutes les espérances. Dès 1978, un très grand nombre de manufacturiers, Apple, Radio Shack, Commodore, Zenith, Sharp, entre autres, font appel au système inventé par Kildall, baptisé CP/M-86, qui permet d'opérer sous des langages informatiques aussi différents que Fortran, Pascal et Microsoft Basic.

En cette fin des années soixante-dix, la révolution du micro bouillonne. Alors qu'Intel lance un microprocesseur de 16 bits, le 4004 n'en comptait que 4, qu'il nomme 8086, et qui sera suivi d'une version moins dispendieuse, le 8088, IBM, le géant du secteur, manœuvre pour mettre en marché son propre ordinateur. Le défi pour IBM est alors d'accéder à un système d'exploitation qui lui permettra une utilisation efficace du 8088, le microprocesseur qu'il a retenu d'Intel. Sans hésiter, on approche Gary Kildall. Selon la légende, celui-ci, pilote chevronné d'avions acrobatiques, aurait été en vol lors de la visite des représentants d'IBM à sa compagne et associée Dorothy McEwen. Celle-ci refuse les offres du géant informatique pour une licence d'exploitation du CP/M-86. Elle refuse également de modifier le système d'exploitation conçu par son mari. Elle fait une opposition nette aux sommes offertes par IBM, 250 000 $ selon la rumeur. Plus tard, Gary Kildall offrira à IBM une licence d'exploitation moyennant une redevance de 10 $ par copie vendue. Une offre qui n'aura aucune suite.

Ce refus n'est pas étranger au fait que Bill Gates est dans le décor. Il réalise que le CP/M de Kildall ne peut dans l'immédiat s'adapter au microprocesseur 16 bits d'Intel. Il propose donc à IBM un autre type de système d'exploitation. Immense coup de poker de celui qui deviendra dans un avenir lointain un joueur de bridge moyen. À cette époque, Gates n'a qu'une vague idée de la façon dont il livrera la marchandise. Mais Paul Allen, son brillant second, possède la solution. Il sait qu'un dénommé Tim Paterson au sein de sa compagnie, Seattle Company Products, planche sur un logiciel censé s'adapter au 8086. Voilà donc Tim Paterson qui fait son entrée dans l'histoire. Le moment est bien choisi puisque l'ouragan du PC montre déjà son nez à l'horizon. Né en 1956, sorti lui aussi de l'Université de Washington, Tim a fait des études à la dure puisqu'il devait travailler dans un atelier de dépannage informatique à Seattle pour payer ses frais de scolarité. Mais Paterson est brillant, comme le prouve la mention *magna cum laude/avec grande distinction*, acollée à son diplôme. Dès 1978, il trouve un emploi en tant que concepteur et ingénieur en informatique. À la sortie du microprocesseur 8086, il se met en tête de greffer un logiciel d'utilisation à cette puce électronique chargée de toutes les promesses. En avril 1980, il planche sur ce qu'il nomme QDOS, acronyme anglais pour Quick and Dirty Operation Systems, qu'on peut traduire par « système d'exploitation vite fait mal fait ». Paterson ne peut nier que les brillantes idées de Gary Kildall ont soufflé sur son bureau de recherche : sa codification est parfaitement compatible, c'est le moins que l'on puisse dire, avec le CP/M de Digital Research.

Quand Paul Allen lui apprend en décembre 1980 que Microsoft est fort intéressé à acquérir son système d'exploitation QDOS renommé SCP-DOS, Tim Paterson accepte. Il ignore que son logiciel est destiné à IBM, et il accepte un montant substantiel. C'est le coup du siècle pour le duo Gates/Allen qui scellera un contrat en or plaqué platine avec IBM, et une opportunité manquée pour Paterson. L'aventure du MS-DOS/PC-DOS commençait pour Microsoft. Le volet Windows était à venir.

Après l'échec de la transaction avec IBM, Gary Kildall, ne s'en tira pas trop mal. En 1983, sa compagnie affichait des revenus annuels de 44 M $. Il travailla à un manuscrit pour expliquer la naissance de l'aventure de l'informatique, et songea un temps à poursuivre IBM. À l'évidence, le DOS était basé sur son CP/M. Mais à l'époque, les droits d'auteur dans le domaine du logiciel étaient peu développés, la poursuite juridique semblait sans issue. Il mourut bêtement dans la force de l'âge. Dans l'éloge funèbre que son ami Tom Rolander écrivit, on pouvait lire que Gary Kyldall, qu'on disait le plus chaleureux des hommes, avait été « un pionnier parmi les pionniers ». Ce qui est fort juste. Tim Paterson, lui, travailla chez Microsoft et dans plusieurs autres grandes compagnies informatiques. Il fonda aussi des compagnies, notamment Falcon Technology et Paterson Technology. Sa réputation d'expert dans le milieu est bien sûr incontournable. Toujours en jeans, souriant, amateur de course automobile et de combats de robots informatisés, le créateur de DOS est très conscient de n'avoir été qu'un pion dans la stratégie de Microsoft pour conquérir le monde. Mais quel pion !

Voyage en portable avec Osborne et Fenselstein

Faut-il se surprendre qu'Adam Osborne, né en Thaïlande d'un père britannique et d'une mère polonaise, élevé en Inde et immigrant aux États-Unis, ait eu l'idée de concevoir un ordinateur portable ? L'idée d'Osborne se concrétisa entre autres par les travaux de l'ingénieur Lee Fenselstein, personnage également hors normes par ses liens avec la contre culture de la côte ouest. Après un départ fulgurant, *Osborne Computer* s'avéra un échec commercial. Mais l'avenir du portable, comme on le sait, allait donner raison à nos deux aventuriers.

Après avoir vécu sa jeunesse en Inde, Adam Osborne s'inscrit en sciences à l'Université de Birmingham en Angleterre. Puis il complète un doctorat en physique aux États-Unis. Brève carrière chez Shell au début des années 70, et voilà notre homme, à la mi-trentaine atteinte, qui se prend de passion pour la micro-informatique naissante. Un vif intérêt pour les ordinateurs et le goût de l'écriture se côtoient chez ce touche-à-tout qui se retrouve à collaborer à des magazines spécialisés comme *Interface Age* et *InfoWorld*. Osborne a l'œil fixé sur tout ce qui naît et bouge dans cette vallée de sable de Californie. De quoi s'abreuver d'idées. Surtout qu'Adam Osborne est un abonné du *Homebrew Computer Club* où se côtoient des dizaines de *nerds* en informatique qui s'apprêtent à changer le monde. La Californie, où Osborne explore l'univers du numérique, est une région que Lee Felsenstein connaît depuis un bon moment. Principal fondateur du *Homebrew*, qui entend révolutionner le monde par l'informatique, Lee présente un profil qui caractérise bien l'esprit de l'époque.

Dès son plus jeune âge, Felsenstein, né en 1945 à Philadelphie, subira des influences qui allaient orienter sa vie d'ingénieur et d'activiste. Un grand-père inventeur dans le domaine mécanique, un père artiste et militant du Parti communiste, qui le sensibilise à des causes sociales diverses, voilà un bon départ pour que ce jeune *baby-boomer* se retrouve aux premières loges de la contestation des années soixante. À ces données biographiques, ajoutons la lecture passionnée de Robert Heinlein, un phare de la science-fiction dont l'oeuvre met principalement en scène des marginaux évoluant dans des sociétés futuristes et s'opposant à de puissants systèmes totalitaires. Il puise également des idées chez le penseur Ivan Illich, qui s'attelle au développement développement de nouveaux outils d'apprentissage pour émanciper les populations. Ajoutons à ces lectures une brillante intelligence, et nous obtenons un beau mélange explosif.

Un événement allait orienter le sens de la vie de Lee.

Candidat à un poste à la NASA, l'organisme chargé des projets d'exploration spatiale du pays, le presqu'ingénieur Felsenstein est refusé sur le champ après avoir révélé que son père avait été un compagnon de route des communistes. Il n'en faut pas plus pour le convaincre que le monde doit changer. Nous sommes en 1964. Lee regagne donc son campus de Berkeley pour prendre part au *Free Speech Movement.* Il se joint aux milliers d'étudiants qui contestent l'engagement militaire de leur pays au Vietnam. Il fera même partie des quelques 738 personnes arrêtées lors de ces grandes manifestations passées à l'Histoire. Celui qui était devenu activiste par la force des choses, et qui avait abandonné ses études en ingénierie, fera une incursion à la fin des années soixante du côté de la presse *underground*, notamment au *Berkeley Barb* et au journal *The Tribe,* sans pourtant abandonner sa passion pour la technologie.

Une aventure amoureuse avec une certaine Jude Milhon, belle blonde, activiste, mais surtout experte en programmation, va définir la suite des choses. Lee, Jude et Efrem Lipkin, un *hacker* formé sur la côte est, ainsi que Peter Deutsch, dont il sera question dans un prochain chapitre, s'impliquent dans *Project One,* un vaste projet d'initiation populaire à l'informatique. Mais revenons à Adam Osborne. Sa double compétence d'écrivain et d'expert dans le domaine informatique l'avait amené à fonder une maison d'édition, faisant de lui un pionnier dans le journalisme des nouvelles technologies. Au milieu des années soixante-dix, la maison a publié une quarantaine de titres qui affichent de bons succès de vente. Osborne est même l'un des premiers écrivains à éditer des livres sur les microprocesseurs, une nouveauté à l'époque. Les succès de sa maison, sise au cœur de Berkeley, amènent le géant McGraw-Hill à faire une offre d'acquisition. Transaction accomplie, Adam Osborne se retrouve en 1979 à la tête d'une petite fortune qui l'oriente vers des opportunités de *start-up.* L'idée qui l'obsède est de mettre en marché un ordinateur portable. Un projet envisagé à l'époque par plusieurs passionnés d'ordinateurs. Osborne fait le tour des pontes du milieu, tentant tant bien que mal d'attirer des financiers intéressés.

Lee Felsenstein de son côté vivote. Le type est ingénieux et a avancé des idées qui ont aidé plusieurs industriels à améliorer leurs produits. On pense entre autres à la conception du terminal d'ordinateurs Sol entre 1977 et 1979 pour la compagnie Processor Technology Corporation, ou encore au gadget VDM-1 pour la mémoire vidéo. Mais rien ne va plus financièrement pour Lee.

Une rencontre va alors tout changer.

Lee et Adam se retrouvent un jour de mars 1980 sur le plancher du *West Coast Computer Fair*. Osborne communique son projet d'un ordinateur portable. Devant ce qu'il voit, Lee s'enthousiasme. Une entente de collaboration est vite conclue. Lee s'engage à mener à terme la conception physique, *le hardware* du futur ordinateur. (**voir Annexe 2, photo 8**).

Les choses vont rondement. Bill Gates, Seymour Rubinstein, Gordon Eubank, Richard « The Surfer » Frank et Gary Kildall sont contactés pour s'associer au projet moyennant des parts. Seul Kildall refuse. Question de ne pas prévilégier de clients pour son logiciel d'opération PC/M. Mais Gates et Eubank s'engagent à fournir les deux langages qu'acceptera la machine, à savoir C BASIC et Microsoft BASIC. En plus d'un investissement personnel de 20 000 $ dans l'affaire, Rubinstein offre son traitement de texte, le Word Star. Frank s'engage à développer les logiciels. Osborne définit sommairement le futur appareil. Il devra offrir les logiciels les plus demandés par l'utilisateur moyen, tel un traitement de texte efficace, par exemple. Côté dimensions, l'ordinateur devra pouvoir être logé sous le siège d'un avion. L'écran ne devra pas mesurer plus de cinq pouces. L'appareil comportera deux *disk drives* (deux lecteurs de disque) et une mémoire de 64 K. Le microprocesseur choisi a fait ses preuves. Il s'agit du Z80 conçu par Zilog. En avril 1981, le *West Coast Computer Fair* offre l'opportunité à une foule d'enthousiastes de contempler l'Osborne 1, premier ordinateur portable à être offert commercialement. En septembre, les ventes s'envolent. À 1 795 $ l'unité, l'aubaine est plutôt dispendieuse. Mais l'appareil, pesant 10 kg, est plutôt résistant. Rapidement, *Osborne Computer Corporation* est débordée par la demande. On croyait produire au total 10 000 ordinateurs. On réalise qu'il s'agit là des commandes pour un seul mois ! Et les millions de dollars s'empilent. La concurrence montre son nez. Kayro, Morrow Design et Cromenco, notamment, offrent pour ainsi dire le même appareil. À peu de variables près, Cromenco offre son ordinateur 5 $ de moins qu'Osborne. En deux années d'activités, Osborne grimpera son chiffre d'affaires à 100 M $. Du jamais vu. Puis le 13 septembre 1983, *Osborne Computer Corporation* déclare faillite. Adam, le pdg de la boîte, a commis l'immense erreur d'annoncer, le printemps précédent, que deux nouveaux appareils remplaceraient sous peu le modèle 1, et que celui-ci cesserait d'être produit. Les clients perdent alors confiance et s'éloignent. Cette bourde monumentale deviendra un sujet d'analyse dans les écoles de gestion.

Ainsi se termina l'odyssée d'Osborne 1, le premier ordinateur portable de l'histoire. Lee Felsenstein travaillera par la suite pour des firmes comme Interval Research Corporation et Pemstar Pacific en tant que consultant. Il œuvre présentement à temps perdu à mettre en ligne les archives du *Free Speech Movement* qui avait tant marqué ses années de jeunesse.

Adam Osborne tentera sa chance en fondant une nouvelle compagnie, la *Paperback Software International,* spécialisée dans les ordinateurs à bas prix. Puis, il commercialisa un clone du logiciel Lotus 1-2-3. Une initiative qui lui vaudra des poursuites. En 1992, il apprend qu'il souffre d'une maladie incurable au cerveau. Il retourne alors aux Indes, qui l'avaient vu grandir, pour y mourir onze ans plus tard.

Dans la foulée de l'aventure Osborne, on relève un certain nombre d'initiatives qui feront de l'ordinateur portable une réalité au quotidien. Au début des années 80, du temps où le duo Osborne/Felsenstein s'activait à donner vie à leur projet, Grid Systems Corporation, grâce aux travaux du Britannique William Moggridge, livrait à la NASA un portable baptisé *Grid Compass*, ordinateur pesant le cinquième d'un micro de l'époque. L'appareil accompagnera les astronautes du programme Space Shuttle dans leurs périples. Par la suite, des moments et des dates ponctuent l'évolution des ordinateurs que l'on souhaite de plus en plus personnels et de plus en plus petits, du TRS-80 de Radio Shack en 1983 au premier portable d'IBM, le modèle 5155, l'année suivante. De la percée Macintosh en 1989 qui évoluera en Powerbook deux ans plus tard, au Think Pad d'IBM en 1992, à l'iPad en 2010. Toute une évolution pour en arriver aux critères qui définissent de nos jours ce qu'est un portable. Un poids et un encombrement limités, on parle de 1 à 2 kg, un écran plat, une tablette touchpad qui remplace la souris, une connectabilité Wi-Fi et/ou Bluetooth, de nombreux ports USB, Ethernet, un disque dur et/ou une mémoire flash. Que dire de l'invasion des téléphones portables évoluant au fil des ans en véritables petits ordinateurs tenant dans la main ? Peut-on risquer le néologisme de nano-ordinateur ou mieux, de pico-ordinateur, pour les désigner ? Une question à poser aux quelques trois milliards d'êtres humains qui utilisent ou sont en voie d'utiliser le téléphone numérique intelligent. Une grande victoire, plus qu'espérée en somme, des rêveurs fous qui répondaient aux noms de Osborne et Felsenstein.

Quand Wang corrige les textes

Il en a fallu du temps pour que la presse à imprimer inventée par Gutenberg en 1438 soit dépassée. La mise au point du traitement de texte, associée à l'apparition de l'imprimante au laser, réalisa l'exploit.

Comme il est d'usage en Amérique, l'aventure commença par l'arrivée d'un citoyen en provenance de l'étranger, un citoyen habité par l'espoir de faire fortune. Après bien des aventures, l'ingénieur An Wang réussit à bâtir à l'époque l'un des plus grands laboratoires informatiques du monde.

Le multimillionnaire d'origine chinoise aura aussi la main heureuse en embauchant deux as en informatique : Harold Koplow et Dave Moros, deux individus hantés par l'idée de concevoir un traitement de texte[21], suivant en cela l'idée géniale de Paul Lutus.

Né en 1920 à Shangai, dans une famille de cinq enfants dont le père est professeur de langue anglaise, Wang manifeste très tôt un grand talent dans l'apprentissage des mathématiques. Un diplôme d'ingénieur en électrotechnique de la prestigieuse Université de Jiao Tong dont la réputation en Asie est à l'égale à celle du MIT en Amérique, et le voilà à l'aube d'une brillante carrière. Mais c'est sans compter sur les immenses

---

21 Programme informatique permettant de faire du traitement de texte. C'est-à-dire saisir, modifier et mettre en forme interactivement des écrits.

bouleversements dans cette région du monde à la fin des années trente. Victime d'une guerre civile, puis de l'occupation par l'armée japonaise, la Chine vit l'une des périodes les plus troubles de sa longue existence. An Wang se réfugie alors à Hong Kong où durant quatre ans il bricolera des postes de radio émetteurs-récepteurs pour les armées alliées.

À la fin du conflit en 1945, l'Amérique offre des bourses de perfectionnement sur son territoire. Wang s'embarque alors avec plusieurs de ses compatriotes vers cette terre devenue promise, en raison de la prospérité qui y règne. Mais Wang jouit d'un net avantage sur les gens qui l'accompagnent. Il maîtrise à la perfection la langue anglaise, seul héritage que son père lui légua. Il connaît à fond les technologies d'avant-garde qui se sont développées sur le continent ; car durant ses études, il se faisait fort de traduire les articles de revues spécialisées comme *Popular Mecanics.* Il porte la culture américaine dans son cœur et celle-ci a pour images le film *Autant en emporte le vent,* et les westerns mettant en vedette Gary Cooper, entre autres.

Une fois là-bas, il opte pour des études à Harvard plutôt que des stages dans des compagnies comme Westinghouse ou RCA. Il y décrochera une maîtrise puis un doctorat en physique appliquée. Sous la supervision de son mentor, le docteur en physique Leon Chaffee, il mène à terme une thèse sur un sujet on ne peut plus abscons concernant les équations différentielles non linéaires utiles pour calculer certains types de circuits oscillants. Chemin faisant, il s'initie aussi aux circuits numériques, la technique de base des ordinateurs d'après-guerre.

Nous sommes en 1948. Le Dr Howard Aiken, un pionnier dans la conception des ordinateurs, œuvre à mettre au point, à Harvard, le premier ordinateur entièrement électronique, le Mark IV. Wang réussit à intégrer son équipe, où son immense talent le pousse à inventer une mémoire à noyau (core) magnétique, invention pour laquelle il dépose une demande de brevet. Il s'agit d'une mémoire utilisée dans les ordinateurs avant l'apparition de la mémoire vive (RAM) dans laquelle chaque position de mémoire, connue sous le terme de « bit », est matérialisée en un tore de ferrite. Un tore est un tube courbé refermé sur lui-même. Soulignons que ce type de mémoire est encore utilisé dans les navettes spatiales, car elles sont insensibles aux rayons cosmiques.

En 1951, Harvard laisse tomber la recherche pour la conception d'ordinateurs de pointe. Le Dr Wang quitte alors l'institution pour fonder sa propre compagnie, *Wang Laboratories*. Avec un capital de 600 $, les débuts sont évidemment modestes. Mais avec l'obtention du brevet de sa mémoire à ferrite en 1955, il entreprend des négociations avec IBM qui lui achète le procédé pour 500 000 $. Sa compagnie peut alors vraiment démarrer, notamment dans la construction de calculatrices de bureau avec afficheur numérique. En 1964, les ventes annuelles atteignent 1 M $. En 1970, la compagnie compte 1 400 employés et le chiffre d'affaires a grimpé à 27 M $.

Petit retour en arrière : en 1968, Wang embauche trois spécialistes pour examiner les perspectives dans le domaine du traitement des informations. On conclut alors que la mise en marché d'un traitement de texte digne de ce nom serait grandement appréciée par les compagnies. IBM dominait alors entièrement le secteur, soit avec des machines à écrire électriques, soit avec des ordinateurs d'une grande complexité à opérer. Harold Koplow entre alors au service de Wang et démontre un talent hors du commun pour la programmation. Son itinéraire était pour le moins surprenant. Devenu aide-pharmacien pour aider son père malade, il se spécialisera dans ce domaine au MIT. Mais sitôt ses études complétées, il s'inscrit en physique à l'Université Tufts. Une brève carrière d'enseignant et le voilà chez Wang. Au début, il s'attaque à la programmation de calculatrices. Puis à partir de 1974, les priorités de la compagnie l'orientent vers la conception d'un traitement de texte.

Pour cette application, il faut dire que les idées sont dans l'air à l'époque. Paul Lutus, designer d'ordinateurs pour la NASA, s'est aussi attaqué au problème à partir de 1976 afin de mettre au point un traitement de texte destiné à l'Apple II. C'est lui d'ailleurs qui créera le logiciel Apple Writer dans les années 80. Puis Xerox innove aussi en 1975 avec sa machine 800.

Fort de ces courants de pensée, le programmeur Koplow et son équipe accouchent du WPS, le *Wang Computer System*, une machine avec écran uniquement destinée au traitement de texte. En 1976, lorsque cet ordinateur est présenté à l'exposition Syntopicon à New York, c'est la folie furieuse ! Les visiteurs sont éblouis par les performances de l'appareil, tant et si bien qu'en l'espace de deux ans, le WPS domine le marché en entier, et ce malgré son prix de 30 000 $ pour une seule machine !

Au sommet de sa puissance dans les années 80, Wang engrangeait des revenus annuels de l'ordre de 3 G $ et employait 30 000 personnes. Mais des problèmes de marché, le Mac et le PC avec leurs traitements de texte qui faisaient des ravages, et des problèmes de succession, puisque Fred Wang, le fils, n'était pas vraiment à la hauteur, entraînèrent le déclin et la chute de la compagnie. An Wang disparut en 1990, et à la fin de la décennie, la compagnie avait, à toutes fins pratiques, cessé d'exister. Mais pour un temps, le traitement de texte avait bénéficié d'un solide innovateur.

CHAPITRE 7

Les milliardaires

Un grand nombre d'entreprises développées autour du Web à partir de 1995 sont devenues des acteurs majeurs de l'économie américaine. En septembre 1999, le magazine *Fortune* publie un classement qui fait du bruit : celui des 40 Américains de moins de quarante ans les plus riches. Fait majeur, l'immense majorité des membres de ce classement sont des PDG issus des *start-up,* Internet ayant pour point commun d'éliminer les intermédiaires du commerce traditionnel. C'est de ces héros, milliardaires de l'informatique en général et d'Internet en particulier, dont il sera question ici.

Google, plus grand que nature

Autour des années 1450, l'invention de l'imprimerie a fait du livre le vecteur primordial, sinon unique, de la transmission de toutes les formes de savoir en Occident. Il faudra l'arrivée de Google plus de cinq siècles plus tard pour que la diffusion des connaissances vive une mutation comparable. Et quelle mutation !

En 2004, Google avait indexé 8 milliards de pages d'informations sur le web et 1 milliard de photos. En 2008, on parle de 30 à 40 milliards de pages indexées. Une donnée assez difficile à obtenir compte tenu du fait que depuis 2005, la compagnie californienne, guerre des moteurs de recherche oblige, n'affiche plus le nombre de pages indexées sur son site d'accueil. Mais certains spécialistes ont heureusement développé des méthodes d'analyse.

Fondée en 1998, la firme est devenue au fil des ans l'un des cybergroupes les plus puissants de la planète avec un chiffre d'affaires de 10,6 G $ (2006). Sans négliger la valeur boursière. Deux ans après son entrée sur les aires de spéculation en 2004, l'entreprise de Mountain View en Californie valait 132 G $ à Wall Street, soit plus, à l'époque, que le triumvirat automobile Daimler Chrysler, Volkswagen et BMW. Quatre ans plus tard, en 2008, *Google* avait atteint 210 G $ sur les places boursières ! Dès 1999, les financiers « risque-tout » Michael Moritz et John Doe, qui avaient investi 25 M $ dans la boîte naissante, avait flairé la bonne affaire. Quant à Filo et Yang, de Yahoo, ils avaient refusé d'acheter l'idée que Brin et Page leur avaient offerte pour 1 M $ quelques années auparavant.

Petite précision d'ordre technique : *Google* est un moteur de recherche, c'est-à-dire un logiciel qui permet de trouver des informations sur Internet telles que des pages Web, des forums de discussion et une foule de documents de différents formats, notamment des textes, des vidéos et des photos. Certaines personnes confondent cet outil informatique avec le navigateur qui, lui, est un logiciel qui permet de surfer sur Internet, pour accéder aux divers moteurs de recherche dont fait partie *Google, Yahoo,* le grand ancêtre et rival, *Altavista* pour les nostalgiques, *SearchMe,* qui affiche ses résultats sous forme d'images des sites, *Cuil* qui tenta une belle expérience de 2008 à 2010 et *TinEye* qui, selon sa PDG, Leila Boujnane, « *est aux images et vidéos ce que Google est pour le texte* ». Sans parler des moteurs spécialisés comme *LawCrawler,* qui trouve des informations de nature juridique, *Blogpulse,* qui n'ordonne que les messages provenant des blogs, ou enfin *Turbo* et *Profusion,* des métamoteurs aptes à fouiller dans ce que l'on nomme le web profond ou web invisible.

Larry Page et Sergey Brin, les deux fondateurs de *Google* portent la double réputation bien méritée d'être de véritables génies en mathématiques et des hommes d'affaires exceptionnels. Depuis leur entrée sur la grande scène du domaine high-tech, une pensée qu'ils brandissent bien haut, comme un fanion, les a constamment guidés : « *Organiser les informations du monde et les rendre accessibles et utilisables par tous* ».

L'aventure débute en 1996 à Stanford en Californie, quand ces deux étudiants, que rien ne rapproche au départ, décident d'analyser comment se fait la recherche sur le Web. Autrement dit, le *data mining*, comme disent les spécialistes, ou l'exploration des données. Si l'on se rapporte à l'époque, seuls quelques moteurs permettaient alors de fouiller la toile. Laquelle à vrai dire n'était pas très fréquentée. On parle ici de *Yahoo* et *Altavista,* et dans une moindre mesure, de *HotBot* et *Lycos.*

Précisons que ce champ technologique avait connu une première à Montréal, bien timide il est vrai, à l'Université McGill en 1990. Un étudiant en sciences informatiques avait alors conçu le premier moteur de recherche au monde nommé *Archie* pour « archives ». Né en 1964 aux Barbades d'une lignée de nobles britanniques, Alan Emtage n'a tiré ni gloire ni fortune de son invention, mais une renommée sans doute, puisque qu'il œuvre aujourd'hui dans le domaine du Web à New York. Pour revenir à Page et Brin, l'un des enseignants de Stanford, Hector Garcia-Molina, les met sur une piste intéressante : le système des liens. Autrement dit, on peut évaluer l'importance subjective d'une page ou d'un titre si l'on parvient à dénombrer le nombre de sites web s'y référant. Cette approche constituera le sésame du moteur de recherche en gestation. Avant de parler de leurs exploits, examinons le milieu familial dont sont issus ces jeunes hommes dans la vingtaine. À l'évidence, nous verrons que, quoiqu'ils en pensent, l'hérédité n'est pas étrangère à leur talent et à leur réussite. Larry Page est le fils du Dr Carl Victor Page, professeur de sciences informatiques au Michigan State University, et pionnier mondialement reconnu dans le domaine de l'intelligence artificielle. Sa mère, Gloria Page, était professeur en programmation à l'Université du Michigan. D'origine juive par sa mère, Lawrence (Larry) Edward, né en 1973, fera ses études primaires à la fameuse école Montessori, école basée sur une pédagogie respectant les rythmes d'apprentissage de l'enfant. Rappelons que cette révolution pédagogique fut développée à Rome au début du vingtième siècle par Maria Montessori. Celle-là même qui affirmait que « *la fonction du milieu n'est pas de former l'enfant mais de lui permettre de se révéler* ». À huit ans, Larry vit la séparation de ses parents. Ce drame de l'enfance le marquera.

Né à Moscou et également élève de l'école Montessori, Sergey Brin, qui émigre aux États-Unis alors qu'il n'a que six ans, a lui aussi bénéficié d'une culture scientifique quasiment au berceau. Sa mère, Eugenia, était une scientifique accomplie de la NASA. Son travail consistait à œuvrer dans les simulations liées aux conditions atmosphériques qui affectent les vols spatiaux. Son père, Michael Brin, enseigne les maths à l'Université du Maryland. Un chercheur très connu dans les milieux académiques par ses communications touchant la géométrie abstraite et les systèmes dynamiques. On comprend d'ailleurs que le simple fait d'affubler une compagnie d'un nom comme *Google* laisse supposer que les fondateurs de la compagnie ne sont pas précisément du niveau intellectuel à se passionner pour les romans-savon d'après-midi. À la maison, les sujets de conversation ne gravitaient pas uniquement autour des relevés sportifs. *Google* est en effet une déformation du terme mathématique *googo* l, forgé par le chercheur Edward Kasner en 1940 pour désigner le nombre 1 suivi de cent zéros, ou 10 à la puissance 100. Un chiffre extrême, il va sans dire. Pour vous donner une idée de l'ordre de grandeur, on sait que le nombre total d'atomes de la matière visible dans l'univers s'élève approximativement à 10 à la puissance 80. En accolant ce terme quelque peu modifié à la compagnie qu'ils voulaient créer, Page et Brin, à l'évidence, montraient qu'ils avaient une culture et voyaient grand. La suite allait le démontrer.

En 2006, leur moteur de recherche[22] attirait 50 % de toutes les requêtes en information sur le Web. Un pourcentage qui devait graviter, en 2010, autour de 70 %. De plus, l'entreprise propose une foule de

22 Logiciel qui répond aux requêtes de l'utilisateur pour l'aider à localiser sur le réseau Internet des fichiers ou des adresses de serveurs Web sur un thème donné. Source : Larousse, ibid.

services spécialisés notamment des articles de presse, des blogs, des groupes de discussion, des textes de livres et des travaux de recherche. Avec l'achat de *YouTube*, *Google* peut diffuser 100 millions de clips par jour, soit 43 % du trafic internet de vidéos. Sans oublier les échanges de photos en ligne, l'accès à *Google Earth*, son extraordinaire logiciel utilisant des photos satellites et des dizaines d'autres possibilités. Cette merveilleuse technologie permet à Google de contrôler 62 % de la publicité en ligne.

Le fait que *Google* ait distancé ses concurrents tient à la diabolique efficacité, le mot n'est pas trop fort, de sa recherche robotisée. Efficacité qui explique sa popularité, puisque son moteur de recherche reconnaît plus de formats que tout autre moteur sur le Web. Quelques mots sur les procédés utilisés.

En fait, la méthode tient en un mot : *PageRank* !

PageRank est un algorithme, c'est-à-dire un ensemble de règles opératoires, d'analyse des liens concourant au système de classement des pages Web. Ce système, trouvant ses racines dans des avancées mathématiques complexes, a été inventé par Larry Page. Le terme est même une marque déposée. Un brevet accompagne même le procédé de recherche. Intitulé *Method for Node Ranking in a Linked Databank*, il a été déposé en janvier 1997. Fait peu connu, le brevet est la propriété de l'Université Stanford, où Page et Brin effectuaient leurs recherches. Une licence exclusive d'exploitation du brevet a été accordée à *Google*. Mais en principe, celle-ci devrait prendre fin en 2011. À noter que la recherche fut financée à l'époque par la *National Science Foundation*.

Nous ne sommes évidemment pas surpris que les découvertes mathématiques à la base de l'outil de recherche aient échu à deux brillants mathématiciens quand on réalise que le procédé fait appel à des notions comme la « *probabilité stationnaire d'une chaîne de Markov* », le « *vecteur de Perron-Frobenius* » ou la « *matrice d'adjacence du Web* ». Plus simplement, la force du moteur de recherche de Google tient au fait que le dispositif s'interroge en permanence sur la façon d'interpréter les requêtes des utilisateurs. Il le fait en analysant une foule de paramètres, notamment le trafic associé à la page, le nom du domaine, et le comportement des lecteurs dans leurs choix.

Et *Big Brother Google* dans tout cela ? Parce qu'immanquablement, comme pour toutes les méga compagnies oeuvrant dans l'informatique, la question vient à se poser. Nous n'avons qu'à penser aux soupçons par trop ridicules qui ont pesé sur *Microsoft*.

Google, on le sait, est l'un des plus grands collecteurs d'informations au monde. Depuis sa création en 1998, les moteurs de la firme ont collecté des quantités astronomiques de données. Selon les dires des dirigeants, jamais une donnée n'a été effacée volontairement. On affirme avec raison que c'est la plus importante banque d'informations derrière celle de la NSA, la National Security Agency, le plus puissant centre d'espionnage électronique sur la planète. Mais la devise de *Google* envoyée aux investisseurs avant l'entrée en bourse en 2004, est, il faut s'en souvenir : « *Don't be evil/Ne soyez pas malveillants* ». Jusqu'à ce jour, aucune action pour manque d'éthique n'a été enregistrée contre Page et Brin. Mais la possibilité que la banque de données de *Google* puisse être piratée par des agences d'espionnage entre évidemment dans le domaine du possible.

Comment expliquer maintenant que *Google* puisse générer une fortune colossale en dollars pour un service qui, à toutes fins pratiques, est gratuit. Ici, comme pour la télévision jadis, le maître mot est publicité.

Yahoo ! pour Filo et Yang

Au cours de l'année 1994, deux étudiants de l'Université de Stanford, Jerry Yang et David Filo, ont l'idée de créer, à temps perdu, un immense annuaire qu'ils baptisent Yahoo ! Pour une raison simple : le World Wide Web est en train de devenir l'application la plus utilisée d'Internet. Bien qu'on ne recense à l'époque que 10 000 sites sur la toile, s'y retrouver constitue un véritable casse-tête. On prédit une croissance exponentielle des sites avec un problème qui se lit comme suit : comment s'y retrouver dans un tel amas d'informations ? Dans l'histoire de l'informatique et de ses applications, le moteur de recherche mis au bout des doigts des utilisateurs par Filo et Yang solutionnera la longue quête des amoureux de la toile, mais pour un temps seulement.

Né en 1968 sur l'île rebelle de la grande Chine qu'est Taïwan, plus précisément dans la ville de Taipeh, et orphelin de père en bas âge, Yang Chih Yuan arrive aux États-Unis à dix ans avec sa mère et son jeune frère. Élève on ne peut plus surdoué, il a appris à lire les caractères chinois dès l'âge de trois ans. À l'adolescence, l'Université de Stanford lui ouvre grand ses portes.

C'est en préparant un doctorat en électronique dans cet établissement prestigieux que celui qui est devenu avec le temps Jerry Yang se lie d'amitié avec David Filo, doctorant comme lui dans la même spécialité. Né au Wisconsin en 1966, David a grandi en Louisiane, puis a poursuivi des études en ingénierie informatique à l'Université de Tulane, avant de s'inscrire en maîtrise à Stanford. De tempérament plutôt introverti, il laissera toujours à Yang la mission des interventions publiques. La grande aventure peut commencer.

Au milieu de ce campus où paradoxalement la compétition est féroce, et dans une atmosphère où il fait bon feindre la désinvolture, Yang et Filo, comme beaucoup de leurs confrères, se passionnent pour tout ce que l'on retrouve sur le Net. Munis d'un aide-mémoire improvisé, ils notent au passage les sites les plus dignes d'intérêt, et communiquent le tout aux copains. Dans l'ordinateur de David, ces archives ont pour surnom *Konishiki*, et dans celui de Jerry, *Akebono*, patronymes de deux fameux lutteurs de sumo d'Hawaii. Avec le temps toutefois, leur hobby se transforme en une passion envahissante. Se pose alors une question cruciale : doivent-ils poursuivre leur doctorat ou s'investir à temps plein dans ce travail d'archivage ? Filo et Yang décident d'abandonner leurs études pour mener à bien la conception d'un guide pour fouiller le Net. Il faut dire qu'une très longue tradition à Stanford plaidait pour ce choix déchirant. L'université, sous l'impulsion d'Emmons Terman, qui en fut l'âme pendant des décennies, s'était donné pour vocation, on s'en souvient, d'être l'incubatrice de la création d'entreprises au pays. Les réussites n'avaient pas manqué à ce chapitre. Il suffit de penser à Hewlett et Packard mettant sur pied un géant de l'électronique ou à Doris Fisher créant la chaîne de vêtements Gap. À l'époque, le monde de l'informatique est témoin d'une véritable ruée vers la création de moteurs de recherche performants. Deux exemples notables : *Excite* et *Infoseek*.

On ne sait trop lequel des deux compères pensa à Yahoo ! comme nom pour la future entreprise. Mais l'intuition sous forme d'exclamation ne fut rien de moins que géniale. L'originalité étant une donnée primordiale lorsque de nombreux projets se pressent au portillon de la réussite. Toutefois, cette bonne idée exigeait un capital de départ pour prospérer. Filo et Yang allèrent donc voir du côté de Sand Hill Road à Silicon Valley, où se concentrait un très grand nombre d'entreprises spécialisées dans les capitaux à risque. En frappant chez Sequoia Capital, les futurs milliardaires du Web avaient vu juste. La maison pouvait s'enorgueillir d'un palmarès impressionnant de réussites. Apple par exemple. Michael Moritz prit en charge le dossier et avança 1 M $ aux deux aventuriers, en échange du quart des revenus. Comme une bonne nouvelle ne vient jamais seule, le numéro un des logiciels au Japon, Softbank, prendra également peu après une participation au capital. Comme le financier Moritz le reconnaîtra par la suite, parmi de nombreux critères de confiance, Filo et Yang en présentaient deux qui faisaient toute la différence. D'abord, le nom de leur future compagnie. Tout à fait génial. Et puis, il y avait un autre élément : l'un des deux associés faisait partie d'une vague d'immigration récente, et ils provenaient de milieux modestes. Pour Sequoia, ces deux critères étaient garants de la volonté de réussir des jeunes entrepreneurs et d'une ambition forcenée pour le gain.

Manquait à tous ces atouts un gestionnaire de talent. De style veston/cravate et anciennement chez Motorola, Tim Koogle allait remplir ce rôle. C'est lui qui convainquit les deux entrepreneurs, plutôt libertaires, de l'idée de bandeaux publicitaires pour financer le projet et le rendre rentable. Selon le vieux principe qu'il vaut mieux manger les autres plutôt que de se faire manger, ils élaborèrent une stratégie d'acquisitions d'entreprises concurrentes

Pour atteindre le paradis, Yahoo ! démarra donc sur les chapeaux de roues. Ce dont témoigne éloquemment l'évolution du chiffre d'affaires. En 1995, début modeste avec 1,6 M $, puis 21 M $ en 1996, 70 M $ en 1997 et 203 M $ en 1998. Cette année-là, on dénombrait 26 millions de visiteurs par mois sur le site. Sur le plan de la capitalisation boursière, Yahoo ! dépassa également toutes les espérances : en l'an 2000, le million investi par Sequoia rapporta 10 G $ et la capitalisation boursière atteignit 40 G $! Au cours de ses années d'activités, Yahoo ! absorba pas moins d'une trentaine de firmes concurrentes. Contrairement à ses concurrents, axés sur le perfectionnement technologique de leur moteur de recherche, le plan d'affaires de Filo et Yang consista plutôt à diversifier leurs services, et ce, afin de fidéliser leur clientèle d'internautes. C'est ainsi que Yahoo ! offrit des courriels, des sites de discussions thématiques et autres services favorisant une interaction entre les utilisateurs. Mais à partir de 1998, cette stratégie allait se heurter à l'ouragan Google, qui misait prioritairement sur l'excellence de son moteur de recherche. C'est à ce moment-là que le déclin de Yahoo ! s'amorça. Mais Yang et Filo surent réagir pour contrer le géant Google. Refusant en 2008 une offre d'achat de 47,5 G $, les deux ex-doctorants de Stanford amorcèrent en 2009, après un an et demi de négociations, un rapprochement avec l'éditeur de logiciels Microsoft, de manière à se positionner efficacement sur le marché. L'association prévoyait que Microsoft fournirait son nouveau moteur de recherche nommé Bing et que Yahoo ! apporterait sa force de vente d'espaces publicitaires. Les deux groupes garderaient une totale autonomie pour toutes leurs autres activités. La directrice générale de Yahoo ! Carol Bartz, commenta la relation d'affaires de la façon suivante : « *cet accord apporte énormément de valeurs pour Yahoo !, pour nos utilisateurs et pour le secteur. Il pose les fondations d'une nouvelle ère d'innovation et de développement sur Internet* ».

Bien malin qui pourrait prédire les conséquences de ce mariage baptisé *Micro-hoo* par les médias. Mais à première vue, le géant Google apparaît difficile à concurrencer efficacement. Avec une valeur boursière atteignant 138 G $ au moment de la transaction de son concurrent et des bénéfices de 4,22 G $ comparativement à 424 M $ de bénéfices nets pour Yahoo !, le portrait apparaît plutôt sombre pour la compagnie au nom génial face à Google. Comme l'avait si bien formulé l'écrivain Francis Scott Fitzgerald, aux États-Unis, la tradition veut qu'il n'y ait pas de seconde chance dans une vie américaine. « *There are no second acts in American lives* ». Cette tradition se révélera-t-elle fondée ? À l'exception notable de Steve Jobs, l'indestructible Moghol d'Apple, force est d'admettre que les exemples ne sont pas légion.

Duel aux consoles : Wii, Xbox, PS3

En juin 2008, la cause est entendue : le fabricant japonais de consoles de jeux vidéo Nintendo a vendu dans le monde plus de 26 millions de jeux Wii (prononcé oui) depuis son lancement en décembre 2006, surpassant ses grands rivaux que sont Xbox 360 de Microsoft (20 millions de copies vendues depuis sa mise en marché en 2005) et PlayStation 3 (PS3) de Sony, quand même loin derrière avec des ventes totalisant 14 millions, même si la mise en marché eut lieu en même temps que sa rivale américaine.

Cette guerre représentait des enjeux financiers énormes. En 2006, les jeux vidéo offraient un marché mondial atteignant 30 G $, dont 20 G $ pour les seules consoles de salon. Cette activité économique que les spécialistes n'avaient pas vu venir avait débuté une trentaine d'années auparavant.

C'est en 1972 que la première console de jeux nommée *Odyssey* a fait son apparition. Mais le vrai départ aura lieu quatre ans plus tard, soit en 1976, alors que les cartouches de jeux font leur apparition, notamment sur Atari 2600. Ce modèle, produit de 1977 à 1991, sera l'un des plus gros succès de l'histoire dans le domaine. Une initiative qui créera un nouveau volet dans le monde des loisirs, et une source de revenus tout à fait fabuleuse. Puis, en 1983, survient le *krach* des jeux vidéo. De nombreux fabricants sont alors poussés à la faillite.

Plusieurs causes expliquent une telle déconfiture. Parmi celles-ci, la perception de ce secteur d'activités qui avait l'apparence d'un véritable Eldorado. Des centaines d'entreprises s'étaient alors précipitées dans ce créneau sans véritable préparation. Ainsi, lorsqu'un jeu remportait un succès, il était aussitôt copié par les autres compagnies, d'où la lassitude du public face à des univers plus ou moins semblables, et plus ou moins intéressants aussi.

Il y a aussi la question du contrôle de la qualité, qui était réduit au minimum. Beaucoup de jeux sont alors retournés aux fabricants, lesquels, bien souvent, ne peuvent remplacer les produits défectueux. Enfin, les détaillants se mettent à distribuer les jeux à rabais. Ce qui se vendait une trentaine de dollars, est parfois offert au cinquième du prix. D'où la réaction prévisible du public qui en vint à considérer que le jeu vidéo n'était qu'une lubie éphémère promise à la disparition.

Puis, les ordinateurs personnels à bas prix commencent à entrer en force sur les marchés. La publicité mentionnait qu'acheter une console de jeux serait nuisible pour les enfants aux études, mais qu'investir dans un ordinateur les aiderait à entrer à l'université ! La belle affaire... L'interruption est pourtant de courte durée. Dès 1984, le jeu vidéo recommence à prendre de la vigueur. Avec *Megadrive* de Sega, et surtout *Super Nintendo,* lancés en 1988, le marché prend une nouvelle allure et se donne une configuration d'équipements qui se perpétuera jusqu'à nos jours. Alors surgit au milieu des années 2000 ce qu'il est convenu d'appeler la bataille des trois Titans. D'une certaine manière, la PS3, la Xbox 360 et la Wii présentaient des caractéristiques communes. Elles étaient toutes trois adaptées aux jeux en ligne et proposaient de nouvelles manières de jouer, inconnues jusqu'alors. Mais la stratégie des fabricants différait radicalement.

Avec le projet de la *PlayStation*, Sony misait gros. Pour son futur appareil, la multinationale de l'électronique s'était engagée dans le défi de la haute technologie. Ici on parlait traitements synergiques, pipelines de rendu graphique, unités vectorielles et affichage de très haute définition. Déjà avec le *PlayStation 2*, cette société japonaise dominait le marché depuis une décennie, car sa console s'était vendue à 112 millions d'unités dans le monde, soit plus du double de la *Xbox* de Microsoft et de la *GameCube* de Nintendo réunis. Avec l'appareil sur la planche ou plutôt à l'écran à dessin, Sony n'espérait rien de moins qu'éliminer ses concurrents.

La PS3, console d'un genre nouveau, permettrait bien sûr de jouer des jeux, mais on pouvait aussi regarder des DVD et accéder à toutes sortes de contenus sur Internet. Selon les mots mêmes de Kazuo Hirai, chef de la division jeux vidéo de Sony à l'époque : « *Je cherche avant tout à imposer la PS3 comme le matériel de divertissement de la prochaine génération.* »

Une carte gagnante ce Hirai, dit Kaz. Né en 1964 à Tokyo, fils d'un riche banquier et passionné dès sa jeunesse par les jeux vidéo, il aura la chance de voyager énormément dans tout le Japon, mais aussi en Amérique du Nord, Canada inclus. Il dira d'ailleurs combien l'ouverture sur le monde l'avait aidé dans son plan de carrière. Après ses études, il entre chez Sony, dans la section musique, au service du marketing. Ce n'est qu'en 1995 qu'il accèdera à la division des jeux vidéo. C'est sous sa gouverne que la compagnie mettra PlayStation 2 en marché en l'an 2000. Avec grand succès, il faut dire. Six ans plus tard, Kazuo Hirai accèdera à la direction de Sony Computer. Les observateurs sont pourtant sceptiques concernant le projet PS3. La sortie de la console a été retardée à plusieurs reprises pour des raisons techniques. Sans oublier la bataille qui fait rage sur les formats de DVD. Sony mise sur le Blue-ray face à la HD DVD de Toshiba. Enfin, la division des semi-conducteurs de Sony a investi considérablement dans le Cell, un processeur dernier cri qu'elle a mis au point à grands frais, conjointement avec IBM et Toshiba. Sera-t-il seulement à la hauteur ?

Dernier point, et pas le moindre : il ne fait aucun doute que les deux premiers millions de PS3 seront écoulés en un rien de temps auprès des joueurs purs et durs, ceux qui ne regardent pas à la dépense. Mais que lui réserve l'immense marché des utilisateurs *lambda*, constitué de monsieur et madame Tout-le-monde ? Face aux critiques, les responsables de Sony demeurent confiants. À l'époque du lancement de la PS2, ils avaient reçu des centaines d'articles, prédisant que l'entreprise courait à sa perte. Pourtant, la console avait fracassé tous les records de vente. Alors...

L'aventure de la *Xbox* de Microsoft commence à la fin des années 90. James Allard, à l'emploi de la boîte depuis 1989, celui-là même qui avait sensibilisé Bill Gates en 1994 sur les fantastiques perspectives qu'offrait Internet, piste cette fois son patron sur les opportunités qu'offrent les jeux vidéo. Le diplômé en science informatique de l'Université de Boston ne manque pas d'arguments. Sony y récolterait énormément de profits. Il explique que ce secteur d'activité est une menace potentielle pour les PC. Bill Gates et Stever Ballmer prendront quelques mois pour y réfléchir. Mais en février 2000, Microsoft libère 2 G $ pour créer une console qui devra se démarquer de ce que font les concurrents, notamment en prévoyant un disque dur intégré et des ouvertures en direction du multimédia.

Robbie Bach, un pilier de Microsoft depuis 1989, se voit confier la coordination du projet. Ce détenteur d'un MBA de Stanford avait œuvré à l'intégration de diverses applications, telles que le traitement de texte et le tableur dans *Office de Windows 95*. Il nomme à la tête de ce projet interne Seamus Blackley.

Ex-pianiste de jazz et ex-physicien ayant travaillé sur des accélérateurs de particules au Fermi Lab, cet homme plutôt atypique se retrouve dans le projet qu'on nomme à l'époque *Direct X*. Blackley, qui a une formation de pilote, a œuvré au jeu qui a connu un grand succès : le simulateur de vol *Flight Unlimited*, jeu qui a innové au chapitre du 3D. Son mandat est clair : monter une équipe efficace et dégager les paramètres d'une console qui devra être rien de moins que révolutionnaire. Xbox sera mis en marché le 15 novembre 2001. On vendra 25 millions d'appareils. Un véritable succès.

Quelques années plus tard s'ouvre la compétition pour la domination mondiale du marché. La Xbox fera peau neuve.

La version Xbox 360, toujours sous la supervision du duo Bach/Allard, innova sur plusieurs plans. Cette console annonçait l'entrée de la haute définition et du sans-fil dans l'univers du jeu. Côté marketing, une première dans l'industrie du jeu : un lancement à l'échelle mondiale ! En Amérique d'abord en novembre 2005, puis, le mois suivant, l'Europe et le Japon seront touchés. L'opération est une réussite puisqu'en 2010, 43,2 millions de jeux Xbox avaient été vendus. Un très gros succès pour Microsoft, mais non une position victorieuse dans la lutte à trois. Avec la Wii, la société Nintendo misait sur la simplicité d'usage pour séduire les joueurs occasionnels. Ce pionnier des jeux vidéo avait prouvé sa connaissance profonde de ce type d'activité, fort de sa domination dans l'univers des jeux durant les années 80, avant d'être supplantée par Sony.

Le président de la compagnie Nintendo, Satoru Iwat, est un crack dans le domaine. Né en 1959, il se passionne très jeune pour les jeux vidéo, s'essayant même à la programmation alors qu'il n'a que 16 ans. Diplômé du prestigieux Tokyo Institute of Technology, il entre chez Nintendo. Sous sa direction en 2001, le *Game Cube* voit le jour. Le prestigieux magazine *Barron* le désignera comme faisant partie du club très sélect des meilleurs patrons du monde.

Toujours selon le pdg de la boîte, le fait de concevoir des produits pour les joueurs sans tenir compte des non joueurs équivaut à se fermer des marchés futurs. Forts de cette ligne directrice, les concepteurs de la compagnie se mirent à penser à des jeux plus simples, qui n'exigeraient pas un investissement de temps exagéré et qui seraient faciles à manipuler. La géniale manette souple Wiinote avec détecteur de mouvements fut la solution pour éviter des combinaisons de boutons compliqués et des contrôleurs complexes. C'est grâce à cette ligne directrice que le Wii réussit à dépasser ses deux concurrents comme nous le signalions en début de texte.

Et que dit l'avenir ?

On sait que le jeu vidéo est un secteur soumis à des cycles de cinq ou six ans. Lors du cycle qui avait débuté en 2000, la *PlayStation 2* de Sony avait pris, comme on dit en Formule 1, la pole position, dépassant largement les ventes de la *Xbox 360* de Microsoft et le *GameCube* de Nintendo. En 2006, le duel à trois a repositionné Nintendo en première place, relayant le grand champion d'alors, Sony, en dernière position. Microsoft tirant bien son épingle du jeu, puisqu'il se tient tout près du premier de peloton. Que nous réserve le prochain cycle ? Bien malin qui pourrait le dire. Mais chose certaine, l'analyse du marché, plus que la course à la performance à tout prix, sera un facteur prépondérant. C'est d'ailleurs les perspectives qui guident maintenant un autre géant du secteur, Ubisoft. Cibler les non joueurs, voilà le maître mot !

Les incontournables du Québec et du Canada

Les yeux tournés vers Boston et la Californie, Québécois et Canadiens ont eux aussi contribué à la révolution informatique dans une foule de créneaux. Périodiquement, les médias nous rapportent leurs *success stories* qui suscitent notre admiration et produisent un effet d'entraînement certain chez les spécialistes et dans le grand public.

Ils sont nombreux. Leurs champs d'intérêts sont variés. Tous poussent la roue de cette révolution informatique qui ne connaît pas de frontière. Ces entrepreneurs font en sorte que Montréal, le Québec et le Canada sont devenus un pôle majeur des TI, les fameuses technologies de l'information.

Plein feux donc sur les fondateurs de quelque dix compagnies phares de chez nous.

Peter Brodje

Décédé en 2005, Peter Brodje concilia les rôles de scientifique et d'entrepreneur. Il fonda deux entreprises des ligues majeures du high-tech, Micom Inc. et Eicon Technology. Né à Moscou en 1945, il était le fils du fameux espion anti-nazi Leopold Trepper, leader de l'Orchestre Rouge, le réseau le plus efficace à avoir opéré en Europe durant la Seconde Guerre mondiale. Ayant adopté le nom de sa mère, Peter, âgé de 13 ans, immigre d'abord en Pologne où il poursuit ses études à l'Institut Polytechnique de Varsovie, tout en militant activement pour la défense des droits sur le campus. Puis il s'installe au Canada en 1970, à Toronto d'abord, puis à Montréal. Dans un premier temps, il se spécialise en ingénierie de conception électronique pour AES Data, et fonde sa propre compagnie en 1975, Micom, qu'il vendra plus tard à *Philips Électronique* basée en Hollande. En 1984, Brojde crée Eicon Technology, une entreprise qui se spécialisera dans les serveurs, les fameux Diva, qui ont toujours une réputation mondiale.

Kwok Yuen Ho

Fondée en 1985 par trois immigrants venus de Chine, ATI, acronyme d'Array Technology Industry, a débuté en concevant des circuits intégrés graphiques pour PC. Avec un chiffre d'affaires de 2,2 G $ vingt ans plus tard, la compagnie se classe parmi les cinq premiers fabricants de circuits intégrés au monde. Ses 3 400 employés, principalement au Canada, mais aussi en Europe et en Asie, témoignent de la puissance de l'entreprise. Tout ne fut pas facile pour le principal fondateur Kwok Yuen Ho. Né dans une famille de paysans modestes, il a la chance de voir son père promu instituteur à Hong Kong et de pouvoir poursuivre des études en ingénierie électrique à l'Université de Cheng Kung, à Taiwan. Mais en 1987, la mise en marché de ses deux premières cartes graphiques lui assura un nom dans le cercle fermé du 3D. C'est pourtant avec la puce répondant au nom de code R300, conçue en 2002, en collaboration avec Microsoft, qu'ATI devança tous ses concurrents tellement ce processeur graphique était en avance sur son temps. En 2006, la torontoise Ati passa aux mains de l'américaine AMD (Advanced Micro Devices), de Sunnyvale en Californie, pour une somme évaluée à 5,4 G $ dont 4,2 G $ en espèces.

Lorne Trottier et Branislav Matic

La firme Matrox Graphics Inc., basée à Montréal avec 900 employés au Canada, mais aussi en Grande-Bretagne, en Irlande, en Allemagne et en Chine, présente un chiffre d'affaires de 300 M $ par année. Cette entreprise, spécialisée dans la conception et la fabrication de cartes vidéo pour ordinateurs, est une des sociétés privées canadiennes de haute technologie les plus compétitives. Fondée en 1976 par Lorne Trottier et Branislav Matic, elle compte présentement des clients aussi importants qu'IBM, Hewlett Packard et Digital Equipment. Son champ de compétence touche la fabrication d'accélérateurs graphiques 3D et vidéo, et la conception de puces graphiques. Enfant de la révolution électronique, Lorne Trottier expliqua lors d'une entrevue au journal *Le Devoir* que, très jeune, il se destina à une carrière scientifique après avoir été mis en contact avec le bricolage de circuits électroniques. Une maîtrise en génie électrique de l'Université McGill, institution qui bénéficiera de dizaines de millions de dollars de l'homme d'affaires devenu philanthrope, et un emploi à la société Canadian Marconi, où il fait la connaissance de son futur partenaire Branislav Matic, orienteront toute sa carrière. Trottier et Matic décideront très tôt de fonder leur propre entreprise, conscients des énormes opportunités qu'offre la conception de nouvelles composantes électroniques. Soulignons qu'en l'an 2000, Matrox a obtenu un Emmy Awards pour sa technologie de montage vidéo numérique.

Michel Besner

Ingénieur en informatique, Michel Besner fonde en 1993 la compagnie Kaydara, du nom d'un dieu africain. Son champ de compétence : la conception et la fabrication de logiciels destinés à la création de scènes d'animation en trois dimensions. La petite compagnie démarre lentement : après trois ans d'existence, la boîte ne compte que cinq employés. Six ans plus tard, Kaydara, aux côtés de deux associés, André Gauthier et Sébastien Lavier, aligne 70 spécialistes dans des villes clés comme Paris, Toronto, Hong Kong et bien sûr Montréal. Avec 300 clients dont Disney et Sony Entertainment Inc. dans plus de 30 pays, la compagnie s'impose comme chef de file mondial sur le marché de l'animation professionnelle. En 2004, Kaydara fusionne avec un géant du secteur, Alias, et achève la mise au point de la version définitive d'un logiciel exceptionnel pour l'animation : Motion Builder, une référence mondiale dans le domaine.

Benjamin Yoskovitz

Le créneau développé par le Montréalais, créateur de la *start-up* Standout Jobs : aider les petites entreprises à recruter le personnel compétent dont elles ont besoin en faisant une présentation adéquate de leur firme. Les sites de présentation offerts par Standout Jobs offrent la gamme complète de présentation (photos, vidéos, blogs...) pour rendre attrayante la possibilité de joindre l'entreprise. De manière à ce que Google et Microsoft ne soient pas les seules maisons à attirer les bons candidats. Il va sans dire que les compagnies les plus importantes seraient tentées par de telles perspectives de présentation. Mais déjà une centaine d'entreprises ont eu recours à l'expertise de Yoskovitz qui a fait des ravages lors de sa présentation à la prestigieuse conférence Demo 08 de Californie, un engouement qui ne fut sans doute pas étranger à un investissement de 2 M $ de la firme iNovias Capital. Sur sa fiche de présentation, Yoskovitz, la jeune trentaine, père de deux enfants et fort de dix ans d'expertise dans le logiciel et l'esprit d'entreprise, se définit comme un passionné des blogs et l'heureux époux d'une femme des plus patientes.

Alexandre Taillefer

Alexandre Taillefer n'est pas du genre à abandonner facilement ce qu'il entreprend ou à se décourager devant l'échec. Véritable légende dans le milieu, il n'a que 21 ans lorsqu'il fonde Intellia, en 1993, une des premières boîtes en multimédia au Canada qui sera achetée par Québécor Multimédia en 1996. Après avoir étudié l'informatique, l'administration et le marketing, Alexandre Taillefer fonde Intellia, une entreprise se spécialisant dans l'intégration de réseaux et la programmation de solutions sur mesure dans divers secteurs industriels. En 1999, Intellia fait son entrée en bourse et effectue une prise de contrôle sur le Groupe Informission. La nouvelle entreprise est baptisée Nurun, une société spécialisée dans le commerce électronique et la conception de sites Web. Sur papier, Taillefer vaut près de 100 M $ et emploie 1 500 employés.

Mais au tournant du millénaire, la bulle techno éclate. Alexandre Taillefer voit sa fortune s'envoler en fumée. Cependant, il repart l'année suivante en investissant 250 000 $ dans une firme sur le déclin, Dyad, embauchant ainsi tous les employés de la boîte. La compagnie devient Hexacto, un développeur de jeux pour ordinateurs de poche et téléphones mobiles. L'entreprise piétine. Le milieu financier n'a pas encore une foi absolue dans ces secteurs. Les banques mettent la clé sur leur guichet de prêts. Mais Taillefer y croit profondément. Il n'hésite pas à investir ses dernières économies dans la boîte et à faire appel à des amis pour lui donner un coup de pouce. Son pari est le bon. En 2003, la téléphonie mobile explose et Hexacto enregistre 3 M $ de ventes. Cette année-là, Jamdat, qui est alors le géant dans le secteur, achète Hexacto pour plusieurs millions. En 2007, Taillefer s'associe à Eric Boyko pour fonder le groupe Stingray, dédié aux médias numériques. Et l'aventure continue.

Hamnett Hill

Hamnett Hill est comptable, Albertain de naissance et amoureux de Montréal.

De ce triplé va naître en 1994 Total Net, un fournisseur d'Internet qui sera vendu en 1997 à BCE Emergis pour une somme considérable. Les profits réalisés serviront à lancer Zero Knowledge qui deviendra Radialpoint. Mission de l'entreprise : le développement de systèmes de sécurité pour les ordinateurs personnels. Un produit inédit : Freedom, qui permet aux internautes de naviguer sur la toile en toute sécurité.

Avec l'éclatement de la bulle technologique, la compagnie frôle la faillite en 2001, année durant laquelle des pertes de 3 M $ par mois sont enregistrées. Mais on trouve une astuce : vendre ses systèmes directement aux grands fournisseurs comme AT&T, Bell, Telus et Vidéotron ! Radialpoint en vient ainsi à gérer une cinquantaine de programmes offerts à plus de 20 millions d'abonnés aux quatre coins de la planète.

À l'heure actuelle, la croissance est fulgurante : 30 M $ de ventes en 2007, des projections de 40 M $ pour l'année en cours. La valeur estimée de l'entreprise est à la hauteur de 150 M $. Et l'avenir est prometteur puisque le marché des anti-logiciels espions est en hausse constante. La maison de recherche IDC estime que l'antivirus business aurait atteint les 7,3G$ en 2009.

Hamnett Hill qui travaille présentement à élargir sa gamme de produits, notamment un optimiseur PC qui permettra aux utilisateurs d'éliminer les données superflues et un procédé pouvant sauvegarder des fichiers en ligne, affiche toujours une constante amoureuse pour sa ville d'adoption. Notamment par un site Web faisant la promotion de Montréal.

Charles Sirois

Charles Sirois a été pour les technologies de l'information ce que Paul Desmarais fut pour les activités financières au pays : un géant.

L'effondrement de Téléglobe en 2002 a fait quelque peu oublier le fantastique aventurier des technologies de l'information que fut cet homme natif de Chicoutimi. Charles Sirois débute sa carrière dans son patelin en 1979 en prenant la direction de l'entreprise de radiomessagerie de son père, Setelco, qui change bientôt son nom pour National Pagette. Puis le « p'tit vite de Chicoutimi » comme on le surnomme, fusionne avec Bell Cellulaire qui deviendra BCE Mobile. De 1988 à 1990, celui qui fut formé en finances aux universités de Sherbrooke et de Laval, assume la présidence du groupe tout en fondant MicroCell Télécommunications. En 1992, l'aventure Téléglobe suivie de Globe System débute. Cette compagnie vieille de 54 ans, une société d'État disposant du monopole des communications outre-mer, se laissa porter par les succès tout au long des années 1992-2000. L'acquisition de l'américaine Excell Communications pour 4,7 G $, dans le but de mettre en place un réseau international de communication cause la perte de l'empire. De mauvais choix d'investissements dans une conjoncture défavorable. On croyait aux promesses d'une croissance perpétuelle de 25 % par année dans le sillage de l'explosion Internet. Ces prédictions erronées firent en sorte que Charles Sirois dut quitter le navire en 2002. Mais Charles Sirois occupait toute une place dans l'univers de l'esprit d'entreprise québécois.

Cet homme fut toujours très à l'aise dans un monde technique où les puces et les satellites côtoient la fibre optique et les algorithmes. Il fut à l'avant-scène du monde canadien des communications pendant une décennie. Téléglobe, avec ses satellites et ses fibres optiques sous l'Atlantique, c'est lui. Microcell et son téléphone Fido, c'était lui. L'achat en peu de temps d'une vingtaine d'entreprises en communications comme Pagebec et Québec Électron Service, c'était lui également. Durant son règne, inspiré par des méthodes de gestion d'avant-garde, Charles Sirois s'associa à un moment ou l'autre à tout ce qui comptait au Québec dans le domaine des communications : Bell, Rogers, Vidéotron.

Aujourd'hui, Charles Sirois se consacre aux capitaux à risque tant au Québec qu'à l'étranger. Le groupe, actif sous le nom de Télésystème, remplit une mission bien précise : « *Identifier des entreprises de talent et mettre du capital derrière elles* ». Puis il y a l'Afrique et sa misère endémique. Charles Sirois, avec sa société Enablis, entend y former des cadres et créer des emplois. Une autre entreprise à risque pour cet homme à contre-courant qui déplorait dans une entrevue dans le cahier *La Presse Affaires* en 2009 qu'au Québec : « *On vit dans une société qui ne veut plus aucun risque... On n'ose plus dès qu'il y a une probabilité d'échec.* »

Martin Bouchard

En donnant le nom de Copernic à sa compagnie, Martin Bouchard voyait grand et loin. N'était-ce pas Copernic, ce savant polonais, qui au XVIe siècle, avait changé radicalement notre conception du monde en plaçant le soleil au centre de l'univers ? Avec sa compagnie, le jeune homme qui est tombé dans la potion magique en très bas âge, à douze ans, s'intéressait déjà à l'informatique. Martin Bouchard a pris sa place dans le groupe de tête des leaders mondiaux au chapitre des logiciels métamoteurs. C'est-à-dire un logiciel qui puise ses résultats dans ceux des moteurs de recherche ; une fois installé, ce logiciel interroge les moteurs directement, élimine les doublons, reclasse les sites trouvés et les affiche. Copernic écrase ce marché, (où l'on retrouve par exemple Umap et Intelliseek) avec 500 000 téléchargements par mois, s'ajoutant aux quelque 6,5 millions d'utilisateurs répartis sur la planète entière.

Âgé de 35 ans, Martin Bouchard a l'impression de s'intéresser depuis toujours à la programmation et à tout ce qui touche les télécommunications. Avant que Copernic ne démarre, ce véritable *geek*, c'est-à-dire ce passionné d'informatique, avait touché à tout ou presque dans le domaine. Tour à tour programmeur, entrepreneur, conseiller, vendeur et même formateur. C'est en autodidacte que Martin poursuivra sa formation pour maîtriser les technologies sous-jacentes à Internet, convaincu qu'il est de son immense potentiel. Martin Bouchard fonde avec son frère Eric l'entreprise Agents Technologies en 1996 à Sainte-Foy, près de Québec. Il lance l'année suivante le logiciel Copernic, nom qui deviendra finalement celui de leur compagnie.

Actuellement, la boîte compte plus d'une quarantaine d'employés et manœuvre avec un chiffre d'affaires de 6 M $. En 2008, on note des profits à la carte pour la somme de 1,2 M $. Bien que Copernic, le logiciel, connaisse un succès fou, disponible en sept langues dont le japonais, et entretienne des liens intenses avec des compagnies telles que Mitsubishi, 3Com et autres, l'entreprise des frères Bouchard entend diversifier sa production, notamment du côté du commerce électronique.

Daniel Langlois

Daniel Langlois, homme de culture, mécène et fondateur de Softimage, une entreprise à l'origine de la plupart des effets spéciaux 3D utilisés au cinéma, fait figure de véritable mythe au Québec. Il y a de quoi avec deux doctorats *honoris causa*, la création du cinéma le plus avant-gardiste de Montréal, l'Ex-Centris, et une fondation portant son nom et ayant pour objectif de faire avancer l'art et la science. Récipiendaire de nombreuses distinctions honorifiques, telles que l'Ordre national du Québec, l'Ordre du Canada, Les Grands Montréalais, l'homme a de quoi impressionner. Ce designer de formation, né en 1957 au Québec, travaille quelques années à l'Office national du film (ONF) avant de fonder la société Softimage en 1986. C'est là qu'une idée de génie est développée sous la forme d'un logiciel de modélisation 3D, dont la plus récente version nommée XSI 6.5, onéreuse dans son format professionnel, semble permettre toutes les audaces.

Les lettres de créances du procédé furent octroyées dès 1993 avec *Jurassic Park* de Steven Spielberg : des dinosaures de toutes les espèces à l'écran, plus vrais que nature, convainquirent le monde des cinéphiles que le cinéma ne serait plus jamais le même. L'idée et la réalisation furent à ce point géniales que dès 1994, soit huit ans après sa fondation, la boîte sise rue Saint-Laurent à Montréal fut acquise par le géant Microsoft pour une somme estimée à 1 G $. Daniel Langlois se retrouve alors à bord du vaisseau amiral de l'industrie du logiciel dans le monde, à titre de directeur des outils de conception avancée. Quatre ans plus tard, l'entreprise passe cette fois aux mains de Avid Technology Inc. qui saura exploiter toutes les ressources offertes par ce logiciel magique et ingénieux. L'invention de Daniel Langlois fait appel à ce que l'on nomme la cinématique inverse, c'est-à-dire une méthode avec laquelle on peut déterminer les positions et les rotations d'articulation d'un modèle, afin d'obtenir une pose. C'est ce qui fait que les mouvements des personnages animés sont suffisamment réguliers pour paraître naturels à l'écran. De là le réalisme saisissant des créatures évoluant dans le parc jurassique.

Soulignons que ce champ de connaissances relié à l'infographie de l'image numérique fut originalement conçu au laboratoire de physique appliquée de l'Université John Hopkins à la fin des années 70. David F. Rodgers écrira les règles de la science des algorithmnes de l'infographie dans un volume devenu depuis un classique, *Mathematical elements for computer graphics,* traduit sous le titre *Algorithmes pour l'infographie*. Parmi ses nombreuses activités, Daniel Langlois œuvre aujourd'hui principalement à la création d'un réseau planétaire de distribution de films numériques. Rien de moins.

Ce *Top Dix* des incontournables pourrait facilement se transformer en *Top Vingt* ou *Top Cinquante* car il existe un nombre considérable d'entreprises au pays, qui ont pris le tournant des technologies de l'information de manière innovatrice et même parfois révolutionnaire. Difficile de choisir donc, pour terminer notre liste, entre InnovMétric fondé par Esther Bouliane et Marc Soucy, Lyrtech des deux Louis, Bélanger et Chouinard, Digital Extremes des frères Schmalz en Ontario, Nexxlink de Karol Brossard ou VertigoXmédia de David Wilkins, entre autres exemples. Notre choix de fin de liste se portera sur Novipro et ses deux fondateurs, Pierre Lanthier et Yves Paquette.

Pierre Lanthier et Yves Paquette.

C'est en 1993 que nos deux hommes, jusqu'alors à l'emploi d'une firme ontarienne, décident, en fin de contrat, de fonder Novipro. Ils n'avaient pas de grandes ambitions, mais simplement le désir d'œuvrer dans une entreprise où ils auraient la possibilité de s'investir pleinement. Avec un taux de croissance de 2 131 % entre 2000 et 2005, on peut parler de mission accomplie. Surtout qu'en mars 2008, Novipro s'associait au géant américain Oracle pour la distribution de leurs produits dans l'est du Canada. Novipro présente cette particularité d'être la seule compagnie québécoise, spécialisée en serveurs de type *mainframe*, qui offre à ses clients des solutions à tous leurs besoins informatiques, du petit portable aux gros équipements. L'une des tâches de Novipro est, par exemple, de reconfigurer les systèmes d'IBM pour répondre aux exigences de sa clientèle. Au fil des ans, Novipro a acquis une expérience unique en matière de serveurs de grandes entreprises parmi lesquelles figurent Bombardier, Hydro-Québec, Desjardins, Vidéotron et plusieurs autres. Tout n'a pas été facile pour cette compagnie dirigée par un ancien programmeur (Yves Paquette) et un vendeur d'équipements (Pierre Lanthier). Au tournant de l'an 2000, la phobie du fameux « bogue » avait paralysé tout le secteur de l'informatique. Mais un peu plus tard, les budgets des compagnies devinrent accessibles et Novipro, qui avait risqué la catastrophe, se remit à fonctionner à plein régime. La formule de sa réussite tient en trois points : le souci constant de son personnel formé aux technologies les plus récentes ; un centre d'innovations où l'on teste toutes les solutions proposées aux clients en plus d'y expérimenter les technologies les plus pointues ; enfin, une attention constante est portée aux besoins des clients visités régulièrement aux frais de la compagnie. Le type d'approche qui mérite la reconnaissance du milieu. Novipro fut sur la liste 2006 des 50 entreprises les mieux gérées au pays !

Les incontournables de la France

Au chapitre de l'informatique, la France se démarque également. Voici notre Top 10 des entreprises françaises. D'autres ont connu des succès remarquables, et nos choix sont purement subjectifs. Ce sont nos coups de cœur.

Wizarbox

Wizarbox est une société française spécialisée dans la création de jeux vidéo. Ce qui démarque cette entreprise de ses concurrents, c'est que celle-ci a développé une expertise qui lui permet de convertir tous les jeux vidéo sur toutes les plateformes, aussi bien Playstation, Nintendo, la Wii ou la XBOX 360. En 2010, cette entreprise comptait au-delà de 55 collaborateurs et affichait un chiffre d'affaires d'environ 1,5 M d'euros. Le marché du jeu vidéo étant d'intérêt international, la présence de ses dirigeants, lors de nombreux salons internationaux tenus aux États-Unis et en Asie, avec en tête de liste le Japon, n'est pas étrangère à ce succès, car ce coin de la planète est incontournable pour les professionnels du jeu électronique. La popularité de Wizarbox auprès d'entreprises telles que Ubisoft, JoWood ou DTP-Ag est due à la qualité de ses conversions et la persévérance de ses dirigeants.

Deveryware

Deveryware est le premier fournisseur d'accès à la géolocalisation. Cette entreprise permet de localiser, où que ce soit sur la planète, des véhicules, des marchandises, des services ou des personnes. Cette possibilité est des plus précieuses, dans les régions dépourvues de réseaux de télécommunications terrestres, ainsi que pour l'acheminement de produits à l'extérieur des frontières. En matière de gestion d'énergie, cette entreprise a initié l'usage de boîtiers autonomes qui ne sont pas reliés à une source d'énergie externe. Les matériaux utilisés dans la fabrication de ces boîtes en font des appareils extrêmement efficaces et surtout très rapides, faciles à installer et autonomes. Cette caractéristique permet à Deveryware d'offrir des outils intéressants, liés aux technologies mobiles et sans fil.

Webhelp

Webhelp est une société créée en l'an 2000, et un des acteurs majeurs en Europe des centres d'appels et de la mondialisation de la relation clients, qui offre ses services en français, anglais, espagnol, allemand, arabe et plusieurs autres langues. Avec un chiffre d'affaires de 123 M d'euros en 2009, cette entreprise a connu l'une des plus fortes croissances du secteur des centres de relation clients/collaborateurs. Sa réussite est remarquable et l'excellence de son produit dépasse largement ses frontières. Son succès tient, entre autres, à sa capacité d'anticiper le marché et à innover. Webhelp s'inscrit dans une logique de développement durable, non seulement avec le respect de l'environnement, mais elle assume aussi une responsabilité sociale.

Metaboli

Créée en août 2001, Metaboli est une plateforme de jeux vidéo pour les PC qui propose deux services aux internautes : des forfaits illimités à bas prix et la possibilité d'acheter un jeu par téléchargement via son portail Gamesplanet.

En Europe, cette société est considérée comme le leader de la location et de la vente de jeux vidéo. De nombreux fournisseurs d'accès, des portails généralistes, des magazines sur les jeux vidéo, des éditeurs de jeux et des détaillants permettent à Metaboli d'offrir un éventail de jeux très diversifié, ainsi que des jeux gratuits, qui sont proposés en « *retrogaming* », ce terme désignant l'activité qui consiste à jouer et à collectionner des jeux vidéo moins récents, ceux notamment qui ont vu le jour sur les consoles de jeux, les micro-ordinateurs et les bornes d'arcades. Cette activité mobilise des milliers de passionnés et de collectionneurs à travers le monde. En septembre 2008, Metaboli a pris de l'expansion en rachetant la société Gametap, une société similaire qui offre un service d'abonnement aux États-Unis.

Anevia

En se servant des composants du marché (processeurs Intel et les systèmes d'exploitation en temps réel basé sur Linux) pour bâtir ses serveurs vidéo, Anevia, fondée en 2003, fait du réseau des télécommunications le magnétoscope virtuel, puisqu'elle développe et commercialise des équipements de diffusion de vidéo numérique sur des réseaux IP. Ces équipements sont destinés aux opérateurs de télécoms qui proposent des offres de télévision ou de vidéo à la demande de leurs abonnés. Son expertise permet de recevoir un bouquet vidéo à la fois sur un décodeur IP, mais aussi sur un PC et un téléphone portable. Elle compte plus de 300 clients dans 50 pays et en mars 2009, a levé des fonds à hauteur de 5 M d'euros.

Oodrive

Plus de 8 000 entreprises œuvrant dans le domaine des médias, des produits de luxe, de l'administration publique, des services et plusieurs autres secteurs utilisent quotidiennement les solutions Oodrive, via iExtranet, une plateforme web sécurisée de travail de collaboration et d'échange de fichiers volumineux entre une entreprise et ses clients, internes ou externes. Composée d'une arborescence de dossiers et sous-dossiers, cette plate-forme permet d'organiser efficacement l'information, tout en gérant les droits d'accès et d'action de tous les interlocuteurs. Avec Oodrive, il devient possible d'envoyer par courriel des fichiers sans limite de taille et de format. Aucun logiciel à installer, ni paramétrage système à effectuer. iExtranet est accessible depuis un simple navigateur web. Grâce à son interface ergonomique, le service est rapide et ne nécessite aucune formation.

Visiplus

Visiplus est une entreprise spécialisée en offre de services marketing. Son objectif est d'améliorer la visibilité et la performance des sites internet des entreprises sur Google, Yahoo ou Bing, via des solutions innovantes.

La société attribue son taux de croissance, qui atteint + 861 % du chiffre d'affaires, à l'innovation constante qu'elle a su développer notamment à travers de nouvelles solutions d'e-réputation, de split testing et d'analyse comportementale des internautes. Le split testing est un outil permettant de tester des variables sur un échantillon aléatoire de votre liste, et de créer une campagne de publicité gagnante, ce qui évite d'avoir à prévoir des réunions marketing interminables pour optimiser les résultats d'une campagne publicitaire par une méthodologie scientifique et mesurable.

VirtuOz

Fondée en 2002, VirtuOz développe et commercialise une nouvelle génération d'agents virtuels intelligents et multilingues. Avec au-delà de 10 millions de dialogues clients traités chaque mois avec succès, les solutions VirtuOz permettent aux entreprises d'améliorer leur expérience utilisateur et de réduire les coûts opérationnels de support. Les agents virtuels ajoutent une « touche humaine » aux sites web et deviennent un contact privilégié des internautes dans la demande d'informations, l'aide à la navigation, le conseil ou l'assistance. Les agents virtuels dialoguent avec les clients d'une entreprise et répondent à leurs demandes de façon proactive et en temps réel. Le dialogue est unique et adapté en fonction du besoin de chaque utilisateur.

WizTivi

Éditeurs de contenus, fournisseurs d'accès et fabricants de téléviseurs font confiance à WizTivi, une société qui a développé une technologie unique de diffusion multicanaux et multiécrans. Il devient possible de diffuser une émission de télévision sur l'ensemble des canaux existants, quel que soit l'écran de réception. L'entreprise développe des sites web et les adapte à l'ergonomie du téléviseur et à l'usage de la télécommande. Ceux qui œuvrent dans le domaine de l'univers télévisuel, les producteurs, les diffuseurs et les éditeurs web peuvent proposer à leurs clients de regarder des émissions de télévision sans avoir à passer par un fournisseur d'accès à Internet.

Parot

La société Parot œuvre dans le secteur des technologies liées à la reconnaissance vocale et développe des périphériques sans fil pour la téléphonie mobile. Elle offre la gamme très étendue de systèmes mains libres Bluetooth installés pour la voiture. Son offre de connectivité Bluetooth ou Wi-fi s'adresse à tous les utilisateurs de téléphones mobiles, ainsi qu'aux constructeurs de l'industrie automobile. Ses produits sont avant tout pratiques et esthétiques. Parot est un leader mondial des kits mains libres. L'entreprise compte plus de 450 collaborateurs dans le monde et réalise 85 % de ses ventes à l'étranger. Cette société est cotée en bourse.

Zuckerberg, l'album photos de l'humanité entière

Facebook, le petit commerce en ligne de Mark Zuckerberg, compte aujourd'hui 500 millions de clients. Ce qui en fait, selon le bon mot des journalistes Cécile Decourtieux et Laurence Girard du journal *Le Monde, « le troisième pays en importance sur la planète après la Chine et l'Inde »*. Avec cette particularité que ce pays virtuel qu'est *Facebook* entend un jour contenir l'ensemble de la population mondiale ! Rien de moins.

L'idée d'affaires de l'ex-étudiant d'Harvard, toute simple à l'évidence, était née d'un constat suivant : ce que les Français nomment trombinoscope paraît complètement dépassé de nos jours ! À l'âge de la communication planétaire et instantanée, touchant des milliards de personnes, aligner dans un opuscule poussiéreux, comme le font les gens d'un autre âge, la photo intime, le portrait officiel, la photographie des membres d'une assemblée, d'un comité ou d'une grande école, le tout accompagné de notes biographiques et de réflexions sous cachet confidentiel, est tout simplement impensable, surtout quand on est dans la jeune vingtaine comme Mark. Il y avait bien sûr *MySpace* dans le décor. Mais l'ensemble était loin de satisfaire l'étudiant sans doute le plus allumé d'Harvard.

En 2004, notre homme lance donc son site de réseau social nommé à l'origine *Thefacebook*, lequel est réservé à certaines universités et collèges. Guerre d'Irak oblige, Mark ouvre ses pages aux militaires. Puis il lance une invitation au grand public. Le succès est instantané. Avec une progression de popularité que le terme exponentiel semble impuissant à traduire. Qu'on en juge : 40 millions d'abonnés en 2007, 175 millions deux ans plus tard. Un demi milliard en 2010.

Bref, chaque mois, au moins 25 millions de personnes s'inscrivent et s'exposent. Un phénomène socialement inusité. En 2009, aux États-Unis, 35 % des adultes et 65 % des adolescents acceptaient d'afficher leur profil et leurs goûts sur un ou plusieurs sites sociaux, Facebook récoltant évidemment la part du lion. De quoi fournir pour le quart de siècle à venir plusieurs études sociologiques avec pour thèmes le désir de paraître dans nos sociétés, et le besoin de contacts humains. D'ailleurs, deux éminents sociologues américains, Harisson White et Mark Granovetter, n'y manqueront certainement pas, puisqu'ils sont reconnus comme des spécialistes dans la sphère des réseaux sociaux. Né en 1984 à Dobbs Ferry dans l'État de New York, d'une famille juive dont le père était entrepreneur, Mark Zuckerberg, qui se dit athée et avoue avoir visité une dizaine de pays, s'inscrit en mathématiques à Harvard. Son penchant et même son talent évident pour l'informatique le place comme candidat intéressant pour Microsoft et AOL qui l'approchent pour un projet touchant la protection contre le *hacking*. Mark préféra plutôt s'inscrire à Harvard, la plus prestigieuse université de la côte est, lieu où son étonnante invention verra le jour.

Il ne faut pas s'y tromper. C'est le cadre de la vie étudiante qui servira de véritable catalyseur à l'éclosion du génie du futur milliardaire. Zuckerberg y prend conscience d'une chose : la nécessité vitale d'une vie sociale dans une institution d'enseignement. C'est ainsi qu'il en vient à créer *Coursematch*, un programme qui informe nommément sur les personnes qui composent les classes fréquentées. Puis il se met à *Facemash. com*, un site comparable. Ces initiatives de type *hacker* l'amèneront devant les autorités de l'école. On lui reproche d'avoir fait un usage non autorisé des ordinateurs. Rien n'y fait. Zuckerberg s'entête et *Facebook* voit le jour. Le site social se limite tout d'abord aux étudiants de l'institution. Le site rejoint rapidement les deux tiers des membres. Puis, avec l'aide d'un compagnon de chambrée, Dustin Moskovitz, la toile sociale s'étend à d'autres lieux d'enseignement qui ont pour noms Stanford, Columbia et Yale. En peu de temps, une trentaine d'universités seront ainsi reliées dans ce réseau humain. À l'été 2004, Mark Zuckerberg déménage avec quelques amis du côté de Palo Alto, en Californie, où il bâtira une industrie incomparable. Il ne retournera jamais à Harvard.

Comment expliquer que le simple fait d'afficher, à la vue du monde entier, le maximum d'informations personnelles – lieu de résidence, adresse, numéro de portable, âge, sexe, parcours scolaire, préférences sexuelles, religion, opinions politiques, photos de vous, de votre animal préféré, de vos amis et parents… – et de tenter par ce moyen d'entrer en contact avec le plus de gens possibles puisse aboutir à une entreprise milliardaire ? D'autant que le modèle existait déjà. Quel est donc le secret de Facebook ?

Vincenzo Cosenza, directeur de l'agence italienne de communication Digital PR, s'exprime sur ce point :

« *Facebook a mieux réussi que les autres à interpréter les demandes des utilisateurs, surtout en termes de simplicité, en créant une interface riche permettant en peu de clics d'accéder à un mode de services qui d'habitude n'est pas à la disposition des utilisateurs ordinaires, mais des experts.* »

Et le spécialiste de poursuivre : « *C'est gratuit, c'est simple et cela s'est énormément propagé parce que ce réseau a d'abord ciblé les étudiants pour leur permettre de correspondre entre eux. Plus récemment, les moins jeunes s'y sont également mis, et maintenant les habitants de pays non occidentaux.* »

« *Visionnaire extraordinaire* », comme le qualifie son biographe David Kirkpatrick, Zuckerberg pense que toutes les données personnelles en ligne permettront aux gens de mieux se connaître et de comprendre davantage le monde qui les entoure. Bref, faire de la planète un espace ouvert et tolérant. Une perspective un peu en contrepoint de son opinion sur le film de sa vie il faut dire, film intitulé *The Social Network* réalisé par David Fincher.

Mais comme pour toute entreprise, la concurrence est au rendez-vous. Par exemple, *Welcom*, le réseau lancé pour l'élite à Davos en 2008, auquel s'ajoute la rumeur persistante que le géant Google répliquerait à Facebook en matière de réseau social. Le milliardaire d'Harvard est très conscient que d'autres sites de réseautage social sont tombés après avoir connu des départs aussi fulgurants que le sien. *Friendster* était fort bien parti, avant de tomber dans les limbes, pour cause de gestion désastreuse. Autre exemple, *My Space*, né un an avant Facebook, qui perd du terrain en raison des lacunes inhérentes à la construction de son site. Bref une jungle, mais où l'on se sent tout de même parfaitement équipé pour survivre.

Pour Facebook et Zuckerberg, le seul talon d'Achille a trait à la question de la confidentialité et au respect de la vie privée des gens. Parce qu'à l'inscription, les postulants doivent acquiescer aux conditions suivantes : « *Vous accordez à Facebook le droit irrévocable, perpétuel, non exclusif, transférable et mondial (avec l'autorisation d'accorder une sous-licence) d'utiliser, copier, publier, diffuser, stocker, exécuter, transmettre, scanner, modifier, éditer, traduire, adapter, redistribuer n'importe quel contenu déposé sur le site.* » Ce qui signifie, d'une certaine manière, qu'on se livre à Facebook. Le tout étant tempéré par la mention qui se lit comme suit : « *Votre contenu d'utilisateur peut-être effacé du site à n'importe quel moment. Si vous l'effacez, le droit accordé à Facebook évoqué précédemment expirera automatiquement.* » Mais les amis ou les curieux ayant consulté le site peuvent garder une copie des informations. Comme les publicitaires sont à l'affût de telles banques d'informations, tout est possible. Une perspective qui n'échappe pas aux participants. Comme en fait foi un sondage réalisé en 2009 par le groupe de recherche eTheory : 82 % des personnes interviewées admettaient ne pas avoir de connaissances sûres quant à l'usage des données communiquées à Facebook.

Un projet d'avenir pour Mark Zuckerberg ? Un milliard d'abonnés à Facebook en 2011, ose-t-il avancer. Un objectif qu'il souhaiterait accompagner de 1 G $ supplémentaire en revenus. Mais en attendant, Mark à de quoi patienter, du moins côté fortune personnelle. Parce qu'à l'automne 2010, Forbes le plaçait au 212e rang des fortunes mondiales. Tout cela à condition bien sûr que les choses se maintiennent. À moins qu'un plus jeune, plus fou, comme chantait jadis Robert Charlebois, ne se pointe pas à l'horizon pour détrôner le roi du Web de l'heure.

Trois gourous pour YouTube

Né de la bulle Internet à la fin des années 90, n'ayant jamais fait le moindre bénéfice dans la meilleure tradition de plusieurs des *start -up* de cette époque, YouTube, le plus populaire des sites d'échanges de vidéos a été racheté à la fin de 2006 par Google pour 1,65 G $ en actions. C'est avec la pub incitative *Broadcast yourself/Mettez-vous en ondes* qu'on lança à l'origine le message aux internautes.

Le moins que l'on puisse dire, c'est que l'appel fut entendu. En juillet 2006, la compagnie révéla que 100 millions de vidéos par jour étaient visionnées. Et que pour juin seulement de cette année, 2,5 milliards de séquences animées avaient été diffusées par les habitués. Pour le seul mois de mai de 2010, on dénombra l'ajout de 50 000 vidéos par jour. En 2007, 10 heures de vidéo sont téléchargées chaque minute. Les choses continuent de progresser : pour le seul mois de janvier 2008, quelque 3 milliards de vidéos furent visionnées par 79 millions d'internautes. Cette société fut fondée en février 2005 par Chad Hurley, Steve Chen et Jawed Karim. En moins d'un an, ce service de chargement gratuit fort simple d'opération, a constitué une vaste communauté d'usagers qui soit affichent leurs propres clips de moins de dix minutes, soit commentent ceux qu'ils visionnent, se regroupent par affinités et partagent leurs expériences. Comme le soulignait l'un des fondateurs Chad Hurley en 2006, « *notre communauté a changé radicalement la façon dont les gens utilisent les médias, et a créé une nouvelle culture du clip vidéo. Tout le monde s'accorde à dire que c'est juste le début de la révolution de la vidéo sur Internet.* »

YouTube a ouvert le Web aux images numériques tournées par les vidéastes amateurs du monde entier, armés de leurs caméras légères ou de leurs téléphones portables avec fonction vidéo. Il n'y a pratiquement pas d'autre censure que celle de l'audience. Le grand cirque peut circuler auprès de millions d'ordinateurs spectateurs : séquences de vacances, photos de la dernière petite amie, chien tombant à l'eau, scènes de beuveries, récital de poèmes, exhibitions de talents hétéroclites et quoi encore. En achetant YouTube, Google y voyait une possibilité de débouchés publicitaires. On assiste déjà à l'insertion d'encarts publicitaires avant la diffusion d'une vidéo, que l'utilisateur est contraint de regarder. Ce qui ne plaît pas aux utilisateurs de la première heure. Un petit coup d'oeil sur les trois mousquetaires responsables de l'ordinateur-réalité. Jawed Karim débuta sa vie très loin de la Californie. Ce jeune homme de 29 ans d'origine indienne, bengali pour être précis, vit le jour en Allemagne de l'Est. Mais en 1980, la famille gagne l'Allemagne de l'Ouest, puis les États-Unis en 1992. Ses parents sont des universitaires et des chargés de recherche. Sa mère œuvrant dans la biochimie, aucun des parents n'a de difficulté à se trouver un bon emploi, et à placer Karim dans les meilleures maisons d'enseignement. Son cursus d'éducation l'amène à compléter un bac en sciences informatiques à l'Université de l'Illinois, tout en gagnant sa vie grâce à de petits emplois. C'est dans le cadre d'un de ses emplois, notamment à PayPal, une entreprise spécialisée dans les paiements en ligne, qu'il fait la connaissance de Chad Hurley et Steve Chen, qui seront ses deux complices dans la future entreprise. Après avoir fondé YouTube et envoyé la première vidéo le 23 avril 2005, intitulée *Moi au zoo*, Jawed aura la sagesse de s'inscrire à Stanford pour des études de maîtrise, toujours en informatique. Il faut savoir qu'il avait les moyens de ses ambitions, ayant empoché quelque 64 M $ lors de la vente de Youtube à Google, après une seule année d'existence. Aujourd'hui, Jawed Karim a mis sur pied une entreprise nommée *Youniversity Ventures* pour aider les diplômés universitaires ayant de bonnes idées à fonder leur entreprise. Steve Chen, lui, est né à Taiwan en 1978. À huit ans, il immigre en Amérique. Il suit, plus tard, un cursus classique en maths et sciences à l'Université de l'Illinois, et comme ses deux confrères, se joint à PayPal. Ses habiletés professionnelles lui valent le titre de responsable des aspects technologiques de YouTube. Sa part à la vente de l'entreprise s'élèvera à 326 M $.

Chad Hurley, né en Amérique en 1977, est fils d'un financier et d'une institutrice. Ses talents l'orientent vers les arts. C'est à l'Université de l'Indiana qu'il décrochera d'ailleurs un diplôme en beaux-arts, partageant son temps entre le graphisme et la course cross-country, discipline dans laquelle il excelle. Entré chez PayPal, il dessinera le logo de la compagnie. Lorsque la compagnie californienne sera achetée par eBay, il recevra une redevance pour sa création artistique. C'est cet argent qui servira d'ailleurs à financer YouTube.

Beaucoup d'inventions naissent d'un échec. YouTube n'échappe pas à cette logique. En janvier 2005, tentant sans succès d'expédier une video par courriel, le film ayant été capté lors d'une réunion d'amis, Chad et ses deux amis, Steve et Jawed, entreprirent de créer un site tout simple d'utilisation pour ce type d'envois. Avec le succès que l'on sait. Lors de la vente de l'entreprise à Google, Chad empocha la part du lion, soit 345 M $. Ce créateur est aujourd'hui marié et père de trois enfants. L'histoire ne dit pas si celui-ci continue d'expédier des séquences vidéo de sa vie privée sur Internet. Il faut préciser qu'un code de moralité régit ces envois en ligne : ni la pornographie, ni la publicité commerciale, ni l'incitation à la haine ou aux actes criminels ne sont acceptés. Certains pays comme l'Iran, la Tunisie, la Thaïlande, la Turquie et le Pakistan exercent une censure sur les séquences diffusées.

Des accrocs aux droits de propriété ont aussi été soulignés. Comment pourrait-il en être autrement avec la masse inouïe d'informations en circulation ? L'énorme succès du porteur d'images le fait évoluer vers d'autres plates-formes. Ainsi, en 2007, YouTube a fait son apparition sur les mobiles et notamment sur l'iPhone. YouTube c'est aussi la hantise des candidats lors d'élections, particulièrement en Amérique. Si un spectateur est témoin d'une bourde d'un politicien, sitôt captée sur vidéo, la séquence est expédiée sur la planète entière et répétée *ad nauseam*. Ce partage d'images (*video sharing*) est devenu une puissante arme politique.

Lors de la course à la présidence de 2008, les candidats et leurs supporteurs ont largement profité de la vitrine exceptionnelle qu'est YouTube. Barack Obama et Hillary Clinton bien sûr, mais aussi des candidats moins favorisés par les médias comme Steve Kubby et Ron Paul. On dit que YouTube est à l'opposé de la télévision. Il n'y a ni esthétique, ni ordre du jour. De l'anti-télé quoi. Comme le mentionnait la journaliste Julie Span de *USA Today* : « C'est la communauté qui décide si c'est intéressant ou pas. » Une formule qui explique en un sens le succès actuel de la téléréalité.

Twitter, comme des millions de cris d'oiseaux

Twitt de *tweet* (gazouillis en anglais) est l'onomatopée anglaise du cri d'oiseau. Cette imitation phonétique devait donner son nom, on s'en souvient, à un hilarant petit personnage de dessins animés de la Warner, Twitty Bird. Apparu en 1942 sous les pinceaux de Bob Clampett, il allait faire rire petits et grands durant des décennies. On ne sait si les trois créateurs de Twitter, cette machine de communication à se faire des amis créée en 2006, connaîtront un ennemi aussi redoutable que le chat Sylvester obsédé à l'idée de dévorer l'oiseau jaune à grosse tête. Ce que l'on sait, toutefois, c'est que Twitter, troisième réseau social en importance après Facebook et MySpace, sorti des cerveaux de Biz Stone,

Evan Williams et Jack Dorsey, est un site qui en moins de quatre ans a conquis l'univers.

Au printemps 2010, Twitter c'est 105 millions d'utilisateurs, 300 000 nouveaux membres par jour, 55 millions de *tweets* (gazouillis) émis par ses membres toutes les vingt-quatre heures et quelque 180 millions de visites uniques chaque jour, pour consulter ces pépiements en quête de lecteurs ! Tout cela géré par une petite société basée à San Francisco et comprenant 175 employés. Le coup de génie de ce mode de communication unique : limiter le message à 140 caractères ou moins. Comme pour donner raison à l'humoriste américain H.W.Shaw : « *Les mots ont un grand pouvoir si on n'en met pas trop ensemble.* » Ce qui, parmi d'autres avantages, simplifie grandement les échanges. Concept simple, utilisation simple. Au siècle de la vitesse, avec Twitter, on va rapidement à l'essentiel. Une carte gagnante. Selon le jargon de cette sphère d'activité, vous passez de *Twitternoob* (débutant) à *Twitterholic* (accro) en moins de temps qu'il ne faut pour l'écrire.

Voyons donc le b.a.-ba de cet univers d'initiés. Comme nous le disions précédemment, Twitter est un site de réseau social qui permet sous forme de *tweets*, de messages, de communiquer ses pensées en limitant son texte à 140 caractères, soit environ trois lignes de texte. Twitter fonctionne sur les ordinateurs et les mobiles via un branchement 3G, 4G ou WiFi. En créant un compte sur Twitter. com, on peut enjoliver le site avec photos, courte biographie et arrière-plan attrayant. Twitter sert à la fois à entrer en contact avec des connaissances et à trouver une ou des âmes sœurs. Avec *Find people,* la recherche de gens intéressants devient une opération des plus aisées. *TweetDeck* est une application bureau qui permet, entre autres, de classer les contacts par catégories et permet le partage des photos. Pour répondre à un *tweet* (message) qui vous est adressé, rien de plus simple : on tape @ suivi du pseudonyme de l'expéditeur, ou on clique simplement sur la flèche qui apparaît lorsqu'on passe le curseur sur le message, et le tour est joué. Le slogan de la compagnie Twitter annonce bien l'orientation du projet : *Discover what's happening right now, anywhere in the world/Découvrez ce qui se passe maintenant, n'importe où dans le monde.* Le mot clé qui explique pourquoi Biz Stone, Evan Williams et Jack Dorsey fondèrent un jour un vecteur de communication recouvrant la planète, ayant pour nom *podcasting* ou baladodiffusion, si l'on se réfère au mot créé par l'Office québécois de la langue française en 2004, validé par le Larousse quatre ans plus tard.

Mais qui sont donc ces trois génies du message bref virtuellement multimillionnaires en raison du potentiel publicitaire que recèle leur vecteur de communication ? Les inventeurs de Twitter voient le jour en plein cœur des années 70, décennie formidable qui voit apparaître le microprocesseur, le DVD et l'imprimante laser au son de la musique de Led Zeppelin et autres Sex Pistols. Jack Dorsey, le cadet des trois, né en 1976, explique dans une entrevue, que l'idée d'une micromessagerie prend naissance au début du millénaire par l'observation de la vie urbaine. Une vie faite de communications brèves entre une foule d'intervenants de la cité que sont le messager à bicyclette, le conducteur de taxi, le camionneur, le policier, l'ambulancier et le pompier. Ceux-ci à l'aide de radios CB, de mobiles, de GPS se communiquent où ils sont, ce qu'ils font, donnent leur prochaine destination et autres. Dorsey met alors au point un logiciel des plus simples qui pourrait remplir cette fonction d'échanges entre amis. Mais les moyens techniques manquent. Jusqu'à ce qu'apparaisse le RIM 850 de la compagnie ontarienne Research in Motion.

Pour 400 $, le prédécesseur de BlackBerry proposait des courriels de quatre lignes composables avec le clavier si fonctionnel de la compagnie. La grande percée surviendra pourtant en 2005-2006 lorsqu'on offrira la possibilité d'envoyer des SMS via les diffuseurs américains Cingular et Verizon. Le projet prend alors rapidement forme. S'associant à Isaac *Biz* Stone, né en 1974 et ayant participé à une foule de *start-up* (Xanga, Blogger, Odeo et Obvious), Jack Dorsey écrit en deux semaines le prototype de ce qui va devenir Twitter. Comme tout ce qui touche le multimédia, le nom du vecteur est primordial. On propose *Stat. us*, un terme qui s'était imposé à Dorsey plusieurs années auparavant. Mais le punch n'était pas au rendez-vous. *Twitch* présentait une bonne piste, celle qui mena finalement nos chercheurs à l'imitation des gazouillis d'oiseaux avec Twitter.

Evan Williams, né en 1972, donc l'aîné des trois entrepreneurs et fort expérimenté dans la création d'entreprises Internet, notamment Pyra Labs, compagnie qui créa le service Blogger, avait développé une expertise dans l'écriture de codes informatiques notamment pour Intel et Hewlett-Packard. Expérience qui allait s'avérer vitale pour la nouvelle compagnie. Au service d'Odeon, il se lie d'amitié avec « Biz Stone ». À la fondation officielle de Twitter en 2007, Williams n'hésite pas à se joindre à Biz et à son copain Dorsey pour hisser la *start-up* au sommet que l'on sait. On sait que l'interface originelle de Twitter est en anglais. Suivra une version japonaise en 2008. Puis Twitter trouvera le moyen de s'exprimer en FIGS, c'est-à-dire en français, italien, allemand (*german*) et espagnol (*spanish*). Des millions de choses pourraient être dites sur Twitter, puisque ses millions de fidèles ont tant de choses à raconter. Le monde du multimédia est bouleversé par ce nouvel arrivant. On raconte que Facebook aurait offert 500 M $ pour acheter ce concurrent indirect, compte tenu de son énorme potentiel publicitaire. Nous retiendrons pourtant un événement de portée mondiale qui a donné à ce mode de communication tout son sens. En juin 2009, l'Iran voit le président Mahmoud Ahmadinejad reporté au pouvoir. L'élection est contestée par des millions d'opposants. La répression s'abat. Le pays est coupé du monde. Pas complètement pourtant. Ayant retenu la leçon des Moldaves également pris dans la tourmente politique quelques mois auparavant, les Iraniens se rabattent sur la twittosphère. C'est par milliers et à une cadence infernale que l'information sort du pays par petits messages pour communiquer au monde ce qui se passe dans cette nation dévastée. Ce mouvement de protestation, situé en dehors du champ politique et qui envahit les réseaux sociaux, évoque pour la première fois la notion de révolution Twitter. Comme si *Twitty Bird,* le petit oiseau jaune à grosse tête, que nous évoquions en début de texte, avait déjoué encore une fois les vilains projets du gros chat Sylvester.

CHAPITRE 8

Les périphériques

Dans le langage informatique, on désigne les équipements périphériques comme étant le matériel distinct de l'unité centrale de traitement, ou microprocesseur, à laquelle il est relié et qui peut assurer l'entrée ou la sortie des données, comme par exemple le clavier ou l'imprimante. Dans la gamme des inventeurs et novateurs, le même terme peut définir tous ceux et celles ayant travaillé en périphérie des ordinateurs proprement dits, une zone vaste qui englobe une foule de domaines, du pari en ligne au financement de projets, en passant par la conception de jeux électroniques et l'édition de magazines spécialisés.

Ces « périphériques » de l'histoire de l'informatique valent qu'on s'y attarde, car à leur manière, ces franc-tireurs de l'innovation ont souvent fait évoluer l'informatique dans son entier.

Tout pour la musique en balade

« *Sans musique, la vie serait une erreur* » écrivait Nietzche, en 1888. Tout simplement parce que selon ce grand philosophe « *cet art nous met en relation avec l'essence intime du monde.* » Une formule que les créateurs et producteurs de l'univers musical ont depuis longtemps comprise et retenue, et que les mélomanes que nous sommes savons apprécier.

Comme pour confirmer les dires du philosophe, nous voyons partout des femmes et des hommes déambuler, écouteurs aux oreilles, immergés dans l'univers musical qu'ils ont choisi de télécharger sur de minuscules dispositifs. Mick Jagger au bras, ou la Philarmonique de Berlin ouvrant le passage, ils ignorent le plus souvent l'immense avancée technologique en électronique et en informatique qui fut nécessaire pour mettre au point ces petits appareils d'accompagnement. À l'origine de la musique en balade, il y eu ce qu'on nommait dans les années cinquante des *transistors*. Il s'agissait de petites radios portables dont l'âme technologique était un semi-conducteur. Les adolescents de l'époque les trimbalaient en tous lieux pour se rapprocher de la musique de leurs rock'n rollers adorés. Fats Domino, Chuck Berry, Bill Haley, Connie Francis, et autres Elvis Presley alignaient les succès de l'heure au sommet d'un hit-parade accrocheur et les plus romantiques n'avaient rien à leur envier avec Edith Piaf, Dalida, Gilbert Bécaud et Jacques Brel. C'est en 1947 que les laboratoires Bell mettent sur le marché le premier prototype de ces *transistors*. Mais il fallut pourtant attendre 1954 pour que *Texas Instruments* de Dallas et *Texas Industrial Development* de l'Indiana unissent leurs efforts pour concevoir un appareil fonctionnel. Il reviendra à Ed Tudor, à la tête de la compagnie I.D.E.A. qui fabriquait des antennes de télévision, de commercialiser l'année même de sa conception l'appareil baptisé Regency TR-1. Le prix n'était pas donné pour l'époque : 49,95 $, soit un montant qui équivaut aujourd'hui à plus de 350 $. L'année suivante, la compagnie Raytheon s'engagea dans ce marché bien particulier de la radiophonie. En 1957, elle fut suivie de Sony qui avait flairé, avec raison, la bonne affaire. De l'autre côté du Pacifique, la nouvelle courait qu'en l'espace de trois ans, les fabricants américains avaient écoulé 3 millions de *transistors* sur le marché ! Le génie japonais, profitant du coût très bas de la main-d'oeuvre dans ce pays, opta pour la miniaturisation des appareils et une chute vertigineuse des prix. En 1962, un *transistor* coûtait 15 $. Sony, comme nous le verrons, allait retenir la leçon dans les années à venir. Après le *transistor*, les baladeurs mélomanes se verront offrir le Walkman, puis le Discman. Deux petites merveilles technologiques tout droit sorties des usines japonaises qui permettront d'écouter la radio, de lire des cassettes magnétiques et des disques compacts. Le 1er juillet 1979 donc, le fleuron de l'électronique japonais Sony s'offre un prestige planétaire en lançant le TPS-L2, code de référence de son premier Walkman de couleur gris et bleu argenté. Un nom créé par le cofondateur de la boîte Akio Morita. De quoi enjoliver, pensait-il, le quotidien des passagers des trains bondés qui doivent parcourir d'énormes distances dans la ville de Tokyo surpeuplée et sa banlieue. L'appareil d'écoute fut un succès. Au point que le mot walkman, en français, comme dans plusieurs langues, deviendra le terme générique pour désigner le baladeur. Devant ce succès, d'autres compagnies, notamment Toshiba, Aïwa et Panasonic, se mirent à fabriquer ce que le public nommait toujours des *walkman* ! On en vendit 220 millions. Puis en 1982, l'arrivée du CD mis au point conjointement par les compagnies Philips, Sony, et Hitachi, changea de nouveau la donne. Sony lança donc en 1984 un nouveau type de lecteur qu'on nomma Discman. Énorme succès encore : on vendit 120 millions du modèle de base. Aujourd'hui, dans certaines régions du globe, le walkman est aussi un téléphone portable. Quelque 70 millions de ces appareils ont été vendus en 2009. Puis, la planète entière fut interpellée par un autre changement. Au milieu des années quatre-vingt, on le sait, la révolution de l'ordinateur domestique battait son plein. L'industrie des communications commença à orienter une foule d'applications vers l'informatique qui était omniprésente.

C'est dans la foulée de cette technologie envahissante qu'apparurent le MP3, le Napster et l'iPod. Tout un champ d'application audio rendu possible par une technique inusitée : la compression des données.

En réduisant un fichier musical au douzième de sa taille, le format MP3 a bouleversé en profondeur l'industrie de la musique. Tout commença en Allemagne à la fin des années 70, avec les recherches acoustiques de l'ingénieur Karlheinz Brandenburg, sous la direction du professeur Dieter Seitzer. Les deux collaborateurs avaient pour objectif de comprimer la musique et de la transmettre par ligne téléphonique. Le premier appareil baptisé MP3 qui sortit des laboratoires pour réaliser cet exploit technique avait la taille... d'un réfrigérateur ! On se promettait de faire mieux. Diplômé au niveau doctoral de l'Université d'Erlangen en mathématiques et en ingénierie acoustique, le professeur Karlheinz Brandebourg développa pour sa thèse des recherches déjà réalisées en psychoacoustique. L'approche sera des plus originales. On avait réalisé que l'oreille humaine ne peut distinguer deux sons ayant une fréquence presqu'identique, ni percevoir des sons très bas, lorsqu'ils sont précédés par des sons très hauts. On élabora donc une théorie pour éliminer de la matière source tous les sons que l'oreille humaine ne pouvait percevoir. On travailla à créer un algorithme de compression et de décompression, ce qui permit de réduire considérablement le volume des données. Cette compression dite de format « MPEG Audio Layer 3 » fut rebaptisée MP3. Il faudra pourtant attendre quelques années pour que cette percée technologique trouve une application, car les ordinateurs de 1993 n'étaient pas assez puissants pour encoder et décoder la musique. Soulignons que le professeur Brandebourg œuvrait au sein de la Société Fraunhofer, un organisme de recherche appliquée fondé en 1949, et qui regroupe 59 institutions spécialisées tant en Allemagne qu'en Amérique ou en Asie. Les brevets de la découverte de la compression des données revenaient donc à la Société de recherche. En 2005, les redevances de l'exploitation du brevet rapportèrent 140 M $. Voici la preuve que de nombreuses industries, moyennant redevances, profitaient de cette importante découverte.

Les choses, on s'en doute, ne s'arrêtèrent pas là.

Internet aidant, un *drop-out* de 18 ans du nom de Shawn Fanning, entra en scène en 1999 avec un procédé nommé Napster, permettant aux utilisateurs de PC d'accéder, via Internet, à tout le répertoire musical de la planète et de le télécharger.

En fait, tout s'était passé très vite pour Shawn Fanning, qui fit la couverture du *Time* en l'an 2000. Né en 1980 à Brockton au Massachusetts, il eut la chance, adolescent, de pouvoir travailler chez son oncle John qui possédait une compagnie dans le giron d'Internet, et d'y apprendre tout ou presque sur la programmation. Il se mit à réfléchir à ce qu'il pouvait bien inventer avec ce savoir. En 1999, tout bougeait dans le monde de l'informatique. Les plus ingénieux tiraient assez bien leur épingle du jeu. Un jour de janvier, Shawn décide de quitter l'Université Northeastern de Boston, de s'enfermer trois jours dans sa chambre et de concevoir le code dit Napster : un programme permettant de télécharger de la musique en ligne. Autrement dit, il devenait possible d'avoir accès aux pièces musicales stockées sur toutes les machines, ce que ne manqueront pas de faire des millions d'amateurs.

Cette discothèque en ligne était le pire cauchemar qui pouvait arriver aux maisons de disques. Les recours en justice se multiplièrent. Tant et si bien que le 5 mai 2001, la juge Marilyn Holt Polet ordonna à Napster d'éliminer de ses systèmes tout lien vers des pièces musicales ou chansons soumises au copyright. C'était l'arrêt de mort de Napster, qui cessa toute activité le 14 mai 2002. Shawn Fanning n'avait pourtant pas dit son dernier mot : en 2006, il developpa *Rupture*, un outil qui permet aux participants du jeu vidéo *World of Warcraft* de communiquer entre eux. Shawn refila par la suite son produit au producteur Electronic Arts pour 15 M $.

Mais déjà, le procédé MP3 effectuait de timides percées avec l'apparition des premiers lecteurs.

Assez curieusement, les premiers appareils virent le jour en Corée, à Séoul plus précisément, en 1997. Saehan Industries n'avait aucun lien avec le marché de l'électronique. Elle faisait dans le textile, plus précisément en fabricant des dérivés de polyester. Le problème qui se posait pour la compagnie était de diversifier ses produits. Saehan se lança donc dans l'aventure des appareils à reproduire la musique en s'associant à Digital Cast, une compagnie en recherche de solutions et développement. Le MPMan F10 qui fut mis en circulation en 1998 présentait beaucoup d'attraits. Il était minuscule et moins encombrant que le Walkman. Malheureusement pour ce pionnier, de nombreuses erreurs de mise en marché, dont des lacunes graves au niveau de la distribution, l'évacuèrent rapidement de l'écran radar de l'industrie. Surtout que d'autres compagnies tentaient d'exploiter ce type d'appareil. On pense ici au Diamond Rio PMP 300 dont la publicité disait qu'il « *mettait Internet dans la paume de votre main* », sans compter le PJB de Compaq. Ces deux appareils apparurent en 1999.

Il reviendra pourtant à Apple de remporter la mise avec son fameux iPod lancé fin 2001. Avec trois noms en haut de l'affiche : l'ingénieur Tony Fadell, le directeur de projet Jon Rubinstein, et le designer Jonathan Ive. Apple avait déjà une longueur d'avance sur tout autre concurrent en matière de téléchargements musicaux avec son très efficace iTunes. Ce n'était pas une création de la boîte. Le *Soundjam* avait été conçu par Bill Kincaid puis acquis et adapté en l'an 2000 par les équipes de Cupertino, en Californie, siège social de la société Apple. De quoi télécharger des fichiers MP3 sur Internet sans problème.

Au début de 2001, le portable de Tony Fadell interrompt une excursion de ski. Le responsable de l'ingénierie chez Apple, Jon Rubinstein, le convoque d'urgence, souhaitant discuter avec lui des baladeurs liés à MP3, qui sont loin d'être à la hauteur de ce qu'attend le consommateur. Fadell est un expert, aussi bien en électronique qu'en informatique, qui compte 15 années d'expérience dans ces deux domaines. Diplômé de l'Université du Michigan en 1991, il a multiplié les stages de travail dans ce qui compte dans l'industrie : General Magic, Philips et RealNetworks. Il est même considéré comme l'un des jeunes hommes les plus expérimentés dans la réalisation de projets dans Silicon Valley. La commande est parfaitement évaluée par Rubinstein : le périphérique doit bénéficier d'une connexion rapide à l'ordinateur. La synchronisation doit être transparente avec iTunes et dotée d'une interface facile à utiliser. La commande ne vient pas de n'importe qui : chez Apple, Jon Rubinstein a acquis la réputation d'avoir élevé sa profession d'ingénieur au niveau d'un art. La perfection des produits Apple mis en marché porte presque toujours sa griffe. De plus, on précise à Fadell que l'apparence du futur lecteur sera la tâche d'Ive. Comme nous l'avons mentionné précédemment, le type est un véritable génie en matière d'esthétique. Mission remplie le 23 octobre 2001 : Apple lance son iPod qui connaîtra une popularité inouïe. Efficacité de fonctionnement, facilité d'utilisation, look d'enfer : tout y est. Neuf années plus tard, Apple aura vendu 260 millions de ces petits appareils si agréables à la vue et à l'ouïe. Économiquement, le petit gadget à l'oreille aura d'énormes retombées. En 2008, on estimait que l'achat de la musique en ligne avait généré des revenus de l'ordre de 2 G $, une somme qui représente en gros 10 % du marché musical dans son ensemble. Une situation, on l'imagine, qui exigera un réajustement global au niveau de l'édition, de l'enregistrement et de la diffusion de la musique pour les quatre géants du secteur que sont Sony BMG, EMI, Universal et Warner, tous genres confondus. À l'évidence, les moyens traditionnels apparaissent complètement dépassés. Au moment où ces lignes sont écrites, le problème pour ces producteurs reste entier.

Concluons en avançant que cette merveilleuse technologie de la musique compressée pour iPod, porteuse de tant de bonheur, aurait pu être publicisée par la belle chanson de Michel Fugain qui commence par les mots : « *Viens je t'emmène avec moi... en balade.* »

La carte à puce de Moreno et Humpich

Les Allemands Dethloff et Gröttrup, de même que le Japonais Arimura et l'Américain Castrucci, l'avaient précédé à la fin des années 60 pour l'invention de la carte à puce[23]. Qu'importe. Le coup de génie de Roland Moreno, à part certaines trouvailles de son cru, sera de déposer en 1974, 47 brevets de cette invention dans 11 pays, et de récolter en bout de ligne les retombées financières de la carte dotée d'un circuit intégré ou d'un microprocesseur, avec, en prime, la reconnaissance d'en être l'inventeur officiel !

23 Carte à puce ou carte à mémoire. Carte en plastique pourvue d'une mémoire morte ou d'un microprocesseur programmable doté de mémoire. Source : Larousse, ibid.

Né au Caire en 1945, à une époque où la présence française était bien visible en Égypte, Roland Moreno fera néanmoins ses études à Paris. Passionné d'électronique, alors que cette science n'en est qu'à ses débuts, il s'amuse à concevoir des gadgets comme par exemple une machine à tirer à pile ou face. Mais il faut vivre. Se succèdent alors une foule de petits emplois aussi variés que mal rémunérés. Employé de bureau, monteur de luges, journaliste dans des magazines comme *Détective* et *L'Express*, chroniqueur dans un bulletin consacré à l'alpinisme, et enfin secrétaire de rédaction. Mais les idées d'invention sont toujours présentes. En 1972, il décide de créer sa propre entreprise nommée Innovation, question de vendre au plus offrant des idées et des concepts.

C'est là qu'il met en marché un gadget inventé à l'adolescence qu'il nomme « radoteur ». Il s'agit d'un algorithme de génération de mots nouveaux à partir d'une liste de termes du dictionnaire. Par exemple, *Radoteur* peut être utilisé pour automatiser la création de néologismes ou de noms de marques. Un gadget dont on ignore les aboutissants.

Petite réflexion sur des créateurs comme Moreno.

Il y a toujours des personnes qui semblent en-dehors du courant, en marge de leur environnement, des *offers*, comme les nomme la langue anglaise. Ceux-ci ont parfois raison. Alors que les deux Steve, Jobs et Wozniak, construisent leur micro-ordinateur dans cette Californie où tout ce qui pense et s'agite ne rêve que de ce genre de technologie, François Moreno, lui, se bat, en France, avec l'idée (sortie d'on ne sait où) d'insérer dans une carte de plastique des circuits électroniques qui permettraient de conserver et d'utiliser des informations. Le pari allait s'avérer payant. En 1974, comme nous le précisions en début de texte, notre homme frappe le grand coup en inventant la carte à puce. C'est par le biais de trois brevets que les choses, tant sur le plan technique que juridique, se mettent en place. Moreno, de manière assez géniale il faut dire, a prévu ce qu'il nomme des *moyens inhibiteurs*, c'est-à-dire que les données stockées sont protégées. Il introduit un *comparateur* avec un *compteur d'erreurs*, une mesure de protection pour l'évaluation du code secret, et une *analyse de consommation*. Il s'agit ici d'un processus par lequel la puce s'autodétruit après trois erreurs lors de l'entrée du code confidentiel.

Les applications, on le sait, seront nombreuses. Entre autres, les cartes téléphoniques, les cartes de crédit et les cartes pour les virements bancaires, nommées cartes de débit au Québec.

Fort et riche des redevances de ses brevets, Moreno s'avère un touche-à-tout qui touche effectivement à tout : il écrit un essai intitulé *Théorie du bordel ambiant* qui est publié en 1999. La même année, son nom apparaît au générique des films *Les parapluies de Cherbourg* et *Les demoiselles de Rochefort* en reconnaissance pour son travail de remastérisation, procédé visant à améliorer la qualité du son et de l'image. En 2001, il invente *Célimène*, une invention qui superpose des grands textes littéraires à des classiques musicaux. Mais en 1999, une désagréable surprise attend Moreno. Un autre Français, Serge Humpich, réussit à percer le secret de sa carte bancaire, une carte à puce bien particulière, réputée inviolable et qui recèle presque tout le trésor de la nation.

Né à Mulhouse en Alsace en 1963 d'un père mineur de fond, et d'une mère enseignante en couture industrielle, Humpich se passionne dans sa jeunesse pour le jeu d'échecs. Il adore aussi entendre son père parler de son métier et des problèmes techniques rencontrés durant la journée. Plus tard, c'est sans hésiter qu'il s'oriente vers une formation d'ingénieur électricien à l'Institut national des sciences appliquées (INSA) de Lyon. Une fois promu, il entre en 1987 chez le grand avionneur McDonnell Douglas. Puis en 1989, il passe chez Concept où pendant une dizaine d'années, il prendra en charge les problèmes informatiques de la boîte. L'idée de percer le secret de la carte bancaire lui vint en 1996 en réglant une addition au restaurant. En pianotant son code de carte débit, il réalise qu'il serait très facile de leurrer le terminal. Voulant pousser plus loin son idée, il se procure un appareil pour enregistrer les transactions de paiement d'un restaurateur en faillite, question d'étudier la chose en profondeur. Puis, il se procure d'autres équipements électroniques pour vérifier de quelle manière la liaison s'effectue du terminal aux circuits de télécommunications.

Le travail n'est pas simple. Seul dans son atelier pendant cinq années, à temps partiel, il cherchera, à l'aide de la factorisation de nombres premiers et l'élaboration d'algorithmes, à percer le grand secret des cartes. Le point d'orgue de sa recherche sera atteint avec l'acquisition d'un logiciel en provenance du Japon. Il réussit alors à identifier la clé des 80 caractères qui protège ces cartes. Humpich possède maintenant l'outil qui représente une menace pour les quelque 30 millions de clients des banques de France. Précisons que ce type de travail ne lui était pas totalement étranger. Déjà, étudiant, il s'était passionné à tester les systèmes téléphoniques, les machines validant les tickets de métro et autres. Fort de sa double formation en électronique et en informatique, il avait alors réalisé que les systèmes de protection étaient loin d'être inviolables. Dans ses mémoires, il témoignera « *avoir toujours été attiré par la culture non institutionnelle et par la découverte, autant que la saveur de l'interdit.* »

Donc début 1998, Serge Humpich a en mains la clé virtuelle qui lui permettrait d'ouvrir presque tous les coffres-forts virtuels de l'*Hexagone*, et du monde entier. Mais le type est honnête. Il mandate donc un avocat de communiquer avec le consortium des cartes bancaires du pays pour leur offrir, moyennant rémunération, le secret des failles de leur système. Devant le peu d'intérêt suscité, Humpich entreprend de faire lui-même la démonstration de ce qu'il avance en trafiquant le distributeur de carnets de métro d'une station. Il expédie ensuite les gains de l'opération aux mêmes personnes, qui cette fois, devraient se montrer intéressées. Se croyant victimes d'une opération d'extorsion, les responsables feignent alors d'entreprendre des négociations tout en déposant une plainte à la police.

Le 17 septembre 1998, Serge Humpich est mis aux arrêts par une trentaine de policiers et accusé d'entrée frauduleuse dans un système automatisé et de contre-façon. Celui qui avancera avoir « *réussi à abattre la ligne Maginot de la carte bleue* » (l'équivalent d'une carte de débit) attendra un an et demi avant d'être jugé. La sentence d'emprisonnement de dix mois avec sursis, comme on dit là-bas, sera prononcée le 25 février 2000.

Serge Humpich écrira *Le cerveau bleu*, publié en 2001, et dans lequel il relatera toute l'affaire. Il passera ensuite quelque temps aux États-Unis pour tenter de lancer une compagnie, avant de revenir en France pour exercer sa profession d'ingénieur, loin des guichets bancaires cette fois. Lors d'une entrevue en 2005, Serge Humpich, l'homme au cerveau bleu, plutôt désœuvré après toute cette affaire, confiait que « dans notre société, il n'y a pas de reconnaissance, vous faites une superbe invention, personne n'en veut ». Il a également confié que son idéal serait de vivre dans un monastère, car selon Serge Humpich, les voyages les plus intéressants sont ceux qu'on fait à l'intérieur de soi, et qu'il ne faut jamais vivre de manière désordonnée. L'histoire ne dit pas si Roland Moreno travaille à inventer une carte bancaire inviolable, cette fois.

« Linux » Torvalds, le loup finlandais

Finlande, 1991. Par une belle nuit d'août, un jeune homme de vingt-et-un ans lance aux internautes le message suivant : « *Bonjour tout le monde. Je mets au point un système d'exploitation qui sera gratuit. J'aimerais avoir vos réactions, savoir si cela vous plaît ou non.* » Ce jeune homme se nomme Linus Torvalds. Il habite un modeste appartement avec sa mère dans la capitale du pays, Helsinki.

Au moment où ce message est transmis, cela fait dix ans *qu'Internet Explorer* est clairement imbriqué dans Windows. À tel point qu'il est impossible de le déloger, ce qui condamne plus de 90 % des utilisateurs de micro-ordinateurs de la planète à être quasiment otages de Microsoft. Il faut donc libérer le monde du grand méchant Bill Gates. La riposte de cet inconnu fera peu de vagues au début. Mais après quelques années, à l'échelle Richter du monde informatique, l'effet enregistré sera considérable. La particularité du système d'exploitation Linux, mis au point par le jeune Torvalds, c'est qu'il est le seul langage viable créé hors des États-Unis, à accéder à une dimension planétaire. Linus Torvalds naît dans une famille où les idées ont de l'importance. Ses parents, Anna et Nils, qui appartiennent à la minorité suédoise du pays (moins de 5 % de la population), sont journalistes et ils enseignent très tôt à leurs enfants que l'argent n'est pas la chose la plus importante au monde. Leur philosophie est la suivante : dans la vie, on doit accepter de ne pas être comme les autres, et rester soi-même. À sept ans, Linus, qui tient son prénom du célèbre Linus Pauling, double détenteur du prix Nobel, assiste pourtant au divorce de ses parents. Lui et sa sœur Sara apprennent très vite à se débrouiller seuls, tant sur le plan des tâches domestiques qu'à l'école. Comme on le voit, la leçon d'autonomie fut précoce, mais à l'évidence, bien retenue. En ce qui a trait à son avenir professionnel, Linus a la chance d'avoir un grand-père statisticien, Leo Törnqvist, mais qui était peu habile à manipuler son premier ordinateur. Très tôt donc, à l'âge de dix ans, afin d'aider son grand-père, Linus se voit confronté au défi d'effectuer des opérations sur un micro-ordinateur de marque Commodore VIC 20, l'un des premiers ordinateurs pré-assemblés. Deux ans plus tard, Linus a développé une grande habileté. Il parcourt le manuel d'instructions de l'appareil et commence à se servir de l'ordinateur pour créer ses propres jeux. À dix-huit ans, il débute des études universitaires en informatique. Fort en maths, fort en physique, mais nul du côté des relations sociales, il fait rapidement connaître son talent en informatique, si bien qu'il se voit offrir un poste de chargé de cours. Il passera huit ans dans cette université d'Helsinki où lui sera offert un jour un doctorat honorifique pour ses découvertes. Durant ses études en génie logiciel, Linus réalise qu'il n'a malheureusement pas les moyens financiers pour se procurer une version personnelle d'UNIX, un système d'exploitation très performant conçu aux laboratoires Bell de AT&T durant les années 70, et immensément populaire dans le milieu universitaire. Rédigé en langage C, ce système a l'avantage de fonctionner sur un très grand nombre de microprocesseurs, notamment ceux fabriqués par Intel et Motorola.

La lecture du volume d'Andrew Tanenbaum *Operating System* est pour lui une véritable révélation. Cette lecture l'amène à concevoir son propre logiciel à partir d'un clone d'UNIX nommé Minix. Ce logiciel, issu des travaux du professeur Tanenbaum, chercheur américain qui enseigne à Amsterdam et qui affiche à son palmarès plusieurs systèmes d'exploitation, notamment Globe et Amoeba, semble, à première vue, répondre à ses besoins. Mais après analyse, Minix s'avère limité, techniquement parlant. Ce logiciel, bien qu'attrayant à première vue pour Linus, est loin d'être à l'image de ce que le Finlandais se fait d'un système ultraperformant, c'est-à-dire bâti sur un noyau monolithique, plutôt que sur un micro-noyau comme l'a créé Tanenbaum. Un détail technique qu'il serait trop laborieux d'exposer ici. Linus décide donc de développer son propre système auquel il donne comme titre de travail *Freax*. Nom qui sera remplacé par Linux suite à la proposition d'un collaborateur, un certain Ari Lemmke, lié au milieu universitaire.

Au début, Linus Torvalds travaille seul à l'élaboration de son système. Mais les problèmes sont de plus en plus difficiles à résoudre. Linus, qui a appris de ses parents à faire confiance à ses semblables, décide de lancer un appel à tous, comme en témoigne la demande du 25 août reproduit en début de texte. À sa grande surprise, des centaines de messages lui parviennent. Au fil des ans, le projet Linux amènera des centaines de milliers de programmeurs volontaires à s'impliquer dans cette fantastique aventure de la création d'un logiciel gratuit, aux codes sources ouverts et gratuit. Ce qui en fait le plus grand projet de création collective au monde. Avec le temps, Linux se révèle économique, performant et adaptable à une foule d'applications.

Très rapidement, de grandes corporations, nous pensons à IBM, Sun Microsystems, Hewlett-Packard, trouvent énormément d'avantages à utiliser Linux pour leurs serveurs. Une foule d'entreprises privées offriront Linux sous une forme commercialisée : Ubuntu, OpenSUSE,

Red Hot, Debian, Fedora et Mandriva pour n'en nommer que quelques-unes. On peut s'interroger sur le nombre d'utilisateurs actuels de Linux dans le monde. Nos recherches ne nous ont par permis d'accéder à ces données. À titre d'observation toutefois, en 2001, sur 430 millions de PC en service, quelques 30 millions fonctionnaient avec ce logiciel ouvert aux modifications. En revanche, à partir de données datant de 2008, nous sommes à même de cibler les régions du monde où l'initiative du Finlandais semble la plus populaire : l'Inde, Cuba et la Russie se placent en tête de popularité pour l'utilisation du logiciel, suivis de la République tchèque, de l'Indonésie et du Bangladesh. Dans les pays occidentaux, c'est l'Allemagne qui se classe au premier rang. Pour savoir où se concentrent les utilisateurs de Linux aux États-Unis, les statistiques répondent l'Utah et la Californie. Que fait maintenant Linus Torvalds après une telle réussite technologique et humaine ? Père de trois jeunes filles, marié à une championne de karaté, Finlandaise comme lui, répondant au prénom de Tove, il a aménagé aux États-Unis en 1997, en Orégon plus précisément. Employé de la firme OSDL (Open Source Development Lab) largement financée par des géants de l'industrie tels Hitachi, IBM et Intel, il supervise l'avenir de Linux. À l'occasion, un film ou un roman de Dean Koontz, son auteur préféré, l'arrachent à son univers qui se situe très loin des millionnaires qui pullulent dans l'univers de l'informatique.

Mais le fait d'avoir ainsi infiltré et ébranlé les forteresses des grandes multinationales qui contrôlent le destin informatique de la planète n'est pas sans conséquence. En bref, le pingouin Tux, mascotte de Linux, (dessin de Larry Ewing, nom proposé par James Hughes) ne fait pas rire tout le monde. Steve Ballmer, PDG de Microsoft et critique virulent du Finlandais, a déjà présenté Linux comme ayant les caractéristiques du système communiste, dans lequel Linux serait « *comme un cancer qui contamine la propriété intellectuelle dès qu'il la touche* ».

Comme quoi dans la vie, on ne peut décidément pas plaire à tout le monde.

Pixar, l'image magicienne de John Lasseter

La dimension sans doute la plus merveilleuse de l'informatique nous est donnée par les films d'animation conçus par ordinateur. À ce chapitre, la compagnie Pixar occupe une place prédominante.

D'abord simple section d'infographie de la maison de production de George Lucas, le père des *Star Wars* et autres *Indiana Jones*, l'entité deviendra une compagnie à part entière quand le nouvel acquéreur, Steve Jobs en personne, en 1986, regroupera tous les spécialistes dans une nouvelle compagnie baptisée Pixar.

Dix ans plus tard, Pixar remportera un grand succès avec le film *Toy Story*, premier film d'animation entièrement réalisé par ordinateur qui engrangera des millions de dollars.

D'autres productions suivront, accompagnées du même succès : *1001 Pattes, Toy Story 2*, *Le Monde de Nemo* et *Les Indestructibles*. Au centre de ces réussites, un homme de talent, John Lasseter.

Né en Californie en 1957, John Lasseter, enfant, se passionnait pour le dessin. Au point de s'essayer dans cet art même durant les services religieux. Une activité que seuls les dessins animés à la télé conçus par Chuck Jones (1912-2002), l'âme dirigeante des *Looney Tunes* et *Merrie Melodies* de la Warner, et père des *Bugs Bunny*, *Daffy Duck* et autres *Road Runner* réussissaient à interrompre. C'est la lecture d'un livre sur l'art de l'animation qui décidera de son choix de carrière. Des dessins sur un écran et qui bougent en plus ? Le paradis à portée de main, en somme.

Encouragé par ses parents, John s'inscrit donc au *California Institute for the Arts* où des cours d'animation viennent d'être créés. Il est d'ailleurs le deuxième étudiant à le faire. Ce choix est le bon puisque trois spécialistes de la grande maison Disney y communiquent leurs secrets et enseignent leur art : Eric Larson, Frank Thomas et Ollie Johnston. Le talent de John se manifeste rapidement. Des trois animations courtes qu'il crée, *Lady in the Lamp* et *Nightmare* lui valent des mentions de l'université.

Sitôt diplômé, John Lasseter joint les rangs de Disney, une expérience, qui pour l'instant, sera de courte durée. Le futur grand spécialiste de Pixar réalise qu'après le fantastique succès des *101 Dalmatiens,* sorti en 1961 avec un *remake* cinq ans plus tard, un chef-d'œuvre indéniable du père de *Mickey Mouse*, Disney semble tourner en rond en refusant de prendre des risques, d'innover et d'exploiter de nouvelles idées. Nous sommes en 1981. À cette époque, John Lasseter prend connaissance des fantastiques possibilités que l'informatique pourrait apporter à l'animation. Deux amis providentiels, Jerry Rees et Bill Kroyer, l'invitent alors à visionner la scène *Light Cycle* d'un film en cours de réalisation intitulé *Tron*. Ce film est tout tout imprégné des technologies nouvelles. C'est la révélation.

Tron, un très grand classique du genre ayant pris l'affiche en 1982 et dont une suite est sortie en 2010, fera faire des pas de géants à l'animation. Grâce à une idée originale de Steven Lisberger. Né à New York en 1951, ce concepteur avait eu un studio de production à Boston avant de s'installer en Californie au milieu des années 70. Une première création intitulée *Cosmic Cartoon* lui avait valu la notoriété dans le milieu de l'animation. Passionné d'informatique, il prend conscience des immenses possibilités de cette technologie pour le cinéma en visionnant les images de synthèse réalisées par MAGI, une maison de production créée en 1966 par le professeur Phil Mittleman. Une compagnie qui subsistait, notamment, grâce à des contrats de la Défense américaine. Il s'agissait d'illustrer les effets de la radiation sur l'environnement et les populations. Puis il y eut ce jeu vidéo nommé *Pong,* qui le fascinait. Naît alors l'idée d'un film qui se déroulerait précisément dans l'univers ludique d'un jeu vidéo. Le tout baigné dans un environnement qui défierait l'imagination.

Avec son associé Donald Kushner, Lisberger investit 300 000 $ dans une démo, question d'illustrer ses idées et faire une levée de fonds de 4,5 M $, montant dont il a besoin comme capital de démarrage. Mais les grands studios hollywoodiens, MGM, Warner et Columbia Pictures, restent insensibles à son projet. Il se rabat sur Disney qui, avec beaucoup de craintes, injecte 12 M $ dans l'affaire. Le film sort en 1982. L'année même où un autre chef-d'œuvre de la science-fiction, *Blade Runner,* le film de Ridley Scott, crève les écrans. C'est aussi l'époque où la micro-informatique envahit le monde : IBM vient en effet de sortir son ordinateur personnel, le fameux PC. L'œuvre innove dans le sens que l'imagerie informatique y est utilisée non seulement comme un élément d'effets spéciaux, comme dans *Star Wars* (1977), mais pour concevoir un monde virtuel en entier.

Avec des revenus bruts estimés à 33 M $ pour un investissement de 17 M $, *Tron,* malheureusement, ne sera pas considéré comme un grand succès commercial. Mais l'avenir au grand écran allait lui donner raison et lui appartenir. Soulignons que la suite de *Tron, L'héritage,* est également réalisée et scénarisée par Lisberger, dans laquelle il fait d'ailleurs une courte apparition. Mais revenons à cet autre créateur remarquable qu'est John Lasseter.

Après l'expérience visuelle de *Tron*, Lasseter travaille à la division *Lucasfilm Computer Graphics Group* fondé par George Lucas. Lucas, qui a réalisé un chef-d'œuvre de la science-fiction en 1971, *THX 1138*, en s'inspirant des romans *1984* d'Orwell et du *Meilleur des mondes* de Huxley, qui a fait des millions avec *American Graffiti* (1973) et bâti une fortune colossale avec le premier volet de *Star Wars* (1977) est très enthousiaste concernant le développement de techniques cinématographiques d'avant-garde. C'est dans ce but qu'il a mis sur pied la compagnie *Industrial Light & Magic* en 1975, et *LucasArts* en 1982. En 1986, durement frappé par un divorce, Lucas vend ses compagnies à Jobs qui vient d'être viré de chez Apple. Deux malheurs qui donneront naissance à Pixar.

Tin Toy, un court-métrage réalisé par Lasseter en 1988, constitue une tentative pour remettre à flot Pixar qui pique de l'aile. Peine perdue. En 1990, les dettes s'accumulent. Disney qui tente de renouveler ses techniques de production vient indirectement à la rescousse en se rapprochant de la compagnie de Jobs. Des discussions s'engagent. En 1991, le projet *Toy Story*, dans la continuation du projet expérimental *Tin Toy,* est lancé. Le concept est simple : imaginer l'amas de jouets d'une chambre d'enfant prendre vie. Pixar utilisera son savoir-faire en images de synthèse et Disney, sa prestigieuse expérience dans la production de longs-métrages. Une association gagnante. Lasseter dira que c'était « *un genre que personne n'avait réellement exploré dans l'univers de l'animation* ». Après des mois de préparation, où scénaristes, producteurs et réalisateurs multiplient les propositions et les modifications, le feu vert est donné par Disney pour le début des travaux le 19 janvier 1993. Le film sortira en novembre 1995. Le succès sera instantané et magistral.

Éloges de la critique, nominations multiples, le film décrochera deux Oscars et surtout, fera amplement ses frais. L'investissement totalisant 50 M $ dont 20 M $ dans une opération marketing, rapportera des revenus s'élevant à 361M $. Le plus important, toutefois, sur le plan technique, c'est que l'univers de l'animation sera changé à jamais. Comme en témoignera le spécialiste Jason Bosse : « *Tous ceux qui travaillent dans l'animation traditionnelle ont compris qu'il fallait se surpasser, faire jouer les personnages de façon plus vraie et non pas se contenter du style traditionnel qui était appliqué depuis vingt ans.* » Suivront *Toy Story* 2 (1999) et *Toy Story* 3 (2010). En 2006, le groupe Walt Disney achètera Pixar pour 7,4 G $. John Lasseter fera ainsi un retour à la compagnie qui lui avait donné son premier emploi, mais cette fois en tant que chef de la création aux studios d'animation. Bel hommage pour celui qui avait si brillamment scénarisé et réalisé le chef-d'oeuvre *Toy Story*. John Lasseter, toujours passionné de dessins et d'animation, continue d'œuvrer à un monde meilleur en y apportant un peu de beauté et de fantaisie. Il vit sur son vignoble en compagnie de sa femme Nancy, de ses cinq fils, de son chien dachshund nommé Frank. Sa passion secrète : les courses d'automobiles Formule NASCAR.

Parier et séduire en ligne

Faut-il s'en offusquer ? La toile doit une grande partie de son succès au *gambling* et aux sites associés à la sexualité. À ces pôles d'attraction comme nuls autres sur le Web, on associe de nos jours ce que les psychologues nomment l'*Internet addiction disorder* (IAD). Autrement dit le syndrome de la dépendance à Internet.

D'abord un tour d'horizon sur ce que l'on nommait jadis *l'enfer du jeu*. La base d'analyse pour l'industrie du jeu en ligne se fonde sur une double approche. En premier lieu, il faut considérer le nombre d'adeptes des jeux de paris traditionnels. Par exemple, on estime qu'aux États-Unis, 80 % des personnes ont joué à un jeu de hasard au moins une fois dans leur vie : billet de loterie, visite au casino, pari sur matchs sportifs et autres. Parmi elles, 65 % ont risqué des mises dans l'année en cours. Ces chiffres se comparent à ce que l'on peut trouver dans d'autres pays industrialisés. Ce qui est énorme.

Seconde approche pour évaluer le volume du jeu en ligne, l'accès à Internet. Actuellement, on compte 1,97 milliard d'utilisateurs du réseau dans le monde. Les États-Unis avec leurs 75 millions d'abonnés au Web se classent bien, mais le pays se classe tout de même en 15e position au niveau de la pénétration de la toile, derrière l'Angleterre, l'Allemagne, la France, le Danemark, la Suisse et le Canada. Donc plus il y a de gens branchés, plus les sites de *gambling* sont accessibles aux gens. En conséquence, plus grandes sont les chances de voir se multiplier les adeptes compulsifs de ces activités.

Le jeu en ligne en rapport avec les jeux classiques du casino, comme le poker, ou les paris sur des matchs sportifs, recrute au fil des ans de plus en plus d'adeptes. Comment s'en offusquer quand on sait qu'une partie de poker télédiffusée aux États-Unis peut attirer jusqu'à dix millions de téléspectateurs ? La venue d'un casino en ligne débuta en 1994 à Antigua, aux Bermudes, lorsque le gouvernement passa une législation pour que le pays devienne une zone libre pour ces activités.

À partir de ce moment, des avancées d'ordre technique vont faciliter le déroulement des jeux, dont la mise au point d'un logiciel, *Microgaming*, qu'on qualifie de « Microsoft du jeu en ligne » dans le monde. En 1995, on assiste au développement d'un protocole qui permet aux transactions financières de se dérouler en toute sécurité. Ce protocole est un exploit des frères Mark et Andrew Rivkin avec leur *CryptoLogic*. Soulignons que ces Canadiens de Toronto, en parallèle avec leur entreprise, sont membres de fondations destinées notamment à l'aide au Tiers-monde. En 2001, on estimait que quelque huit millions de personnes avaient parié en ligne. Depuis, ce nombre ne cesse de grossir.

Sur la planète, le jeu en ligne génère environ 29,3 G $ annuellement. En termes de revenus engendrés par ces activités, les pays d'Europe se classent bons premiers avec 12,5 G $. Les États-Unis, longtemps le pays dominant à ce chapitre, a connu un déclin en 2006 en raison de législations empêchant les banques, via les cartes de crédit et les chèques, de participer aux paiements en ligne. Mais en 2010, taxations supplémentaires aidant, les lois se sont quelque peu assouplies et les jeux d'argent en ligne reprennent lentement leur droit de cité.

Si on regarde ailleurs dans le monde, on voit des pays comme la Chine, avec 120 compagnies enregistrées, qui gèrent annuellement 2,67 G $ avec les paris en ligne, alors qu'en Inde, seulement trois compagnies affichent un site pour ce type de divertissement. En fait, le jeu y est très limité, le pays ne comptant que 13 casinos légaux, concentrés principalement à Goa, et n'offrant la possibilité de paris sportifs que sur les seules courses de chevaux. On estime tout de même que 60 G $ sont investis dans le *gambling*, la moitié de cette somme étant illégale. C'est donc une question de temps, notamment avec l'évolution des législations, pour que ce pays aux 60 millions d'internautes affiche un nombre important d'adeptes du *gambling* en ligne.

Présentement, 20 000 à 30 000 sites Web proposent ce type d'activité. Parmi les plus connus, mentionnons *Party Gaming* fondé en 1998, le géant du secteur basé à Gibraltar avec 1 100 personnes à son service.

SportingBet et *888* sont également parmi les entreprises dominantes. Poker, paris sur matchs sportifs, ici, tout est permis. À l'échelle mondiale, les jeux ne sont pas encore faits, pour reprendre à contrario l'expression consacrée à la roulette.

Être séduit ? Séduire ? Encore ici Internet offre à des millions d'adeptes de quoi satisfaire leurs besoins et leurs pulsions. Images, vidéos, *peepshows* en direct, rencontres en tout genre attirent près de un internaute sur trois. Une donnée qui laisse supposer que la vague déferlante du Web est devenue, en deux décennies, l'entremetteuse par excellence des âmes en peine et des corps en souffrance.

Côté rencontres, les sites spécialisés sur Internet paraissent faire fortune. Comme le soulignait un journaliste français, « *le cœur des internautes est à prendre.* » Attente du grand amour, désir d'un flirt, passade d'un soir, toutes les approches sont à l'affiche.

La firme portant la réclame *InterActiveCorp* (IAC) présente dans de nombreux secteurs et créée par Barry Charles Diller saura faire l'acquisition d'une agence remarquable dans le domaine. Né en 1942, marié à Diane von Fürstenberg, fille de la plus haute noblesse allemande, Barry Charles Diller fut d'abord un *drop out* universitaire de Californie, avant de se joindre à la station ABC en 1964 pour y devenir l'un des grands pionniers de longs métrages pour la télévision. Puis, durant les dix années passées chez Paramount, il produit un très grand nombre de séries télévisées marquantes comme *Cheers* et *Taxi* tout en s'impliquant activement dans la production pour grand écran ; on parle de *Saturday Night Fever*, *Grease* et *Raiders of the Lost Ark*. Rien de moins.

Diller transporte son talent chez Century Fox avant de participer à la fondation de la multinationale IAC en 1995. Regroupant une foule d'activités, présentes sous une cinquantaine de noms dans 40 pays, la mégacompagnie qui a généré des revenus estimés à 1,4 G $ en 2008 acquiert en 1999 Match. com, fondée quatre ans plus tôt. Avec 20 millions de membres présents dans 37 pays et 1,3 million d'abonnés, l'agence de rencontres créée par Gary Kremen a de quoi séduire. Informaticien formé à Stanford, le créateur de Match. com est un entrepreneur qui a réalisé très tôt, dès 1985, l'immense potentiel d'affaires que recelait l'Internet. En quelques années, il créa des *start-up* en ligne comme housing. com et autos. com, qui recrutèrent massivement au sein de clientèles ciblées. C'est dans cette envolée que Match. com verra le jour avec des formules très novatrices pour l'époque, par exemple, la rencontre par affinité. Habitant aujourd'hui San Francisco, Gary Kremen s'implique encore dans une foule de projets, dont une entreprise, Clean Power Finance, œuvrant dans l'énergie solaire. Concurrente directe de Match. com, du moins en Europe, la compagnie Meetic fondée en 2002 par le Français Marc Simoncini compte 525 000 membres, tous à la recherche de l'âme sœur. Avec des revenus annuels d'environ 250 M $ (chiffres de 2008), Marc Simoncini, tout comme Kremen, se rendit compte rapidement de la possibilité d'affaires en ligne. En France, à l'époque, Minitel tire assez bien son épingle du jeu. Sa publicité mise sur le fait qu'avec son entreprise, il dit « *comprendre le cœur des Européens* ». Et pour élargir son empire, il n'hésite pas une seconde à acquérir des agences étrangères comme la britannique Dating. com ou l'allemande Neu. de. Toujours à l'affût des passions de sa clientèle, c'est-à-dire l'ensemble de l'humanité, il mettra également sur pied Winamax, un site de poker en ligne.

Quant à la dimension pornographique, le revers sombre en somme de l'agence de rencontres, un certain nombre de statistiques bien ciblées nous livrent la portée et l'ampleur du phénomène. Tentons un alignement se voulant significatif.

En 2006 le mot consulté le plus souvent en ligne était *sexe*, entré au clavier 75 millions de fois. Le mot n'est pas communiqué en vain puisque le Web affiche quelque 1,85 millions de sites pornos comptant 370 millions de pages.

Sur le plan économique, l'industrie de la pornographie a généré, en 2006, des revenus en ligne de 97 G $. À ce chapitre les trois pays en tête des dépenses sont la Chine (26,4 G $), la Corée du Sud (25,73 G $) et le Japon (19,98 G $).

De nombreux pays profitent de cette manne. Les plus grands producteurs au monde de films pornographiques sont dans l'ordre : les États-Unis, le Brésil, les Pays-Bas, l'Espagne, le Japon, la Russie, l'Allemagne, l'Angleterre, le Canada et l'Australie.

Un bref coup d'œil sur les utilisateurs nous apprend que, chaque mois, quelque 72 millions d'habitués d'Internet vont sur des sites pornographiques. Environ 70 % de la clientèle sont des hommes âgés entre 18 et 34 ans. Quelque 10 % des utilisateurs d'Internet disent souffrir d'une accoutumance à ces sites, alors que 2,8 % de ces internautes sont des femmes.

Selon des avocats spécialisés en droit matrimonial, en 2003, deux divorces sur trois aux États-Unis auraient été causés par la pornographie en ligne.

Des études américaines, notamment celles publiées par le *Computer Addiction Study Center,* organisme relié à l'Université Harvard, estimaient, il y a quelques années, qu'entre 5 et 10 % des internautes faisaient un usage pathologique de la toile. Depuis, le nombre de cyberdépendants n'a fait que croître, notamment par l'entrée en scène des *smartphones,* ces ordinateurs qui collent à la peau et dans lesquels on peut se plonger en tout lieu, en tout temps. Toute la gamme des comportements compulsifs en ligne entraîne, comme on le sait, des drames qui vont de la rupture conjugale à la ruine financière, en passant par les pertes d'emplois et la mise en accusation criminelle. Que disent alors les spécialistes sur la cyberdépendance ? Bien que l'*American Medical Association* se soit opposée en 2007 à ce que la cyberdépendance soit considérée par l'*American Psychiatric Association* comme une pathologie à ajouter à son manuel sur la classification des maladies mentales, plusieurs spécialistes divergent à ce sujet. Dans l'édition de mars 2008 de l'*American Journal of Psychiatry,* le Dr Jerald Block soutenait que ce type de dépendance devait impérativement être inscrit dans les manuels de psychiatrie, puisque la cyberdépendance génère d'importants troubles de personnalité. Il a même été démontré que si 20 % de la clientèle d'un casino présentait des symptômes compulsifs, ce nombre s'élevait à 75 % quand il s'agissait d'un service en ligne. Une raison qui s'explique par le caractère très privé de cette activité à l'écran et par la gratification instantanée qui en découle. C'est volontairement que nous n'abordons pas le sujet de la pornographie juvénile, car à lui seul, ce phénomène, dont on entend parler tous les jours, nécessiterait une étude rigoureuse.

Kasparov échec et mat

« *Aucun ordinateur ne me battra* » avait-il prophétisé.

Pourtant, le 11 mai 1997, l'inimaginable se produisit. Gary Kasparov, champion du monde en titre au jeu d'échecs depuis 1985, et sans doute le plus fort joueur de tous les temps était déclaré battu par l'informatique. Un événement qui donnait raison, à une décennie près, à un autre génie, l'Allemand Konrad Zuse, inventeur de l'ordinateur numérique, qui a la fin des années trente, avait prédit que cinquante ans plus tard, un cerveau électronique vaincrait le champion du monde du jeu des rois, que l'on nomme aussi le roi des jeux. Il faut dire que depuis longtemps les hommes tentaient de mettre au point une machine capable d'un tel exploit.

Au XVIIIe siècle, un automate avait fait trembler les meilleurs joueurs d'échecs de toute l'Europe. Baptisée « Turc », la machine mise au point par un ingénieur hongrois, le baron Wolfgang von Kempelen, ne devait sa force qu'à un homme caché à l'intérieur ! Puis, durant les années 1830, Charles Babbage, créateur du premier ordinateur de l'histoire comme on le sait, rêva d'une machine à jouer aux échecs qui lui fournirait des fonds pour construire sa machine à calculer. Il n'ira pas plus loin sur cette voie et mettra au monde un jeu de Tic-Tac-Toe automatisé et sommaire.

Il faudra attendre la mise au point de l'ENIAC, premier ordinateur programmable, pour qu'une foule de sommités dans le domaine, on pense à Alan Turing, John von Neumann, Norbert Wiener et Claude Shannon, soit fascinée par les liens pouvant se tisser entre un cerveau électronique et ce jeu originaire de l'Inde du sixième siècle. En 1949, dans une communication remarquée, Shannon en appellera à une implication majeure de la recherche en ce domaine. L'appel de celui qui avait si brillamment fait un lien entre la mathématique à base de logique de George Boole et les circuits électriques sera entendu. En 1950, l'ébauche d'un programme informatique d'échecs voit le jour. Dix ans plus tard, le programme *Tech* se montre capable d'analyser des positions tactiques compliquées. Puis en 1962 a lieu une percée majeure : des chercheurs liés au MIT et à Stanford, Allan Kotok et John McCarthy, élaborent le premier logiciel réellement en mesure de jouer convenablement. Les Soviétiques, éternels rivaux des Américains sur le plan scientifique et technologique, ne sont pas en reste. Michaël Botvinik, lors de sa défaite au championat du monde des échecs contre Tigran Petrossian, en 1963, annonce que désormais il se consacrera à la recherche reliant les ordinateurs et le jeu qu'il avait dominé pendant des décennies. Cette promesse ne restera pas lettre morte. Deux ans plus tard, fort de ses conseils, l'Institut de physique théorique et pratique de Moscou livre au monde un logiciel d'échecs remarquable. Il faudra pourtant attendre 1978 pour que *Belle*, un ordinateur spécialisé, conçu par Ken Thompson, le père des langages UNIX et C, voie le jour. Au jeu d'échecs, l'échelle Elo indique le niveau de force d'un joueur, comparé à une population de joueurs. C'est un mode d'évaluation des joueurs d'échecs. En ce qui a trait à l'échelle Elo, Belle, l'ordinateur spécialisé, se situait à 2 530, ce qui est le niveau d'un maître international. Cependant, cette cote était loin de celle du champion Kasparov qui grimpera jusqu'à 2 838. Mais le projet était sur la bonne voie. La création d'un logiciel capable de vaincre le grand maître Kasparov, qui accède au championnat du monde en 1985, attendra quelques années avec l'entrée en scène d'un informaticien originaire de Taiwan, et répondant au nom de Feng-Hsiung Hsu.

Né dans la Chine de Tchang Kaï-chek, le jeune informaticien s'inscrit à l'Université Carnegie Mellon aux États-Unis en 1985, l'année même où Kasparov décroche le championnat mondial. Carnegie Mellon, le MIT et Stanford sont les trois meilleurs départements d'enseignement de la science des ordinateurs au pays. À cette différence près qu'on n'y accepte que les postulants au doctorat. Le jeune Feng-Hsiung entend y poursuivre des recherches liées à l'informatisation de l'écriture chinoise. Reconnaissant d'emblée l'immense talent du nouvel arrivant, le professeur Hans Berliner, professeur émérite au département, champion mondial du jeu d'échecs par correspondance et pionnier dans la conception de programmes informatiques du noble jeu, lui offre de se joindre à son équipe. Le professeur Berliner est une sommité dans le domaine. Il a travaillé au programme *Tech*, l'ancêtre des programmes d'échecs modernes. Le jeune Chinois accepte sa proposition.

Un programme d'échecs peut faire appel à la force brute, c'est-à-dire analyser toutes les variables avant le mouvement d'une pièce, ou procéder sélectivement. Autrement dit, il peut distinguer les coups pratiquement jouables et les analyser en profondeur. C'est ce que l'on nomme les stratégies de Shannon. À cela s'ajoute l'élaboration d'une banque exhaustive d'ouvertures et de fins de partie, basée sur les milliers de tournois joués par les grands maîtres. Un travail d'une très grande complexité.

Les années passent. La recherche avance. En 1989, IBM offre un emploi à Feng-Hsiung, précisément pour mettre au point un ordinateur hyperpuissant pour jouer aux échecs. S'amorcent alors des confrontations avec le champion hors pair qu'est Garry Kasparov.

En 1989, il bat *Deep Thought* de la firme IBM. Il s'agit du premier ordinateur du niveau d'un grand maître que le Russe balaye deux victoires à zéro.

Puis Kasparov s'éloigne des machines d'IBM pour une rencontre avec l'ordinateur *Fritz 3* en 1994, dans des parties dites *blitz*, c'est-à-dire d'une durée de cinq minutes. Le match se terminera *ex æquo*, Kasparov ayant quand même perdu une des parties.

Légère déconvenue la même année à Londres pour Kasparov. Cette fois dans des parties semi-rapides d'une durée de vingt-cinq minutes, il perd une partie et en annule une autre contre le logiciel *Chess Genius*.

Soulignons que dans les deux tournois dont il est question ci-dessus, le « tigre de Bakou » comme on surnomme le champion, affrontait des PC équipés de microprocesseurs Pentium d'Intel ayant une horloge travaillant à 90 MHz, c'est-à-dire à 90 000 000 d'impulsions à la seconde. On sait que plus l'horloge est rapide, plus le calcul l'est également. Kasparov avait donc devant lui des adversaires électroniques qui analysaient 100 000 coups à la seconde. Mais c'est au niveau des parties régulières d'une durée maximale de 2 heures 30 minutes que les affrontements significatifs vont se dérouler. Car la réflexion profonde, essence même du jeu d'échecs, est ici au rendez-vous.

Retour contre IBM en 1996. La première rencontre contre le superordinateur *Deep Blue* se solde par une défaite de la machine. Il s'agit cette fois d'un appareil capable d'analyser des millions de coups à la seconde. Pas une mince affaire pour le monarque, mais de quoi démontrer son incroyable puissance. Le résultat se lit comme suit : 3 victoires pour Kasparov, 1 défaite et 2 nulles. La carapace du champion est néanmoins transpercée. L'ordinateur a fait la preuve qu'une victoire contre le Russe est possible.

L'année 1997 sera déterminante pour couronner les efforts de Feng-Hsiung. *Deeper Blue,* un superordinateur de type RS/6000 SP à base de 256 microprocesseurs en parallèle, capable d'évaluer 200 millions de positions à la seconde et de calculer 100 à 200 milliards de coups en trois minutes, bat alors le champion du monde en titre avec deux victoires, une défaite et trois nulles. Après le match, plutôt mauvais perdant, Kasparov lance aux journalistes : « *Il n'y a pas eu de défaite parce que je ne crois pas que cet ordinateur ait jamais existé. IBM a triché en refusant d'imprimer les modes de recherche de la machine. C'est évident, pendant le match des coups décisifs ont été joué par des êtres humains.* »

En somme, l'argument était le même qui avait été servi à von Kempelen à l'époque avec son type caché dans l'automate. Ce que Kasparov avait oublié, c'est que l'expression *échec et mat*, de l'arabe *cheik mat*, signifie « *le roi est mort* ». Et la mort du roi, on le sait, est souvent fort difficile à accepter.

Pour faire oublier sa cuisante défaite, Kasparov, qui a perdu son titre de champion du monde en 2000 contre Kramnik, fera match nul en 2003 contre deux autres ordinateurs, *Deep Junior* et *Fritz X3D*. Rien toutefois pour masquer l'évidence. L'ordinateur pouvait désormais vaincre ses maîtres.

Les informaticiens n'auraient donc plus rien à se mettre dans le cerveau pour l'élaboration de programmes relatifs à un jeu de société ?

C'était sans compter le jeu de go, remontant à l'an 548 avant notre ère, un jeu d'origine chinoise, mais à la terminologie japonaise. Un jeu comptant plus de 40 millions de joueurs à travers le monde. Sa complexité dépasse de loin celle du jeu d'échecs. En effet, on estime que le nombre total de possibilités de positions au jeu de go, qui se joue avec un nombre illimité de pierres blanches (shiro) et noires (kuro) sur une grille comportant 19 x19 intersections (goban), atteint 10 à la puissance 170 ! C'est-à-dire 10 multiplié 170 fois par lui-même. Opération qui livre un résultat de 1 suivi de 170 zéros. En comparaison, le jeu d'échecs implique 10 à la puissance 50 de possibilités combinatoires. Pour donner un ordre de grandeur de ces nombres, on estime que la quantité d'atomes dans l'univers visible atteint le nombre de 10 à la puissance 80. Une quantité de très loin inférieure aux variables offertes par le go. À l'heure actuelle, ce jeu a pris la place des échecs comme terrain d'affrontement entre l'intelligence de l'homme et celle de la machine.

Que sont devenus les protagonistes du match mémorable de 1997 ? Kasparov, s'active maintenant en politique en Russie. Feng-Hsuing a rejoint le centre de recherche de Microsoft. Il travaillerait à Pékin à l'informatisation du jeu de go. Le champion en titre du jeu, le chinois Kong Jie, n'a qu'à bien se tenir !

Byte et *Wired* ou la revanche de Gutenberg

Au début des années 70, l'engouement pour la micro-informatique naissante gagne toutes les couches de la société. Rapidement, un constat s'impose : à part les cercles restreints de spécialistes, très peu de personnes s'y retrouvent dans cette nouvelle technologie. Des périphériques au stockage de l'information, des différents langages informatiques au traitement de textes en passant par les systèmes de gestion, tous et chacun doivent s'initier rapidement aux ordinateurs qui, en quelques années, envahissent tous les milieux de travail et la sphère des loisirs. À l'aube des années quatre-vingt-dix, la révolution du multimédia entre en force dans nos vies. De nouveau un grand tunnel sombre s'ouvre pour la clientèle visée, c'est-à-dire à peu près tout le monde !

En effet, comment s'y retrouver dans cette technologie envahissante ou sur *l'autoroute de l'information* ? Les industries de communication inondent les consommateurs d'une synergie de moyens : téléphonie, télévision, câble, production cinématographique, infographie, systèmes CD-ROM, jeux vidéo, Internet, services en ligne, appareils photo et cartes à puce ! Pour les non initiés, qui sont légion, le passage de l'analogique au numérique est chargé de mystères et de crainte. Au chapitre des imprimés qui ont accompagné et accompagnent toujours la révolution informatique, deux publications, nées en Amérique, ont pesé d'un poids considérable pour la compréhension et l'adhésion à ces technologies révolutionnaires : *Byte* et *Wired*.

En 1975, l'éditeur Wayne Green, un adepte de toujours de la radio amateur lance le magazine *Byte*. Pendant vingt ans, cette publication domina le monde des accros de la micro et ceux qui allaient le devenir. Mais Green avait eu un prédécesseur.

Dans tous les domaines, on le sait, il y a toujours des gens qui ont tracé la voie. Au chapitre de l'édition de magazines spécialisés en informatique, comment passer sous silence le nom de David Ahl, qui a joué précisément ce rôle de pionnier en publiant dès 1974 la revue *Creative Computing Magazine*, la première publication mensuelle au monde à traiter de l'ordinateur personnel !

Ingénieur diplômé de Cornell, Ahl est un visionnaire et un touche-à-tout hors du commun. Il rédigera environ 400 articles liés à la technologie, et écrira aussi sur le marketing, la logique, les casse-têtes, les voyages et la planification financière. Il publiera aussi le premier best-seller d'initiation sur un volet bien particulier de l'informatique, le jeu vidéo. Son ouvrage intitulé *Basic Computer Games* atteindra en effet un million de copies vendues. Malgré tous ses mérites, Ahl ne fera que passer dans l'univers des kiosques. Les vrais pros en la matière seront Wayne Green et son directeur de rédaction, Carl Helmers.

Avec *Byte*, qui fut en marché du milieu des années 70 à la fin de la décennie 90, nous abordons une publication qui aura une influence considérable dans le milieu de l'informatique. Cette publication survolera, et de loin, les centaines de publications spécialisées de l'époque. Le phénomène de l'édition reliée à l'informatique à cette époque se caractérisait par une orientation du type : « Vous aussi pouvez fabriquer votre ordinateur », avec tous les trucs à la clé, faisant plus appel au fer à souder qu'à la compréhension d'un nouveau logiciel. *Byte*, au début, n'évitera pas ce type de politique éditoriale. Mais sans s'y confiner. En quelques années, une foule de magazines apparaîtra sur les rayons des distributeurs. En traitant quasi exclusivement de l'une ou de l'autre des grandes compagnies dominantes et de leurs ordinateurs vedettes, essentiellement le PC ou le Mac, et le plus souvent sous un éclairage purement commercial. *Byte*, en revanche, visera le bon créneau : une information axée sur l'ensemble du secteur en abordant à la fois les ordinateurs et les logiciels. Sans négliger pour autant les petites maisons de production qui pointaient leur nez, et la grande industrie informatique avec ses géniales inventions, de la fabrication des puces aux superordinateurs. Ce qui devait assurer le succès du magazine. Wayne Green amorça timidement son entrée dans le domaine, en publiant d'abord 73 articles sur la micro-informatique naissante. L'accueil des lecteurs fut enthousiaste, comme si les radioamateurs prenaient conscience que le monde des communications entrait dans un autre âge. Puis Wayne et son épouse Virginia Londner décidèrent de lancer une publication orientée exclusivement vers cette technologie porteuse de tous les espoirs. En août 1975 donc, *Byte,* démarre dans la ville de Peterborough, New Hampshire. En couverture du premier numéro : une photo de Gary Kildall avec le titre : *Computers – the World's Greatest Toy/Les ordinateurs – le jouet le plus merveilleux au monde.* Choix de page couverture intelligent puisque Kildall, à lui seul, avait quasiment inventé de toutes pièces le logiciel d'exploitation des PC, dont bénéficiera grandement Bill Gates. L'aventure du mensuel *Byte* était lancée. Elle allait durer 23 ans. Avec à ses débuts, un coût d'abonnement annuel de... 10 dollars.

Carl Helmers fut nommé éditeur de la revue. Toutefois, au gré des fluctuations et des modes du marché, de nombreux chambardements allaient ponctuer la vie de cette publication, jusqu'à sa fermeture en 1998.

Pour *Byte,* le temps était venu de passer la main à *Wired,* une publication qui allait révolutionner l'univers de l'édition.

À l'initiative des directeurs du Media Lab du MIT, le magazine *Wired* paraît pour la première fois en 1993. Sa mission : offrir un éclairage inédit sur le multimédia, technologie nouvelle et omniprésente au sein d'une économie galopante.

Rappelons que le Media Lab, connu aussi sous le nom de MIT Media Lab, fut fondé en 1985 par les professeurs Nicholas Negroponte et le président du MIT Jerome Wiesner, aujourd'hui décédé. Dès sa fondation, il fut rattaché au département d'architecture de planification de ce centre de recherche mondialement réputé. Expliquer la convergence du multimédia et de la technologie tout en apprivoisant sa clientèle, tel était l'objectif de ce groupe. Quoi de mieux qu'un bon vieux magazine pour y parvenir ? *Wired* est lancé en 1993 à l'initiative du journaliste Louis Rossetto et de Jane Metcalfe. À l'autre bout de l'Amérique, même réflexe du côté de la Silicon Valley. La même année, Flipside Communications lance le magazine *Red Herring,* destiné à destiné à l'esprit d'entreprise high-tech, une publication fantastique qui vivra jusqu'en 2003, et qui complétait merveilleusement bien le projet du MIT.

Dès son lancement, *Wired* connut un grand succès. Un vent de renouveau soufflait sur le monde des magazines : mise en page audacieuse, articles de pointe sur tous les sujets gravitant autour de la cyberculture : jeux vidéo interactifs, *hacking* des téléphones cellulaires, enquête sur les otaku, terme japonais désignant les gens obsédés par les mangas, ces bandes dessinées de l'empire du soleil levant. Au fil des ans, avec un tirage de 700 000 copies, la politique éditoriale n'a jamais flanché, toujours au diapason de la révolution du numérique qui se poursuit, constamment à l'écoute d'un lectorat qui chaque mois exige d'en savoir plus.

Jimmy Wales, la renaissance de Diderot

Cofondateur de l'encyclopédie en ligne *Wikipedia*, Jimmy Wales a réussi à faire de cette source d'information une référence non pas unique dans l'univers du 2.0, puisque *Britannica, MSN Encarta, Universalis* et *Agora* offrent aussi ce type d'informations, mais incontournable par la quantité et la richesse des données alignées. Et ce, sans oublier son mode de conception qui est sans équivalent. Le projet de rassembler, comme le fait Wikipedia, l'ensemble des connaissances humaines ne date pas d'hier, c'est le moins que l'on puisse dire. Depuis l'Antiquité, les hommes ont multiplié de telles tentatives. Varron en Grèce, en 50 avant Jésus-Christ, amorce le premier un travail qu'on peut qualifier d'encyclopédiste. Au Moyen-Âge, tant en Occident (Vincent de Beauvais) qu'au Moyen Orient (Ibn Khaldoum) et en Asie (le Chinois Yaldon), des érudits ont piloté ce type d'entreprises utopiques.

En France, Pierre Bayle au XVIIe siècle ouvre véritablement la voie à ses successeurs avec son *Dictionnaire historique et critique*. Qualifiée *d'Arsenal des Lumières*, son œuvre imposait les croisements des points de vue et des opinions sur une foule de sujets. C'est pourtant dans la France de Louis XV avec Diderot et d'Alembert, inspirés par le grand œuvre de l'Anglais Ephraïm Chambers (1680-1740), que l'on verra naître le projet le plus achevé : *L'encyclopédie* ou *Dictionnaire raisonné des sciences, des arts et des métiers*, publié en 35 volumes de 1751 à 1772 et qui s'imposera comme un modèle en la matière. Près de 250 ans plus tard, fort de la révolution informatique, Wikipedia va s'engager sur cette voie, afin que, comme l'avance Wales, « chaque personne sur Terre ait accès à tous les savoirs de l'humanité. »

L'originalité de l'encyclopédie de Wales tient au fait qu'elle est rédigée par ses lecteurs. Citons encore Wales : « *Personne ne sait tout, mais tout le monde sait quelque chose* », d'où son appel au grand public qui fut on ne peut plus entendu. En 2008, on comptait plus de huit millions d'articles rédigés en quelque 253 langues, principalement en anglais, allemand, français, polonais, japonais et néerlandais. Parmi les langues rares : le cheyenne, le foro, langue de l'Oural, le chavacano, langue pratiquée en Malaisie et le novial, langue créée de toutes pièces par le linguiste danois Otto Jepersen. Mensuellement, cette référence incontournable attire quelque 350 millions de curieux. Chaque mois, 15 000 articles nouveaux y font leur apparition. En fait, il s'agit du septième site le plus fréquenté sur le Web. C'est en 2002 que l'Américain Jimmy Wales lança le *Wikipédia*. Surnommé *Jimbo*, le fondateur du site naît en Alabama en 1966. Son père travaille dans les marchés d'alimentation. Sa mère enseigne au primaire. Jimmy, lui, s'oriente vers le domaine financier. Un baccalauréat à l'Université d'Auburn, puis des études à l'Université d'Alabama suivies d'un début de doctorat à l'Université d'Indiana lui donnent un bagage académique qui fera toute la différence. Durant les six ans qu'il passe au *Chicago Options Associates* en tant qu'agent de change, il accumule un pécule qui lui permettra, selon ses propres termes, de vivre de ses rentes pour le reste de ses jours. Mais Wales aime les défis. Parallèlement à ses activités spéculatives, il entreprend, en 1996, de mettre au point ce qu'il nomme un *moteur de recherche érotique* pour le Web, moteur baptisé *Bomis*. Un site plutôt destiné aux hommes, comme il le précise. Site pornographique diront ses détracteurs. Grâce à *Bomis*, qui offre des images érotiques en ligne, une opération qui s'avère rentable, Wales, influencé par la lecture du grand économiste libéral Friedrich von Hayek, qui a beaucoup écrit sur l'importance du savoir dans nos sociétés, se met à songer, en 1999, à un projet nommé *Nupedia*. Ce projet repose sur l'élaboration d'un logiciel pour Internet qui rendrait possible une encyclopédie multilingue en ligne. Le projet s'amorce au tournant du siècle. Wales approche alors Larry Sanger, philosophe de formation, pour qu'il s'associe à son projet. Natif de l'Alaska, doctorant de l'Université de l'Ohio, il reçoit pour mission de fonder cette encyclopédie libre qui doit être d'une qualité équivalente aux éditions papier. Le tout guidé par le principe de la source libre, c'est-à-dire que la consultation sera sans frais. Aucun droit d'auteur ne sera exigé pour l'utilisation des informations recueillies. Durant l'année 2000, le philosophe passé à l'informatique s'emploie donc à bâtir une équipe de rédaction compétente et si possible bénévole pour rédiger les articles. Une mission qui s'avère rapidement impossible, les spécialistes tenant à être rémunérés. Ce que le groupe de Wales ne peut assumer financièrement. En janvier 2001, Sanger, parallèlement à son travail pour *Nupedia*, qui prendra fin en 2003, propose alors d'utiliser un moteur disponible nommé *wiki* aux particularités bien précises. L'idée lui a été transmise par le programmeur Ben Kovitz, très enthousiaste pour cette création sortie du cerveau d'un chercheur de grand talent en 1994, Howard G. Cunningham, sous le nom de *WikiWikeWeb*. Nom étrange à l'avenant que *Wiki* qui signifie « rapide » pour les aborigènes d'Hawaii.

Il s'agit d'un site où tout le monde peut créer ou modifier des pages et ajouter des commentaires en bas de texte. On élabore alors une formule de rédaction qui devra s'articuler autour de quatre composantes. L'entrée de l'article se situe comme il se doit en haut de page. Suit une chronique de discussion où les participants peuvent échanger leurs idées. On enchaîne avec un historique de la page. Enfin, s'alignent les références et notes ayant servi à rédiger le texte. L'un des critères béton pour les encyclopédistes volontaires impose *la neutralité des points de vue* jugée non négociable. Un processus de validation de textes, à posteriori il faut le préciser, complète le devis de conception. Les textes sont par la suite corrigés, réécrits ou enrichis en permanence par des bénévoles spécialisés. Une procédure globale qui donnera à *Wikipédia* toute sa notoriété.

À l'origine, *Wiki* se voulait surtout une entreprise de vulgarisation scientifique touchant les mathématiques, la chimie, la biologie, la physique. Mais très rapidement, les collaborateurs débordent vers des domaines culturels et politiques avec plusieurs sites de biographies de gens riches et célèbres. Tout ce qui a trait aux actualités est évidemment largement couvert. Contre toute attente, le succès de participation est quasiment instantané. Dès 2002, Wiki d'abord en anglais, puis en français, et ensuite multilingue, possède 20 000 entrées. Deux ans plus tard, fort de 80 serveurs maintenus par la *Wikimedia Foundation*, une fondation sans but lucratif qui bénéficiait d'un budget de quelque 300 000 $ provenant de dons d'auteurs et d'utilisateurs, *Wikipédia* présente 200 000 entrées. Au fil des ans le site s'enrichie de manière exponentielle, tous et chacun s'y réfèrant. Aucune encyclopédie au monde ne peut faire mieux.

Jimmy Wales s'implique aujourd'hui dans les relations publiques de sa fantastique encyclopédie en ligne. Notamment, pour amasser des fonds. Larry Sanger, cofondateur de Wikipédia, qu'il a quitté peu après son lancement, a tenté depuis, mais sans succès, de lancer plusieurs sites rivaux. Le *bazar absolu* de *Wikipédia*, comme le qualifiait Wales, ne lui convenait guère. Sans le vouloir, *Wikipédia* donnera naissance à un enfant illégitime qui a pour nom *WikiLeaks*. Le principe d'édition, également à base du logiciel wiki et dans la foulée du nom wiki pour la crédibilité, vise des objectifs fort différents de ceux de Wales. Puisqu'il s'agit ici de divulguer des informations en ligne, susceptibles d'ébranler les pouvoirs en place. Julian Assange, 39 ans, Australien de naissance, fils de comédiens, *hacker* durant son adolescence sous le pseudonyme de *Mendax,* programmeur de métier et militant à temps plein, a créé le site en 2006. Cet homme, qui se dit ni de droite ni de gauche et qui considère qu'Internet est une énorme machine visant à espionner les individus, a créé un logiciel de cryptographie destiné justement à protéger les communications des gens. Depuis la création de son site, 1,2 million de documents en provenance de tout ce que le monde compte de contestataires, des États-Unis à la Chine en passant par l'Afrique du Sud et l'Europe, ont transité anonymement par le cabinet noir de cet homme à la crinière blanche, avant d'être publiés sur le Web. D'une vidéo montrant, en 2007, un hélicoptère américain bombardant des civils irakiens, au dévoilement de 92 000 documents des forces alliées en Afghanistan, et à l'affaire du scandale du pédophile meurtrier Marc Dutroux, en Belgique, tout y passe. Avec pour seul objectif d'informer sans aucune censure les citoyens du monde. Récipiendaire de deux prix, l'un d'Amnesty International, l'autre de la prestigieuse revue *The Economist*, cet homme, par qui le scandale arrive, s'expose évidemment à tous les dangers. En 2008, la banque suisse Julius Bär lui a intenté une poursuite en justice au sujet d'une affaire de blanchiment d'argent aux Îles Cayman. En 2009, la société allemande Denic a retiré son site des listes d'adresses du pays. En 2010, le Pentagone, première puissance militaire au monde, a exigé la remise de documents classés *Secret Defense*. La même année, la justice suédoise a porté une accusation de viol à son endroit. Sans doute inventé de toutes pièces.

Une affaire qui n'est pas sans rappeler celle de Daniel Ellsberg, un analyste américain qui, en 1971, rendit public 7 000 pages de documents classés *Top Secret* par le Pentagone. Avec ses pages, Ellsberg voulait dénoncer le processus de décision durant la guerre du Vietnam qui faisait rage. Ellsberg, fera face à des accusations de complot, de vol et de trahison. De plus, il sera l'objet d'une tentative d'empoisonnement au LSD.

Mais Julian Assange, cet ex-*hacker* qui dit avoir fréquenté un total de 37 écoles et 6 universités durant sa jeunesse, ne semble craindre ni dieu ni diable. Vivant le plus souvent en Islande, un pays favorable à la protection des informations sur le Web, et jouissant de l'appui de quelques 10 000 sympathisants à travers le monde, Julian Assange, 1 mètre 90, bénéficie de supports non négligeables pour poursuivre sa mission. En effet, il peut compter sur des organismes de presse influents pour relayer l'information mise en ligne. On pense ici notamment au *Guardian* de Londres, au *New York Times* et à l'hebdomadaire allemand *Der Spiegel*. À cela s'ajoute une infrastructure non négligeable : des serveurs hébergés en Islande, en Belgique et en Suède ; cinq employés à temps plein et quelque 800 bénévoles qui se chargent notamment de recueillir des fonds de fonctionnement évalués à 800 000 $ annuellement. Mais combien de temps pourra-t-il tenir le coup ? Peut-être que le *prix Nobel alternatif*, en fait, le *Right Livelihood Award* fondé en 1980 par Jakob von Uexkull, accordé justement à Daniel Ellsberg mentionné plus haut en 2006, pourrait venir à la rescousse du fugitif australien ? Ne disait-on pas lors de l'octroi de la distinction à l'ancien critique du gouvernement américain :

« *Pour avoir placé la paix et la vérité en premier, au mépris de risques personnels considérables et avoir consacré sa vie à inspirer les autres à suivre son exemple.* » Un texte que ne renierait pas l'ex-*hacker* à la tête de *WikiLeaks*.

Mise au jeu pour héros virtuels

Si on avait à nommer deux concepteurs de génie du jeu vidéo, il ne fait aucun doute que les noms de l'Américain Nolan Bushnell et du Japonais Shigeru Miyamoto arriveraient en tête de liste. À ces deux noms, il serait impératif d'ajouter celui de Philip Rosedale, un créateur hors norme surgi d'une autre planète. L'histoire de cet art singulier a connu des précurseurs sans lesquels des millions de *gamers* se sentiraient aujourd'hui bien seuls ou orphelins. Trois noms s'imposent à notre mémoire au chapitre de la genèse du genre.

Tout d'abord Ralph Baer. C'est à lui que nous devons l'idée même de jeu vidéo.

Persécuté en Allemagne du fait de ses origines juives, Baer se réfugie aux États-Unis en 1938 où il s'oriente vers la technique radio. En 1949, il décroche un diplôme orienté vers la technique de la télévision naissante. Alors qu'il est à l'emploi de la compagnie Loral Electronics, on lui donne pour mission de créer un téléviseur plus performant que ceux déjà sur le marché. Il propose alors, sans succès, d'intégrer un jeu au téléviseur. Il concevra même l'idée très précise d'un passe-temps se jouant à l'écran. Il poussera même plus loin le projet en esquissant sur papier, en 1966, un type de console qu'on ne peut encore qualifier de « vidéo », mais similaire à ce que l'on retrouve aujourd'hui. Le tout, hélas, restera sans suite.

Jay Forrester, lui, concrétisera, quoique de manière modeste, l'univers d'un jeu sur écran.

Notre homme travaillait dans les années cinquante pour le projet SAGE, dont il a déjà été question dans ces pages. Si l'on se souvient bien, il s'agissait d'un réseau de radars dont les signaux étaient transmis et analysés par ordinateurs. Son exploit consista à faire apparaître une animation sur oscilloscope nommée *jumping ball*. Pas de quoi revendiquer le titre de grand pionnier des jeux. Et rien encore pour déclencher une révolution des loisirs à domicile. Mais néanmoins une initiative pleine d'avenir.

Enfin, Steve « Slug » Russell accomplira l'immense saut en impliquant l'ordinateur dans un univers ludique.

Spacewar, un jeu de démonstration pour ordinateur, fait son entrée dans l'histoire en 1962. Programmé sur l'appareil nommé DEC Digital

PDP-1 du MIT, l'exercice consistait à faire la démonstration des capacités de l'ordinateur. Inspiré du roman de science-fiction *Le Cycle du Fulgur* d'Edward Elmer Smith, un jeu dans lequel s'affrontaient des vaisseaux spatiaux, lesquels devaient aussi résister à un champ de gravitation destructeur. Le défi pour le joueur était double : détruire ses ennemis, et manœuvrer correctement le vaisseau pour éviter l'écrasement.

Russell, né en 1937 et formé au Dartmouth College, puis à la célèbre Université scientifique de Boston, était reconnu comme un programmeur de grand talent. Assisté de plusieurs camarades de cours, notamment Alan Kotok et Martin Graetz, il mettra quelque 200 heures pour réaliser le projet Spacewar, à classer dans la catégorie *shoot them up*, c'est-à-dire *tirez sur tout ce qui bouge*. Nous reviendrons dans un chapitre ultérieur sur le contexte universitaire agité qui a donné naissance à cette fantaisie informatique. En 1972, la véritable odyssée du jeu vidéo démarre. Elle nous entraînera dans les univers fantastiques que nous connaissons aujourd'hui, et dont nous sommes les héros.

Fondateur d'Atari, Nolan Bushnell est le génie qui a inspiré toute l'industrie du jeu vidéo. C'est à lui que nous devons l'invention du premier jeu commercial qui a pour nom *Pong*.

À vrai dire, une idée similaire avait déjà été timidement esquissée par Willy Higinbotham en 1958 dans *Tennis for Two* au laboratoire de Brookhahen à New York. En reliant un oscilloscope à un ordinateur, le physicien proposait une démonstration de jeu de raquette simplifié, où deux adversaires renvoyaient une balle au-dessus d'un filet à l'aide de deux contrôleurs. Le tout on ne peut plus schématisé sur le plan graphique. Avec *Pong*, la passion était au rendez-vous. Les amateurs étaient possédés par la volonté de vaincre.

La passion de l'électronique viendra à Bushnell par le biais de la radio amateur. Né dans une ville isolée de l'Utah en 1943, il poursuit des études en ingénierie avant de s'établir en Californie, et œuvrer pour la compagnie Ampex qui se spécialise dans la fabrication de magnétophones. Mais au cours de ses études, il a pris connaissance du jeu

Spacewar, qui l'a fasciné. Depuis, il rêve de mettre sur pied une entreprise qui concevrait des jeux et les mettrait en marché. Sa philosophie est simple : « *Le divertissement ouvre une porte sur le futur.* »

Tentant sans succès de passer chez Disney, qui partage pourtant sa même vision des choses, il entreprend un jour de concevoir un jeu similaire à *Spacewar* qu'il nomme *Compute Space.* Ce jeu se présenterait sous la forme d'un dispositif relié à un téléviseur. Bushnell quitte alors Ampex, s'associe et fait construire 1 500 de ces jeux. Le flop est monumental. L'une des principales causes tient à la complexité du jeu. Bushnell retiendra la leçon.

Nous sommes au début des années 70 et tout bouge en Californie et dans la Silicon Valley. L'industrie des semiconducteurs promet des changements technologiques révolutionnaires et la contre-culture est assurée de tout bouleverser. Un excellent contexte pour que Bushnell persévère dans ses ambitions de jeux. Donc, en 1971, il fonde *Atari*, un terme japonais associé au jeu de *Go* qui signifie *menace immédiate de capture*, un peu plus accrocheur que le premier nom choisi, soit *Syzygy* ! Afin de concevoir les circuits des futurs appareils, Bushnell entraîne avec lui deux ingénieurs experts de chez Ampex, Al Alcorn et Teb Dobney. On songe à un jeu très simple qui imiterait un match de tennis. Il faudra trois mois pour en concevoir le prototype. Puis *Pong*, qui se présente sous forme d'arcade, voit le jour. Le succès sera instantané. Malgré la mauvaise gestion de la compagnie, des investisseurs, dont Dan Valentine, manifestent leur intérêt. La compagnie initie même d'autres jeux. Entre autres *Space Race* et *Gran Trak*, une simulation de course d'autos. Des millions de dollars sont rapidement engrangés.

Mais le créateur d'*Atari* caresse depuis longtemps l'idée d'orienter ses jeux vers la famille, plutôt que de placer des arcades dans des bars et autres endroits commerciaux. En 1974, le géant de la distribution Sears Roebuck offre à Bushnell d'acheter tous les futurs appareils destinés au grand public que la compagnie pourrait produire. Atari développe donc ce nouveau créneau de jeux pour la maison. L'année suivante, la console mise en marché permet des entrées de fonds de 40 M $. Le succès est à ce point phénoménal que Warner Communications fait à Bushnell une offre d'achat de 29 M $, que Bushnell acceptera, tout en continuant à siéger sur le conseil d'administration d'Atari. Toutefois, trois ans plus tard, en 1979, le maître des jeux quitte la compagnie qu'il avait fondée. Dès lors, il s'implique dans la restauration avec la chaîne de restaurants Chuck E. Cheese Pizza-Time, une chaîne qui atteindra le niveau respectable de 278 établissements.

Ce personnage étonnant que fut Nolan Bushnell ne pouvait échapper à l'usine à rêves qu'est Hollywood. En 2008, on annonça que la vie de cet aventurier de l'industrie serait portée à l'écran, avec Leonardo di Caprio pour incarner ce petit gars de l'Utah qui aimait tant jouer.

Atari aura eu le mérite de sensibiliser l'industrie et les marchés au secteur névralgique des jeux vidéo. Des compagnies comme Sega, Mattel et Commodore s'engageront dans la même voie que la compagnie de Bushnell, pour le concurrencer. C'était avant que les géants que nous connaissons aujourd'hui, Microsoft et autres, forts de l'expansion du marché des ordinateurs personnels et du perfectionnement des consoles, entrent dans la valse des milliards de dollars. Tout au long de ces années Bushnell avait traîné une réputation épouvantable sur le plan de la gestion. De l'autre côté du Pacifique, la compagnie Nintendo retiendra la leçon.

Comme dans bien d'autres domaines, les idées premières sur l'univers du vidéo avaient surgi en Amérique. Mais c'est au Japon que s'établiront, de 1978 à 1985, les normes mondiales de cette activité. *Space Invaders*, le premier *shoot them up* commercial, *Pac-Man* et *Super Mario,* signés par trois concepteurs hors du commun, envahiront tour à tour cet univers.

Né en 1944 à Osaka, Tomohiro Nishikado, ingénieur et créateur de *Space Invaders*, a rapporté beaucoup d'argent à la compagnie Taito Corporation qui l'avait embauché. Selon les estimations, son jeu, lancé en 1978, a enrichi sa compagnie de 500 M $. Designer de jeu de profession et créateur de *Pac Man,* lancé en 1980, Toru Iwatani comblera, lui aussi, son employeur Namco. En 2010, il entrera dans le livre Guinness avec le record de vente de 293 822 arcades, proposant son jeu à la Terre entière. Mais c'est sans aucun doute Shigeru Miyamoto, surnommé le *Spielberg du jeu vidéo* qui remporte la palme dans ce domaine au pays du soleil levant. *Mario Bros,* sorti en 1983, suivi de *Super Mario* deux ans plus tard, tient le haut du pavé parmi les jeux les plus populaires de l'histoire. Il faut habiter une autre planète, et encore, pour ignorer le petit plombier le plus célèbre de la profession, son frère Luigi, la princesse Peach et le terrible Bowser, l'ennemi juré de Mario, des personnages joués sous toutes les latitudes sur toutes les plates-formes possibles et imaginables. Par contre, son créateur est moins connu du grand public.

Shigeru Miyamoto, qui a aussi inscrit à son palmarès des succès tels que *Donkey Kong* et *La Légende de Zelda* naît à Sonobe au Japon en 1952. Formé en design industriel, il décroche un diplôme de l'École des arts et métiers de Kanazawa en 1974. C'est en 1977 qu'il joint Nintendo comme directeur artistique. Son premier succès, *Donky Kong*, prendra trois mois pour être créé. Ce succès permit à sa compagnie de s'implanter en Amérique. Puis il passe à la division recherche et développement de Nintendo. C'est là que se révèleront ses immenses possibilités créatrices, tant pour les jeux que pour les consoles, *GameCube* par exemple, ou pour des aspects plus techniques des produits. Comme la construction du *joy stick/manette de jeu*, et la croix directionnelle des consoles. Inutile de préciser que le succès de *Wii* lui doit beaucoup. En 2008, la revue *Time* lui octroya l'une des premières places parmi les personnalités d'importance dans le monde.

Cet homme a de quoi intriguer. Voyageant à bicyclette entre son cinq pièces et les locaux de sa compagnie, amateur de banjo et de guitare blue grass, il n'a jamais voulu quitter l'enfance. Comme en témoigne son bureau orné de figurines de Mickey Mouse, et autres personnages de bandes dessinées. Sa renommée est tellement grande que souvent des célébrités de passage au Japon insistent pour le rencontrer. Comme par exemple Steven Spielberg, George Lucas et Paul McCartney. En

Amérique, il serait devenu milliardaire, comme tous les magnats de la micro-informatique. Mais il préfère demeurer salarié pour Nintendo, ne percevant que de maigres pourcentages sur ses créations et les produits dérivés. Nintendo, explique-t-il, lui permet d'exprimer son potentiel créatif. Parce que dans la boîte, ce ne sont pas les gens de marketing qui décident des produits, mais les créateurs eux-mêmes. Ce qui explique peut-être les immenses succès de la firme japonaise. Autre personnage atypique du domaine : Philip Rosedale, créateur de l'incroyable jeu-univers *Second Life*.

On croyait avoir tout vu, tout vécu dans le monde virtuel. Mais non. Un jour de 2003, un univers parallèle et bizarre se crée. Sorti d'on ne sait où. Comme dans cette magnifique série télévisée *Twilight Zone,* pensée par Rod Serling qui, au cours des années 1959-1964, transporta chaque semaine l'Amérique dans des lieux fantastiques où l'imaginaire n'avait jamais osé pénétrer. Ce laboratoire grandeur nature qui évolue sur moniteur est voulu et pensé par Linden Lab. Qu'en est-il au juste ? Une communauté virtuelle de quelques millions de personnes à laquelle on accède par Internet et où l'on peut réinventer la vie de notre choix. Avec les seules touches du clavier, on peut déambuler, rencontrer des amis, croiser des centaines de milliers d'inconnus adeptes du lieu. On peut simplement regarder ce qui se passe. On peut aussi choisir d'y habiter : prendre un pseudonyme, l'habiller sur catalogue, acheter un espace pour y vivre. Et puis créer des objets, les vendre. Chercher l'âme sœur, avoir une aventure d'un soir. En fait il s'agit d'une minisociété avec sa propre monnaie, le linden dollar. Déjà de grandes compagnies, Nissan, Coca-Cola et CNN y organisent des événements. Chaque mois, des milliers de visiteurs pénètrent les lieux. Parfois pour y rester. Cet univers s'élargit sans cesse.

CHAPITRE 9

Les marginaux (*outsiders*)

En France, au début du siècle précédent, on désignait comme « *en-dehors* » une frange radicale du mouvement anarchiste qui refusait de se soumettre à l'ordre social dominant, en rejetant toute forme d'embrigadement. Pour ces jeunes, qui avaient vingt ans en 1910, l'émancipation individuelle précédait l'émancipation collective. Les normes bourgeoises de même que les préjugés propres aux classes populaires les amèneront à inventer d'autres modes de vie et rapports sociaux : rejet du salariat, amour libre, différentes manières de consommer, parti pris pour la libération des femmes, et parfois, l'illégalité.

La révolution informatique donnera naissance à des groupes *d'en dehors*, des *outsiders* diraient les anglophones, dont les *hackers*, au sein de la cyberculture, sont les représentants les plus manifestes, sans pourtant être les seuls.

MIT, berceau des *hackers*

En 1983, l'année même où le président Ronald Reagan désignait l'ex-URSS comme l'empire du mal, un film d'Hollywood apparaît sur les écrans du monde et fait un tabac : *War Games,* du réalisateur John Badham.

On y voyait un ado du nom de David Lightman, incarné par Matthew Broderick, pénétrer les ordinateurs de la défense américaine et menacer le monde d'un conflit thermonucléaire. Les armes du jeune pirate se résumaient à un ordinateur de marque IMSAI 8080, un clone d'Altair tout droit sorti du cerveau de Bill Minard et produit à 20 000 exemplaires entre 1975 et 1978, ainsi qu'à un modem. Internet n'existait à l'époque qu'à l'état embryonnaire, non accessible au public. Le film plut énormément. Les 12 M $ investis en rapportèrent dix fois plus. Coleco lança un jeu vidéo du même nom. Vingt-cinq ans plus tard, on lança une suite intitulée *War Games : The Dead Code*, afin de recréer l'enthousiasme d'antan.

Le film *War Games* ne fut pas considéré comme un chef-d'œuvre cinématographique, mais il réussira malgré tout l'exploit de donner vie à un personnage jusque-là peu connu du grand public et devenu mythique depuis : le *hacker*[24] !

Contrairement à la croyance populaire, les *hackers*, ces pirates de l'informatique qui infiltrent les réseaux à des fins pas toujours louables, n'ont pas vu le jour à Silicon Valley en Californie dans les années 70. En fait, les Californiens, comme nous le verrons plus loin, feront partie de la deuxième génération de *hackers*. Il faut remonter quelques décennies en arrière pour comprendre l'apparition du phénomène.

C'est au cours des années cinquante et soixante, au sein de cette vénérable institution qu'est le Massachusetts Institute of Technology (MIT), sur la côte est, que ces flibustiers des temps modernes se manifestèrent en premier.

Voyons dans quelles circonstances.

En 1958, Peter Samson, un Franco-Américain né à Fitchburg d'un père mécanicien, fait son entrée au MIT. À l'époque, rares étaient ceux qui avaient pu admirer un ordinateur comme en possédait la vénérable institution. L'IBM 704 qui trônait dans une pièce entière avait de quoi impressionner. Le monstre fascinait. Avec raison. Samson et quelques confrères, que la passion du bricolage avait regroupés, se passionnaient

24 Personne qui agit de façon illégale dans le domaine de l'informatique. Ce terme désigne ceux qui copient ou distribuent illégalement un logiciel, pénètrent frauduleusement sur un réseau ou agissent de façon malveillante à l'aide d'ordinateurs.

pour un hobby jugé bien innocent aujourd'hui, la construction de chemins de fer en modèles réduits.

Au sein du *Tech Model Railroad Club*, c'était le nom de ce club d'amateurs, Bob Saunders et Alan Kotok, confrères de Samson, avaient développé une foule d'habiletés en mécanique, en électricité et en électronique. L'informatique allait compléter leur cursus. Toujours en 1958, le professeur John McCarthy invente et enseigne Lisp, pour *List Processing*, un modèle représentant des programmes testés précisément sur l'ordinateur IBM de l'université. Les trois étudiants, appelés à incarner la première génération de *hackers*, sont aussi les premiers à être initiés à un langage de programmation.

À l'époque, l'IBM 704, qui valait plusieurs millions de dollars, était l'unique ordinateur à desservir enseignants et étudiants du MIT. La perspective de beaucoup d'appelés et de peu d'élus amena donc les autorités à instaurer la formule du temps partagé, dit *Time Sharing System*, pour l'utilisation de l'appareil. Ce qui provoqua, on s'en doute, des files d'attente. Le temps alloué étant fort limité, des astucieux, tels que Peter Samson et ses confrères, inventent alors des techniques pour pénétrer subrepticement la forteresse informatique durant la nuit et maîtriser le monstre. Le *hacking* venait de naître.

L'IBM 704, que l'on programmait à l'aide de cartes perforées, ne permettait pas un éventail très large de manipulations. La véritable révolution naît quelque temps plus tard, en 1959 plus précisément, lorsque le MIT hérite de l'ordinateur TX-0 du laboratoire Lincoln, qu'on nomme affectueusement Tixo. Premier cerveau électronique entièrement transistorisé au monde, le TX-0, conçu en 1953 sous la direction du département de la Défense, était programmé à l'aide du Flexowriter, sorte de machine à écrire qui entrait les données sur bandes de papier. Un véritable cadeau du ciel pour nos trois apprentis pirates auxquels s'étaient joints Bob Wagner et le jeune Peter Deutsch, fils brillant d'un professeur de l'institution, âgé à peine de douze ans. De plus, nos lascars bénéficiaient de l'aide providentielle des professeurs

Jack Dennis et Tom Stockman qui leur apprenaient tous les secrets de l'appareil.

Nos *hackers*, première génération, inventent alors, à l'insu des autorités, une foule d'ajustements et d'applications sur le TX-0, et ce, parallèlement à l'utilisation officielle, qui était axée, entre autres, sur des analyses statistiques ou des travaux reliés à des modèles en biologie. Et là, place à l'imagination. Samson s'aventurera dans une recherche en programmation reliée à la musique et au calendrier maya ; d'autres tenteront d'inventer un langage d'assemblage, c'est-à-dire une technique de programmation permettant d'associer le langage machine à un langage de haut niveau comme le Fortran. Sans parler d'un programme qui permettait de convertir les chiffres arabes en chiffres romains. Il y eut aussi les tentatives d'Alan Kotok et de Bob Saunders, tous deux fascinés par le monde des communications téléphoniques, une constante dans le monde futur des *hackers*, pour programmer les règles du jeu d'échecs. Quand en 1961, le MIT se voit offrir un ordinateur PDP-1 également à base de semi-conducteurs, nos ingénieux étudiants trouvent enfin dans ce premier mini-ordinateur très compact l'appareil qui annonce l'avenir. Amorcée en 1959 par Digital Equipment Corporation (DEC), cette révolution informatique offrait à l'utilisateur un écran cathodique, un clavier, une imprimante et 4 000 mots de mémoire comptant chacun 18 bits. En confiant leur ordinateur à la concentration de matière grise présente sur le campus, l'objectif de DEC était clair : faire la démonstration que leur fabuleuse machine permettrait mille et une possibilités techniques. Pour relever le défi, nos apprentis scientifiques se mettent en tête de créer un jeu vidéo.

Dans ce domaine, Peter Samson, Alan Kotok et leurs copains eurent au moins un prédécesseur. En effet, quelques années plus tôt, en 1958, le physicien William A. Higginbotham avait eu l'idée de créer sur oscilloscope le jeu *Tennis for Two* pour distraire les visiteurs lors de portes ouvertes au laboratoire national de Brookhaven. Une première dans le domaine des jeux qu'on peut situer à des années-lumière du monde ludique actuel.

Science-fiction oblige, l'œuvre d'Edward Elmer Smith exerçe une véritable fascination sur le monde étudiant. Wayne Wiitanen, Martin Graetz et Steve Russell, des cracks du MIT, vont projeter avec leurs confrères le PDP-1 dans l'espace sidéral. Un projet qui va forcer nos apprentis *hackers*, recyclés en concepteurs de jeu, à 200 heures intensives de travail pour mettre au monde Spacewar.

Les règles de Spacewar étaient simples : deux vaisseaux antagonistes disposant d'un stock de missiles apparaissent à l'écran et se déplacent dans toutes les directions. L'objectif du combat spatial, on le devine, consiste à détruire l'adversaire. Le jeu recevra un accueil discret. En contrepartie, le *hacker* venait d'entrer officiellement dans l'histoire par la porte du jeu vidéo.

Comme le démontreront les pionniers du MIT, être *hacker*, c'était plus que de bricoler des ordis pour en explorer les possibilités souvent à l'insu des autorités. C'était aussi un mode de vie peu conventionnel, une tenue vestimentaire souvent détonnante et négligée, un jargon particulier et une façon marginale de s'exprimer et de penser. Les étudiants de la côte est établiront le modèle de ce héros du XXIe siècle. Se regrouper entre initiés, travailler subrepticement, de nuit de préférence, développer des habitudes alimentaires à base de *junk food* et de liqueurs douces, et plus tard de boissons énergisantes. Voilà ce qui crée une confrérie. Mais il y a plus. Afin de souder les initiés, on développera un code de comportement et une vision du monde. Bref, une éthique. Cela ne sera aucunement le fruit d'âpres discussions ou le résultat de débats intenses. Ce mode d'existence naîtra plutôt d'une entente tacite, basée sur certaines valeurs et critères fondamentaux, qui peut se lire comme suit :

Un véritable *hacker* doit être jugé selon ce qu'il apporte à son art. Sa capacité d'invention et l'audace dont il fait preuve se situent donc au premier plan pour le définir. L'âge, la formation ou la position sociale n'ont donc aucune importance pour acquérir une réputation auprès de ses collègues.

Pour tout *hacker*, l'accès aux ordinateurs, aux réseaux et aux banques d'informations doit être illimité et sans entrave. L'acquisition des informations doit être gratuite.

La méfiance par rapport à toutes formes d'autorité est un crédo indiscutable pour tout *hacker* véritable, et la promotion de la décentralisation, une valeur clé. Enfin, pour les *hackers,* il est clair que l'informatique, porteuse d'art et de beauté, peut changer radicalement nos vies. Pour le meilleur comme ils l'espèrent. Ou pour le pire, si cette merveilleuse technologie tombe sous la coupe des puissants de ce monde.

Si la situation se dégrade dans le merveilleux monde de l'informatique, le *hacker* se donne alors le droit d'intervenir sous le masque implacable du justicier. C'est sous cet éclairage qu'il faut interpréter la création des virus et autres machines virtuelles infernales qui ébranleront le cyberespace dans les décennies à venir.

En 2001, un philosophe d'origine finlandaise, Pekka Himanen, aidé de Linus Torvalds, à l'origine de Linux, formalisera tous ces préceptes en un véritable code. Dans « *L'éthique hacker et l'esprit de l'ère de l'information* » l'auteur poussera la réflexion jusqu'à élaborer ce qu'il nomme la *néthique*, une liste de préceptes concernant la relation des *hackers* avec des réseaux médiatiques comme Internet. Se dégage alors la promotion des droits fondamentaux devant régir le cyberespace. Fort de ces préceptes et des bases d'expérimentations techniques apprises au MIT, le *hacking*, comme nous le verrons, aura de beaux jours devant lui.

Les *geeks*[25] de la côte ouest

Après la percée de Boston, la deuxième génération de *hackers,* en fait la plus déterminante, prend son envol une douzaine d'années plus tard, à quelque 4 358 kilomètres de là, dans la San Francisco Bay Area, située

25 Personne passionnée par l'informatique et les nouvelles technologies.

à un jet de pierre de la Silicon Valley. C'est là que naîtra, au sein du *Homebrew Computer Club*, la plus célèbre génération de fouineurs de l'histoire, dont certains, comme nous l'avons vu, ont été au cœur de la révolution de la micro-informatique.

La côte ouest était le lieu idéal pour que se développe une telle marginalité, et ce, pour une raison simple : la Californie des années soixante et soixante-dix était un lieu de contestation et de contre-culture unique et incontournable.

Du *Free Speech Movement* favorisant la liberté de parole, qui avait éclos durant l'année scolaire 1964-1965 sur le campus de Berkeley, à la mobilisation des gais et lesbiennes contre la politique militaire, sans oublier les virées bruyantes et sanglantes des Hells Angels, groupe né à Oakland en banlieue de Frisco, et l'expérimentation de toutes les formes musicales par les quelques 150 groupes qui alimentaient le *San Francisco Sound*, le moins que l'on puisse dire est que cette terre de chercheurs d'or avait décidément tout pour attirer nos *nerds* en informatique !

C'est donc au son des Jefferson Airplane, Grateful Dead et autres Carlos Santana que la contestation faisait rage partout aux États-Unis, depuis le début des années soixante. « *Power to the People !* » (Le pouvoir au peuple) scandaient les contestataires d'un *establishment* jugé rétrograde. Puis, entraînés par le Black Panthers Party, les Noirs sortirent de leurs ghettos et remirent en question le pouvoir des riches dirigeants avec le slogan « *All Power to the People !* » (Tout le pouvoir au peuple). Dans cette lignée de contestation et de libération, le sociologue-philosophe Ted Nelson, qui avait grandi dans ce haut-lieu de la bohème new-yorkaise qui a pour nom Greenwich Village, et à qui nous devons le terme « hypertexte » sur Internet, lança en 1974 son manifeste *Computer Lib* : « *Computer Power to the People* » (Le pouvoir des ordinateurs au peuple). Un cri de révolte puissant contre la firme IBM, et tout ce qu'on nommait alors *cybercrude*, soit l'immense bureaucratie des grandes firmes informatiques. L'utopie atteignait désormais les cerveaux électroniques. On était bien loin du projet de court-circuiter le temps partagé pour les ordinateurs qui avait animé la première génération de *hackers* de la côte est durant la décennie précédente.

L'idée de mettre l'informatique au service du peuple démarra avec le groupe communautaire *Project One* et son agenda baptisé *Community Memory*. L'initiative visait à familiariser les gens des quartiers à communiquer avec un ordinateur de type *mainframe*, en fait un XDS-940, perdu dans un entrepôt et conçu à l'origine dans une perspective de temps partagé. Assez rapidement, et logiquement devrait-on dire, s'imposa le bien-fondé de l'ordinateur personnel. Une idée qui amènera ces jeunes surdoués à se regrouper et à mettre en commun une foule de concepts avant-gardistes pour prendre le contre-pied de ce que le président d'IBM, Thomas Watson, avait déclaré en 1943 : « *Je pense qu'il n'y a un marché que pour cinq ordinateurs* ». Une idée qui persistera d'ailleurs jusqu'en 1977 avec cette déclaration tout aussi surprenante d'un autre antivisionnaire d'occasion, Ken Oslen, président de DEC : « *Il n'y a aucune raison qu'on puisse vouloir un ordinateur chez soi.* »

Un jour donc, ces jeunes gens, qui avaient en tête de transformer le monde à l'aide des ordinateurs, se retrouvèrent au *Homebrew Computer Club*. Ce vivier d'échanges, différent de tous les autres, bouillonna de 1975 à 1986. Il s'imposa comme un véritable laboratoire doublé d'un incubateur pour le monde de la marginalité informatique. Un lieu de référence incontournable pour les décennies à venir.

Les premières réunions du *Homebrew* débutèrent dans un garage du Bay Area de San Francisco. Lieu mythique, s'il en est en Californie, pour les aventuriers de l'électronique. Au cœur de ce club bien particulier, la présence de l'activiste Fred Moore (1941-1997) fut marquante. Présent dans toutes les causes et les modes d'action qui nous sont aujourd'hui si familiers, du désarmement à la promotion de la justice sociale, de la protestation non violente à l'action directe, Fred Moore était convaincu que tous les problèmes trouvaient une solution et les projets leur réalisation, si les gens pouvaient se réunir et échanger. Fred en était venu à s'intéresser aux ordinateurs pour une simple question d'utilité. En effet, il avait réalisé qu'un tel appareil pouvait calculer rapidement. Ce besoin le mettra en contact avec Bob Albrecht et Gordon French. Et plus tard avec Lee Felsenstein, dont nous avons parlé antérieurement. Tous furent associés au PCC, c'est-à-dire au *People's Computer Company*, une publication de vulgarisation sur les ordinateurs, conçue aux seules fins d'aider les gens. Doté de ce sixième sens caractéristique des activistes, Fred Moore comprendra rapidement qu'il venait de prendre contact avec un noyau d'agitation recelant d'immenses possibilités. Il mettra alors tout en œuvre pour regrouper les gens intéressés par le domaine informatique, techniciens ou éducateurs, simples curieux ou révolutionnaires. La première réunion du *Homebrew Computer Club* a lieu le 5 mars 1975 dans le garage de Gordon French. À partir de ce jour, les choses évolueront très rapidement. La première rencontre regroupa 32 personnes, toutes forcément passionnées d'ordinateurs. À la troisième réunion, quelques centaines d'enthousiastes se présentent au rendez-vous du *Homebrew*. Le lieu de rencontre se transporte alors du garage de French à l'édifice Coleman, qui abritait une école. Puis dans le hall du Stanford Linear Acceleration Center, un haut-lieu de la recherche. Et enfin, dans un local de l'Université de Berkeley. D'abord influencées par la sortie de l'ordinateur Altair, les rencontres, qui n'impliquaient aucun frais de participation ni ordre du jour précis, favoriseront les contacts entre experts et amateurs provenant de tous les horizons. L'échange d'informations, la mise en perspective de questions technologiques, l'élaboration de projets et même le lancement de compagnies : voilà ce qui, au fil des ans, jettera les bases de la révolution du micro-ordinateur. Les Bob Marsh, Alan Baum, Steve Dompier, et autres Steve Wozniak y fourbiront leurs armes avant de se lancer dans des aventures informatiques souvent exceptionnelles. C'est au sein du *Homebrew* que s'élaboreront aussi les paramètres et objectifs du *hacking* à venir. Dans un premier temps, cette pratique prendra la forme du piratage téléphonique. Pour des raisons bien compréhensibles d'ailleurs, car il n'y avait plus aucun intérêt à fouiner dans les gros ordinateurs universitaires alors qu'ils étaient parfaitement accessibles. Il était impensable d'intervenir sur les lignes de communications reliant les ordinateurs, l'Internet étant encore en devenir. Au niveau des micro-ordinateurs, tout restait à inventer. On se rabattit donc sur la respectable découverte de l'aïeul Graham Bell. On jugeait, entre autres, que les tarifs interurbains étaient tout à fait inacceptables.

Cent ans donc, presque jour pour jour après l'invention du téléphone, la *Blue Box* ou boîte bleue, fait son entrée dans l'Histoire.

Nous sommes en 1971. Un article de la revue *Esquire, Secrets of the Little Blue Box/Le secret de la petite boîte bleue,* attire l'attention de Steve Wozniak. Signé par Ross Rosembaum, il explique comment un gadget électronique permet d'éluder les mesures de sécurité des compagnies téléphoniques pour loger des appels sans frais. Wozniak qui, dans son jeune temps, s'était bien amusé avec son TV Jammer, qui lui permettait d'interrompre la réception télé au grand dam des téléspectateurs, est fasciné par l'idée. Il se met alors à la chasse aux informations. Le livre d'Abbie Hoffman *Steal this book* lui en apprend davantage sur une variante de l'appareil exposé par Rosenbaum qu'on nomme *Black Box*. Puis ses recherches lui apprennent qu'un dénommé Joe Engressia, surnommé *Joybubbles*, aveugle de naissance, a découvert, à l'âge de sept ans, qu'en sifflant une certaine tonalité dans un combiné, il pouvait accéder à des réseaux téléphoniques gratuitement. Même chose pour John « *Captain Crunch* » Draper. C'est dans une boîte de céréales qu'il découvrit un sifflet cadeau dont la tonalité à 2 600 Hertz permettait la même découverte que celle faite par *Joybubbles*. Draper se lança, en même temps que les frères Bernay, Mark et Al, dans la construction de générateurs de fréquences audio nommés *Blue Box*. La découverte essentielle de Woz sur les *Blue Box* viendra avec la lecture d'articles publiés dans la revue *Bell System Technical Journal*. En 1954, on expliquait tout le principe d'opération des commutations téléphoniques par émission d'ondes sonores. Puis dans un numéro subséquent de la revue, publié en 1960, on donnait la liste des fréquences aptes à déclencher les commutations. Il n'en faudra pas plus pour que le génie technologique de Wozniak se mette en branle. Très rapidement, lui et son complice d'affaires, Steve Jobs, offrent aux intéressés des *Blue Box* à 150 $. Réalisant ainsi un profit intéressant, les coûts de production ne s'élevant qu'à environ 40 $.

C'est ainsi que les marginaux du *Homebrew*, de même que tous les passionnés de technologie habités par la contestation des grandes corporations d'affaires, s'adonneront à la piraterie téléphonique, préparant ainsi le terrain à la piraterie informatique à grande échelle qui se profilait déjà à l'horizon.

Chapeaux noirs, chapeaux blancs

Hackers et *crackers* se partagent le monde du piratage informatique. Un univers de bons et de méchants. De chapeaux blancs (*white hats*) et de chapeaux noirs (*black hats*) pour utiliser le jargon de ce milieu. Au fil des ans, plusieurs individus et groupes organisés à travers le monde opteront pour le ciel ou l'enfer, selon l'objectif qu'ils donnent à leur intrusion sur les réseaux : de Kevin Mitnick à Steven Wozniak, du *Chaos Computer Club* allemand aux groupes américains tels *Cult of the Dead Cow*, *Legion of Doom*, et *Lopht*, l'éventail des orientations est large et complexe. Bienvenue dans l'*underground* numérique.

Quelques mots d'abord pour distinguer les pros et les amateurs du domaine. À l'origine, un *hacker* était forcément un technologue bourré de talents, un scientifique doté d'une grande compétence technique, bref un spécialiste connaissant à fond l'architecture des ordinateurs et de nombreux langages de programmation. Mathématicien, ingénieur ou informaticien, le *hacker* type savait développer des logiciels et inventer de nouvelles formes de piratage en fonction de l'état de développement des technologies auxquelles il s'attaquait. Mais les choses ont évolué. Aujourd'hui les attaques les plus fréquentes sont le fait de pirates qu'on surnomme *lamers*. Des aventuriers de la toile qui n'ont pas l'étendue des connaissances scientifiques et techniques des *hackers* d'origine, mais qui savent utiliser correctement les outils de piratage disponibles en ligne. Ce sont en fait des utilisateurs qui savent se procurer sur la toile n'importe quel logiciel de pénétration de système automatisé et la documentation qui l'accompagne. Ils sont responsables en fait de 99 % des attaques sur le Web.

La méthode classique de ces pirates est la suivante. Ils identifient d'abord une cible avec un logiciel servant à scanner. Puis ils déterminent quels logiciels, serveur ou système sont installés sur la cible. Ensuite, via Internet, ils se documentent sur les failles du logiciel en question, en utilisant une abondante documentation, alimentée souvent par d'autres *hackers*. Ils téléchargent ensuite le ou les programmes susceptibles de briser les protections prises à défaut et passent à l'attaque.

Les *hackers* de génie, très rares ceux-là, ont les compétences d'un ingénieur de système. Ils connaissent Linux, Windows, NT, Apache et les serveurs réseau sur le bout des doigts. Ils inventent, imaginent, creusent et fouillent pour trouver une faille de sécurité inconnue. Ils testent des faiblesses avec des programmes qu'ils créent eux-mêmes en langage C ou en assembleur. Ils vont même jusqu'à mettre en œuvre des techniques très complexes de *code reverse* ou de *retro engineering*, méthodes qui consistent à retrouver le code source d'un programme. Tout programme exécutable est livré sous une forme finie, sous une forme lisible avec un langage. La décompilation permet de retrouver le logiciel original, et d'en comprendre les algorithmes et leurs éventuels défauts de conception. À cela s'ajoute une connaissance parfaite des caractéristiques de toute la gamme des microprocesseurs. Au cours des trente dernières années, les *hackers* des deux tendances, chapeaux noirs et chapeaux blancs, se recrutent tant chez les *lamers* que chez les *hackers* professionnels, qui ont défrayé la manchette. Mais les bons *hackers*, les blancs, tels Wozniak, Stallman, Berners-Lee et autres Torvalds, après un bref passage du côté de la marginalité, se sont le plus souvent illustrés par leurs réussites remarquables en informatique officielle. Les produits Apple, l'invention d'Internet et les avancées pour l'élaboration de logiciels libres en témoignent éloquemment. Quand aux chapeaux noirs, ils ont alimenté la chronique sombre des faits divers de multiples façons, tout en fournissant au cinéma des personnages inoubliables qui les ont hissés au niveau du mythe. Il suffit de penser à *Dade Zero Cool Murphy*, interprété par Johnny Lee Miller dans le film *Hackers* (1995), à *Matthew Matt Farrell* joué par Justin Long dans *Die Hard 4* (2007) aux côtés de Bruce Willis, et bien sûr à la sublime *Lisbeth Salander* incarnée par la Suédoise Noomi Rapace dans la trilogie *Millénium* (2008-2010), adaptation du chef-d'œuvre romanesque de Stieg Larsson. Dans la réalité, les *hackers* sont rarement aussi géniaux qu'au grand écran. Mais leur personnalité hors norme et certains de leurs exploits méritent qu'on s'y attarde.

Trois cas parmi tant d'autres.

Démasqué par les policiers en 2002, le Britannique Garry McKinnon avait frappé quelques grands coups aux États-Unis. Entre février 2001 et mars 2002, ce *hacker* avait pénétré dans 53 ordinateurs à vocation militaire de l'armée de terre, de l'armée de l'air, de la marine, de la Nasa et du Pentagone. On l'accusait notamment d'avoir téléchargé des documents confidentiels, installé un programme informatique, qui a rendu inopérant le district militaire de Washington, détruit 1 300 comptes informatiques, et dérobé 950 mots de passe. Une des attaques contre une base navale, peu après les attentats du 11 septembre, aurait notamment rendue inopérante l'utilisation de systèmes militaires d'importance vitale. Les dégâts matériels ont été estimés à 700 000 $ par les autorités américaines. Le Britannique fautif a été qualifié de « *plus grand pirate informatique de tous les temps* » par le procureur de la Virginie. Né à Glasgow en Écosse en 1966 et qualifié par ses avocats de *raté de 40 ans dingue d'ordinateurs,* Garry dévoila dans une entrevue qu'il avait toujours rêvé de devenir un *hacker*. Ce désir était né dans une salle de cinéma en 1983 alors qu'il assistait à la projection du film

War Games. Vingt-sept ans plus tard, celui qui est devenu un véritable *hacker* risque jusqu'à 70 ans d'emprisonnement et une amende pouvant atteindre 2 M $ s'il est extradé vers les États-Unis et reconnu coupable, et ce, en raison des accusations qui portent sur la violation de secrets militaires et des actions d'espionnage. Connu dans le milieu des pirates informatiques sous le nom de *Solo*, McKinnon était obsédé depuis la fin des années 90 par l'idée que les U.S.A seraient en contact avec des puissances extraterrestres. Chômeur, vivant seul dans une chambre insalubre du nord de Londres, le quadragénaire souffrirait du syndrome d'Asperger, une forme d'autisme qui affecte la vie sociale de la personne, ses perceptions sensorielles et même sa motricité. Ayant échoué dans tous ses recours devant les tribunaux, le *hacker* McKinnon risque maintenant l'extradition. L'une des stratégies de ses avocats consiste à le faire juger en Angleterre pour avoir enfreint la loi nationale encadrant les usages informatiques, ce qui rendrait impossible l'extradition. Mais le *hacker* est populaire en Angleterre. En 2009, David Gilmour du groupe *Pink Floyd* a enregistré une chanson en ligne pour appuyer le *hacker* intitulée *Chicago Change the World*.

Au Québec, en l'an 2000, un *hacker* répondant au pseudonyme de *Mafia Boy* s'est attaqué aux sites des géants d'Internet, tels que CNN, Yahoo !, Dell, Amazon et eBay. L'attaque fut à ce point massive qu'ils durent cesser de fonctionner pendant plusieurs heures. Le tout occasionnant des pertes de l'ordre de 1,7 M $. L'exploit devait être de courte durée. Les efforts conjugués du FBI et de la Gendarmerie royale du Canada ont rapidement conduit à l'arrestation d'un adolescent de 15 ans, répondant au nom de Michael Calce, lequel sera condamné à huit mois d'emprisonnement et à un an de probation.

Mafia Boy avait fait montre d'une extrême habilité dans ses attaques. Initié dès l'âge de six ans aux consoles de jeux et ensuite aux ordinateurs, il développa une passion et une connaissance stupéfiantes des cerveaux électroniques. Comme pour McKinnon, un film allait faire toute la différence dans l'orientation du jeune Calce. Tel qu'il l'exprima dans son autobiographie, après avoir vu *Hackers, Les pirates du cyberespace* en 1995, il eut dès onze ans la confirmation que « *les ordinateurs et le piratage ne demeureraient pas qu'un passe-temps, mais qu'ils deviendraient le centre de ma vie.* » Assez rapidement, l'apprenti *hacker* se familiarise avec tous les outils de piratage en ligne. Il devient un expert dans le contrôle à distance de plusieurs douzaines de serveurs qui seront nécessaires à son attaque massive à base de *zombies* destructeurs. Depuis, Calce s'est recyclé dans le domaine de la sécurité informatique. Une constante dans ce type d'affaire.

Dans ce trop bref recueil des *hackers* qui ont fait l'histoire, on s'en voudrait de passer sous silence le nom de Karl Koch (1965-1989), ce pirate informatique des années 80 qui se hissa au niveau d'un véritable mythe dans le milieu. Né à Hanovre en Allemagne, celui qui se fera appeler *Hagbard*, du nom d'un personnage du roman *The Illuminatus Trilogy* de Wilson et Shea, et dont l'ordinateur se prénommait Fuckup, sera impliqué dans une affaire d'espionnage d'envergure. Plus précisément la revente d'informations confidentielles touchant l'armée américaine au KGB, le service secret soviétique de l'époque. On retrouvera son corps brûlé à l'essence dans une forêt. Koch avait développé un ingénieux programme permettant de s'insinuer entre un utilisateur et le réseau de manière à s'approprier des mots de passe. Plusieurs écrits et un film portant le titre de *23* du réalisateur Hans-Christian Schmid lui sont consacrés.

L'examen des regroupements de *hackers* nous livre également des informations intéressantes sur ce milieu passionnant.

Le *Chaos Computer Club* en Allemagne, désigné par l'acronyme CCC fut l'une des organisations de *hackers* les plus influentes d'Europe. Fondé à Berlin en 1981, le groupe comportait une filiale dans la capitale et une autre à Hambourg. Détail intéressant et sans équivalent en d'autres endroits de la planète, CCC donnera naissance en 1988 à un groupe de *hackers* féminins nommé Haecksen (de l'allemand *hexen* qui signifie sorcières). Le groupe sera impliqué au fil des ans dans des actions autant spectaculaires qu'éducatives et préventives. De manière à montrer au grand public comment se protéger. Avec comme devise « *Après nous le futur* », les membres ont réussi à détourner des fonds bancaires, en prenant soin de retourner l'argent aux propriétaires, tout en organisant des camps d'été destinés à informer et à sensibiliser le grand public à l'importance d'une liberté de communication sans entrave ni contrôle.

Il y a aussi le *Cult of the Dead Cow* (CDC)/ *Culte de la vache morte,* groupe de *hackers* fondé en 1984 au Texas dont les objectifs sont à la fois loufoques et socialement engagés. De l'appui à la dissidence chinoise, au combat pour le Tibet, de la dénonciation de la Chine, responsable de guerres dans le cybermonde, aux dénonciations des compromis de Google face à des régimes totalitaires, CDC fait flèche de tout bois pour que la justice ne soit pas qu'un vain mot.

Depuis 1993, les *hackers* ont même leur convention annuelle à Las Vegas qui répond au nom de *Def Con*. Cet évènement rassemble sans doute plus de policiers déguisés en pirates et de marchands de gadgets métamorphosés en inventeurs géniaux, que de véritables contestataires de l'ordre établi. Ceci confirme les écrits de deux philosophes marquants de la marginalité, Guy Debord et Herbert Marcuse, qui ont profondément réfléchi sur la société spectaculaire-marchande et la tolérance répressive. Malgré tout, durant les quelques jours que dure l'événement, des échanges ont lieu entre divers spécialistes sur la problématique de la sécurité Internet.

Plus intéressant est le *Hackfest* annuel qui se tient à Québec. L'évènement offre des conférences en français et en anglais sur des questions touchant la sécurité informatique, des échanges sur les opportunités d'emploi, et l'occasion de nouer des relations d'affaires. Chaque année, une compétition des plus intéressantes, où des surdoués de l'ordinateur cherchent à *planter* les ordinateurs de leurs adversaires, suscite un enthousiasme délirant. On peut logiquement supposer qu'un tel regroupement offre aussi l'opportunité aux *cracks* du domaine de se refiler quelques trucs relevant du coup fourré pour pénétrer les grands secrets du système.

Le retour de la peste

« *Ils ne mouraient pas tous, mais tous en étaient frappés* » écrivit il y a longtemps Jean de la Fontaine dans sa fameuse fable sur la peste. Un mal qui frappa l'Occident au Moyen-Âge, et qui, en cinq ans, détruisit de 30 à 50 % de la population européenne. Mais en identifiant ce virus en 1894, le bactériologiste franco-suisse Alexandre Yersin était loin de s'imaginer qu'une autre forme de mal tout aussi virulent toucherait la technologie des hommes cent ans plus tard. Nous avons nommé le virus informatique, ce cancer électrifié de nos ordinateurs. Et avouons-le, presque tous en seront frappés.

La première apparition des virus informatiques[26], un type de logiciels dont l'objectif est de provoquer des dégâts dans les systèmes d'ordinateurs, remonte à 1986. Au fil des ans, plus de 10 000 attaques de ce type seront recensées à l'échelle de la planète !

Faisons d'abord une brève analyse des techniques d'attaque sur ordinateurs et Internet. Le tout suivi d'un bref rappel des offensives les plus marquantes. Première distinction importante : la différence entre un virus informatique, un cheval de Troie et un ver informatique, les trois formes majeures sous lesquelles se présentent les offensives virtuelles via les logiciels.

Le virus est essentiellement un logiciel destructif destiné à éliminer par exemple le contenu d'un disque dur, effacer des applications, générer une multitude d'erreurs de fonctionnement, ou même bloquer complètement l'ordinateur.

Le *cheval de Troie* est un outil destiné à administrer à distance un ordinateur. Outil, soit dit en passant, qui peut être parfaitement légitime.

26 Par analogie avec les virus biologiques, type de programme informatique extrêmement nuisible en raison de sa capacité à se reproduire et à insérer son code au sein d'autres programmes ou fragments de codes exécutables. Source : Larousse, ibid.

En le détournant de sa vocation première, et en le couplant à un virus, les objectifs pour les pirates sont nombreux : certains s'en servent comme d'un canular pour inverser l'écran ou transformer le curseur en petit animal dont l'intrusion permet l'espionnage et le sabotage, d'autres pour déplacer des fichiers ou détruire le contenu des mémoires en passant par la lecture des documents, ou paralyser complètement le fonctionnement d'un ordinateur. Comme on le voit, la liste des conséquences néfastes de telles intrusions est longue.

Enfin, le ver informatique est un logiciel qui se reproduit sur plusieurs ordinateurs en utilisant les réseaux informatiques. Si un virus l'accompagne, on imagine facilement l'étendue des dégâts. Un pirate peut donc pénétrer un ordinateur en se servant par exemple d'un courriel contaminé, ou en empruntant la connexion d'un autre ordinateur dont il usurpera l'IP, c'est-à-dire l'*Internet Protocol*, soit le numéro qui identifie chaque ordinateur sur Internet. Une usurpation d'identité en somme.

Un *hacker* peut aussi se servir d'un générateur de mots de passe aléatoires pour cerner celui de l'utilisateur. Une fois l'ordinateur contrôlé, rien de plus facile que d'y implanter un virus, un cheval de Troie ou un ver qui feront d'immenses dommages à une ou plusieurs machines.

Le premier véritable virus informatique à s'attaquer aux PC a vu le jour en 1986. Son nom : *Brain*. Sa provenance : la salle de travail des frères Farook Alvi à Lahore au Pakistan. Trois ans auparavant, le chercheur Fred Cohen avait pourtant fait une mise en garde appuyée en définissant le virus informatique comme étant « *un programme qui peut infecter d'autres programmes en les modifiant pour y inclure une version de lui-même.* » Il fallait donc être confronté à une défaillance technologique planétaire pour réaliser que le phénomène du sabotage en ligne était possible. La seconde tentative d'implantation d'un virus informatique à l'échelle mondiale a eu lieu six ans après *Brain*. En 1992, le virus *Michelangelo*, programmé pour se déclencher le 6 mars, date de l'anniversaire du peintre de Mona Lisa, Léonard de Vinci, fait beaucoup de bruit, mais n'infecte que 20 000 ordinateurs. Avec le virus ILOVEYOU, qui a frappé le 4 mai 2000, le monde informatique frise la catastrophe : à travers le monde, tant en Asie qu'en Europe et en Amérique, des millions d'ordinateurs sont alors touchés par le virus le plus virulent et le plus destructeur de l'histoire. Uniquement aux États-Unis, les dégâts sont estimés à un milliard de dollars.

Dans les récentes années d'autres dates sont à marquer d'une pierre blanche au chapitre des attaques contre les ordinateurs : 1999, *Melissa*, *Love Letter* en 2000, *Anna Kournikova* en 2001, *Blaster et SoBig* en 2003 et enfin, *MyDoom*, en 2004.

Jetons un coup d'œil sur la personnalité et les exploits de deux pionniers en la matière, Robert Morris et Ehud Tenebaum, qui réussirent à mener des attaques contre la force militaire la plus puissante de la planète.

Le 12 novembre 1998, Robert Morris Jr, alias Rtm, un jeune diplômé de Harvard et fils d'un patron de la National Security Agency (NSA), la plus puissante agence d'espionnage électronique de la planète, basée aux États-Unis, lance un virus sur le réseau Arpanet, utilisé pour les communications militaires en cas d'offensive nucléaire. Ayant localisé une faille dans les systèmes de messagerie électronique, le brillant étudiant mit au point un parasite numérique apte à se multiplier et à contaminer plusieurs milliers de machines, le tout provoquant un ralentissement considérable du réseau. Une journée plus tard, lorsque les spécialistes réussirent enfin à neutraliser le virus, ils prirent alors conscience qu'un simple petit programme développé par un étudiant, brillant il faut le dire, avait déstabilisé durant quelques heures l'un des principaux réseaux de la sécurité nationale américaine.

Alors que *Rtm* frappait les USA à partir de l'Amérique, un Israélien, manœuvrant sous l'alias *Analyser*, choisit de le faire à partir de l'étranger. Le 16 mars 1998, après un mois de traque informatique, les agents du FBI, informés par la police du pays, débarquent en Israël pour mettre aux arrêts la tête dirigeante d'un groupe de *hackers* qui avait eu le culot de s'introduire dans les ordinateurs du Pentagone, de la NASA, du MIT et du très secret centre américain pour l'armement sous-marin.

Ehud Tenebaum, un étudiant de 19 ans, fut longuement interrogé sur les intrusions touchant les institutions militaires et de recherche américaines, mais également sur des entrées dans les équipements de la Knesset, le parlement israélien. Sa seule défense consistait à dire qu'il ne voulait que vérifier les failles du système. Qualifié de « *vachement bon* » par le premier ministre israélien Benjamin Netanyahou, son action fut commentée par le secrétaire adjoint à la défense des États-Unis d'alors, John Hamre comme étant « *l'attaque la plus organisée à ce jour* » contre les intérêts américains. En 2001, le jeune Tenebaum fut condamné à trois ans d'emprisonnement, dont deux avec sursis, et à une amende de 18 000 $. Libéré, le jeune Tenebaum fonda sa propre agence de sécurité nommé 2XS. Mais en 2008, une nouvelle arrestation frappa cet informaticien de génie. Les autorités canadiennes lui reprochaient d'avoir détourné 10 M $ de banques turques, russes, suisses, hollandaises et allemandes.

Un écart majeur avec la loi déjà emprunté par le jeune et génial informaticien Vladimir Levin qui, en 1994, à partir de Saint-Pétersbourg, s'introduisit dans le réseau bancaire SWIFT pour détourner 10 M $ des comptes de la City Bank de New York, avait eu un grand prédécesseur en la personne de Stanley Rifkin. En 1978, cet ancien consultant en informatique avait détourné de cette manière 10,2 M $ de la Security Pacific Bank de Los Angeles.

Le casse numérique de Levin sera imité une décennie plus tard, mais en plus gigantesque, par le Britannique Hugh Rodley, lequel, avec une équipe de choc, tenta de détourner près de 350 M $ à l'aide de techniques informatiques hautement sophistiquées. Cette arnaque, organisée à l'échelle de la planète, échoua à cause d'un seul chiffre erroné pianoté par le *hacker* en chef du groupe, qui tentait de casser les codes de sécurité du réseau. Au XXIe siècle, le *hacking* ne se limite plus à infiltrer les ordinateurs. Avec l'extension des technologies de l'information, les incontournables TI, les apprentis sorciers de l'invasion des sources de communication, qui sont si fiers de l'être, s'emploient maintenant à pénétrer une foule de technologies. Les *hackers* s'intéressent aux livres mis en ligne par les éditeurs. Ils savent en briser les codes de protection et les proposer gratuitement sur la toile. Une première fut réalisée en 2001 lorsque le Russe, Dimitri Sklyarov, un jeune programmeur travaillant pour la société informatique moscovite Elcomsoft, perça le système de protection des textes au format PDF vendus par Adobe. Actuellement, des *hackers* comme celui connu sous le pseudonyme *iLoveCabbages* ont réussi à craquer le système de verrouillage DRM utilisé par les éditeurs, et à rendre public le code du logiciel grâce auquel les copies de livres sont accessibles sans frais.

L'iPhone est aussi l'une des cibles des *hackers*. Il y a deux ans, en Italie, après trois mois de travail intensif et en faisant notamment appel à la rétro-ingénierie, c'est-à-dire l'étude de la conception de l'appareil afin de déterminer son fonctionnement, une spécialiste des systèmes de sécurité, nommée Zibri, a réussi à débloquer le mobile de Steve Jobs et à offrir gratuitement et à tous le code d'ouverture surnommé ZiPhone. De quoi télécharger des milliers d'applications.

Même Twitter n'a pas été épargné. Un *hacker* français du nom de François Coustex est parvenu à prendre le contrôle de sa base de données avec le pouvoir d'entrer sur tous les comptes des abonnés du réseau social américain de minimessages. Ce Français, dont le nom de guerre est *Hacker Croll*, a été arrêté en mars 2010 et condamné à cinq mois d'emprisonnement avec sursis. Et les mesures de protection dans tout cela ? Force est de constater que les *hackers* à chapeaux noirs ont engendré leur propre antidote avec l'apparition des hommes à chapeaux blancs. Autrement dit, de preux chevaliers qui se sont donné comme mission de protéger, avec génie il faut le dire, l'ordinateur orphelin et la veuve Internet. En somme des héros de l'ordre établi. Avec souvent un passage initial obligé de l'autre côté de la loi. Histoire de se faire la main...

Né en Russie en 1965, Yevgeny Kaspersky passe pour l'un des meilleurs spécialistes de la sécurité informatique. Conférencier invité dans moult réunions d'experts pour parler de ses nombreux écrits techniques, il est le cofondateur de Kaspersky Lab, une société à rayonnement international dans la mise en marché de produits anti-virus. Diplômé de *l'Institut de cryptographie, des télécommunications et de la science informatique*, financé par le ministère de la défense et l'ex-KGB, Kaspersky, qui a développé toute une gamme de logiciels de protection, se fait le promoteur sur toutes les tribunes de l'obligation d'un passeport pour pouvoir accéder à Internet, un canal de télécommunication conçu à l'origine exclusivement pour les scientifiques et les militaires. L'accès grand public sans contrôle a donné lieu à tous les débordements et dangers que l'on sait.

En Allemagne, Bernd Fix, cofondateur du groupe *Chaos Computer Club* aux côtés de Wau Holland aujourd'hui décédé, passe lui aussi pour un héros de la protection informatique. Formé en astrophysique et en philosophie à la prestigieuse Université de Göttingen, auteur de la *Bible du Hacker*, il fut l'un des premiers à mener des études approfondies sur les virus informatiques, entre autres le virus dit de Vienne en 1987, et l'année suivante le virus VP 370 qui affectait les grands ordinateurs IBM.

Aux États-Unis enfin, John McAfee fut l'un des premiers scientifiques à concevoir des logiciels antivirus. Né en Angleterre en 1945, il reçut une formation de mathématicien au Roanoke College. Employé de la NASA à New York de 1968 à 1970, il passa ensuite chez Univac, puis chez Xerox, pour y acquérir une expérience des plus pointues dans les systèmes informatiques. Employé chez le grand avionneur Lockeed dans les années 80, McAfee se voit proposer d'étudier un virus en provenance du Pakistan. C'est là qu'il conçoit l'un des premiers antivirus à voir le jour. Ce passionné de yoga, qui écrira quelques livres sur le sujet, fonde en 1989 une entreprise, l'une des premières au monde spécialisée dans la conception d'antivirus, et invente un logiciel pour la diffusion de messages instantanés ayant pour nom *PowWow*. Frappé en plein cœur par le krach financier de 2008, il y perdra presque la totalité de sa fortune estimée à 100 M $. Il fonde alors la société Quorum Ex à Bélize, une compagnie qui se donne pour mission de trouver des produits naturels pour combattre les virus biologiques affectant l'homme. Une réorientation de carrière des plus surprenantes ! Dans ce domaine, comment ne pas mentionner aussi Fred Cohen, un éminent chercheur dans le domaine des virus informatiques, rattaché à l'Université de Californie, qui fit la démonstration qu'aucun algorithme ne pouvait infailliblement détecter un virus informatique.

En dépit de toutes les techniques mises en œuvre pour contrer le piratage, force est d'admettre que le moyen classique est la délation des auteurs de sabotages moyennant récompense. Cette méthode, qui a fait ses preuves du temps où Jesse James et Billy the Kid étaient pourchassés dans les plaines de l'Ouest américain, demeure d'une redoutable efficacité pour contrer les virus informatiques. En 2003, Microsoft, principale cible des pirates au fil des ans, opta pour une telle stratégie. Lors d'une conférence de presse aux côtés de représentants du FBI, des services secrets américains et d'Interpol, l'entreprise géante de Seattle annonça qu'un fonds de 5 M $ serait constitué pour la dénonciation de ces pratiques illégales.

Les résultats ne se firent pas attendre. En avril 2004, le jeune étudiant allemand Sven Jaschan était mis aux arrêts pour avoir mis en ligne les virus *Net Sky* et surtout *Sasser,* responsables du disfonctionnement de 70 % des ordinateurs contaminés à ce moment dans le monde et fonctionnant sous Windows XP. Il fut révélé par la suite que le jeune introverti, qui ne vivait que pour son clavier, avait été dénoncé par deux connaissances moyennant 250 000 $ versés par Microsoft. Le pirate écopa en 2005 d'une sentence de prison suspendue d'une durée de 21 mois. Entretemps, le jeune Sven fut embauché par la firme de sécurité Securepoint.

Le mot de la fin : on estime qu'en 2009, les dépenses encourues pour se protéger des virus informatiques ont atteint 5,9 G $. Au moment où ces lignes sont écrites, une évidence s'impose : les virus qui jadis envahissaient régulièrement nos ordinateurs se sont faits de plus en plus discrets pour ne pas dire rares au cours des dernières années.

Chasses à l'homme numérique

Deux hors-la-loi de la cybertoile, répondant aux noms de Kevin Poulsen et Kevin Mitnick, ont fait l'objet de chasses à l'homme exceptionnelles durant les années 1990. Ordinateurs, téléphones mobiles, médias électroniques… Toute une gamme d'équipements sophistiqués fut mise en œuvre pour les capturer. Des équipements qui ironiquement leur avaient servi à commettre leurs crimes. Kevin Poulsen avait une solide réputation dans l'univers des *hackers*. Il avait réussi l'exploit de pénétrer une compagnie nationale de téléphonie, Pacific Bell, les ordinateurs du FBI, et ceux de la NSA, véritable mecque de l'espionnage électronique aux États-Unis et dans le monde. Rien de moins. *Dark Dante,* c'était son surnom *underground*, tomba toutefois dans un piège grossier, auquel il aurait échappé si ses talents de *hacker* avaient été moins pointus.

Notre premier Kevin du fameux duo, voit le jour à Pasadena en Californie en 1965. Le père travaille dans la mécanique automobile. Sa belle-mère est enseignante à l'école primaire. Sa jeune sœur, Debbie, comptera toujours parmi ses admiratrices. Kevin, qui déteste les sports, particulièrement le football et tous les sports professionnels, inutiles à ses yeux, se réfugie dans les livres. Très rapidement, il s'intéresse aux documents à caractère technique.

Mais il peine à se concentrer à l'école où tout l'ennuie, école qu'il abandonnera à l'âge de 16 ans. Quelques mois après que ses parents lui eurent acheté un ordinateur chez Radio Shack, un TRS-80 qui se détaillait 200 $, sa passion pour l'ordinateur va de pair avec un véritable engouement pour tout ce qui concerne la technologie téléphonique. Au point de littéralement dévorer des manuels techniques de Bell et de pénétrer subrepticement les miniterminaux accessibles dans les lieux publics, afin de vérifier les équipements décrits dans les manuels d'entretien, et brancher des raccords de fortune pour se familiariser avec le b.a.-ba du métier de technicien.

Quand à la fin des années 70 lui parviennent des informations à l'effet que des marginaux de San Francisco, passionnés des ordinateurs et de la téléphonie comme lui, ont développé des techniques pour court-circuiter les réseaux téléphoniques, il se lance dans cette voie tête baissée. John Draper, alias *Captain Crunch,* qui se sert d'un sifflet émettant à la fréquence hertzienne 2600 pour tromper les équipements de Bell, et Steve Wozniak, avec ses boîtes bleues machiavéliques, deviennent vite ses idoles. D'autant que le film *War Games* sorti en 1983, et qu'il a regardé religieusement, le confirme dans sa vision que le monde appartient aux jeunes audacieux en technologies de l'information qui peuvent tout se permettre pour contourner le système. C'est à partir de ce moment que Kevin Poulsen se donne le nom de *Dark Dante,* un pseudonyme qui le mènera loin !

La carrière *underground* de Kevin Poulsen, alias *Dark Dante*, débute alors qu'il n'a que 17 ans avec une tentative réussie de pénétrer l'ordinateur de l'Université de Berkeley, passant ainsi du *phreaking*, l'exploration de la téléphonie, au *hacking* dirigé vers les ordinateurs, comme on le ferait pour un jeu. Puis, assisté de son jeune complice Ron Austin, il s'attaque à Stanford, haut lieu de la recherche informatique, avec des écarts du côté des institutions gérant les cartes de crédit. Juste ce qu'il faut pour faire de ces excursions sur le Net des expéditions payantes. Mais les deux *hackers* ont laissé des traces de leurs passages sur les ordinateurs de Stanford. Ce qui met le policier Duane Trump de la police de Los Angeles sur les traces de nos deux aventuriers de l'informatique. Aux États-Unis, l'année 1983 n'est pas l'époque idéale pour se donner une vocation de pirate informatique. Le groupe de *hackers 414*, qui a réussi à pénétrer au Memorial Sloan-Kettering de New York, une institution dédiée à la lutte contre le cancer, a semé la consternation dans le pays quant à la vulnérabilité du monde informatique. Tous les médias font leurs choux gras de cette nouvelle menace qui risque de tout bouleverser.

Mais la force de l'opinion publique a rarement valeur de preuve devant un tribunal. Bien que suspects de fraude en ligne par cartes de crédit, Kevin Poulsen et Ron Austin seront relâchés sans qu'aucune accusation ne soit portée contre eux suite à leurs actes délinquants.

Désormais familier avec le langage informatique UNIX, Kevin Poulsen laisse tomber son costume de *Dark Dante* et s'intègre au monde du travail. Il réussit à se faire embaucher dans des compagnies comme Sun Microsystems et même comme consultant pour la sécurité des équipements informatiques du Pentagone. Les années passent. En 1988, les autorités suspectent Poulsen d'avoir pénétré la banque de données du FBI, notamment dans le dossier du dictateur philippin Ferdinand Marcos. Kevin Poulsen retrouve alors son personnage de *Dark Dante* et prend la clé des champs. Durant 17 mois de cavale, aux côtés de ses complices Ronald Austin et Justin Peter, il multiplie les intrusions informatiques, notamment contre le FBI. Grâce à des fouilles inimaginables dans les dossiers secrets du service de police fédérale, il rend publiques des écoutes téléphoniques dirigées contre des consulats étrangers, des gangsters notoires et des groupes de défense des libertés civiles, tout en organisant des arnaques dignes d'une production hollywoodienne contre une station radiophonique de Los Angeles. KIIS-FM organisait en ondes des concours où des auditeurs pouvaient gagner des prix si leur appel correspondait à l'ordre décrété par la station. Ainsi, par exemple, la 102e personne à composer le numéro de la station pouvait gagner une automobile, ou un voyage de luxe. Dark Dante et ses complices réusssirent à court-circuiter le système d'appel de la station radiophonique de manière à loger, le temps venu, le 102e appel désiré. C'est ainsi qu'ils gagnèrent deux voitures Porsche et deux voyages à Hawaii. Intrusions informatiques et opérations frauduleuses mettront Kevin Poulsen sur la liste des criminels les plus recherchés au pays. Au point, que celui que les corps de police surnommaient *l'Hannibal Lecter du crime informatique* sera le sujet de l'émission télévisée *Unsolved Mysteries*. Le tout dans une atmosphère pour le moins hystérique. Les autorités ayant lancé en 1989 l'opération *Sundevil* contre le *hacking* et la fraude téléphonique. Ce qui justifiera de nombreux raids policiers d'un bout à l'autre du pays. La bonne fortune de Kevin Poulsen s'interrompt en 1991 lorsque l'employé d'un supermarché, qui l'a identifié à la suite d'une émission télévisée, lui met le grappin dessus, à la manière des *footballers* que Kevin a toujours détestés, et l'immobilise jusqu'à l'arrivée des policiers.

Kevin Poulsen passera cinq années en prison sans pouvoir bénéficier d'une quelconque libération conditionnelle. Les causes dans lesquelles il était impliqué étaient à ce point complexes qu'on ne réussira qu'à l'accuser de blanchiment d'argent. Crime pour lequel on le condamnera au temps passé en prison, plus une interdiction de posséder un ordinateur pour les trois prochaines années. Aujourd'hui, Kevin Poulsen a enterré *Dark Dante* à tout jamais. Il travaille comme journaliste à la pige pour des publications comme *Wired* et *Security Focus*. Ses idées ont bien changé. Il prône maintenant haut et fort que des lois plus dures ainsi que le renforcement des sentences d'emprisonnement sont les seuls moyens pour se prémunir contre le phénomène du cyberterrorisme.

Kevin Mitnick, alias *Le Condor*, en référence au personnage incarné par Robert Redford dans l'excellent film de Sydney Pollack *Les trois jours du Condor*, connu comme le plus célèbre pirate informatique des États-Unis, fut libéré de prison en l'an 2000, après avoir passé cinq ans derrière les barreaux du centre correctionnel fédéral de Lompoc en Californie. Conservant son éternelle allure d'adolescent, celui qui, à l'aide d'ordinateurs, avait pénétré les systèmes informatiques des sociétés telles Motorola, Novell et Nokia, dérobant au passage logiciels, plans de conception et autres données, tint à faire une déclaration aux médias dès qu'il recouvra sa liberté. Parlant des raisons qui l'avaient amené en prison, il déclara : « *Il ne s'agissait que de curiosité. Je voulais savoir aussi bien que possible comment fonctionnaient les réseaux téléphoniques et les systèmes de sécurité des ordinateurs.* » Ceux qui l'avaient traqué pendant de longs mois, en 1995, n'étaient sans doute pas de cet avis. Notamment Tsutomu Shimomura.

Mais commençons par le début.

Né en 1963, Kevin David Mitnick avait grandi dans la vallée de San Fernandino dans la Californie du Sud. Mais à la fin des années 70, il gravitait dans la banlieue de Los Angeles. On se souvient que l'époque avait vu naître et prospérer l'industrie de l'ordinateur personnel. Ses parents, issus d'un milieu modeste, étaient divorcés. Élève médiocre, d'un tempérament solitaire, il découvrit un domaine qui le fascinait : les réseaux téléphoniques. Comme la technologie était en pleine mutation, passant du mode analogique au mode numérique, il devenait possible, avec un ordinateur personnel et un modem, de donner à distance des commandes à une centrale téléphonique. Ainsi ceux qui avaient le goût du piratage pouvaient appeler gratuitement. Ils pouvaient également épier la vie des gens et les espionner. Comme bien des adolescents souhaitant contester le système, Mitnick avait tâté le *phone phreaking* puis le *hacking*. Mais à la différence de ses copains, il n'avait jamais abandonné ces pratiques. À trente-et-un ans, il avait déjà été arrêté cinq fois. Ses premiers ennuis avec la justice remontent à 1980. C'est en pleine connaissance de cause qu'il avait choisi alors de devenir un *cracker*, c'est-à-dire, un cambrioleur d'ordinateurs, et ce, plus pour le pire que pour le meilleur.

Précisons que, pour Mitnick, toutes ces opérations tenaient plus du canular que d'opérations financièrement rentables. Il détournait par exemple le service de renseignements téléphoniques en répondant « *la personne que vous recherchez est-elle blanche ou noire* ? » Il déconnectait le service téléphonique de gens qu'il n'appréciait guère, pénétrait une centaine de fois dans les ordinateurs du Pentagone, changeait le nom d'abonnés, déjouait les barrières de l'un des laboratoires de la NASA : voilà le genre de trucs que Mitnick et ses copains aimaient répéter à satiété. Mais lorsqu'il pénétra le système de localisation d'appels du

FBI, les choses devinrent plus sérieuses. Kevin se retrouva sur la liste des personnes recherchées.

La cavale de Mitnick durait depuis trois ans quand il commit un nouveau coup qui devait s'avérer fatal : l'intrusion dans l'ordinateur de Tsutomu Shimomura, un célèbre expert en sécurité informatique.

Né au Japon en 1964, plus précisément à Nagoya, le jeune Japonais immigra aux États-Unis en bas âge. Ses parents étaient deux célèbres chercheurs en biologie et en pharmacologie. Son père recut un prix Nobel en 2008, et décrocha un poste à Princeton. Turbulent mais extrêmement doué, Tsutomu fréquentera de nombreuses institutions avant de trouver sa voie en physique à l'Université de Californie. Il y suivra notamment des cours avec l'un des grands physiciens du siècle, Richard Feynman. Mais sa passion allait aux ordinateurs. Dès l'âge de dix ans, l'appareil lui était pour ainsi dire tombé dans l'œil. Il occupait ses heures libres à fureter à l'université où travaillait son père, à la recherche d'ordinateurs qui répondaient à ses curiosités. De 10 à 15 ans, il fait seul l'apprentissage des langages informatiques. Le BASIC d'abord, puis le C. Très tôt il accède aux études universitaires. Il tente le MIT, puis se rabat sur l'Université de Californie. Là, en plus de ses études en physique, il participe à des projets informatiques. Notamment sur de nouveaux ordinateurs massivement parallèles, et à l'élaboration de logiciels permettant de contrer la piraterie informatique.

Le jour de Noël 1994, il réalise qu'on est entré par effraction dans son ordinateur. Ayant su habilement détecter une faille dans l'architecture du réseau, Kevin Metnick a encore frappé. Toutefois, le pirate n'a pas prévu que le pare-feu de l'ordinateur expédierait une copie des fichiers à un autre ordinateur. L'intrusion a provoqué une alarme automatique. La riposte s'organise rapidement. Shimomura s'associe au FBI. La chasse à l'homme débute.

Dirigée par l'informaticien japonais, l'équipe réussit tout d'abord à localiser le service d'accès à Internet utilisé par Metnick. De là, on localise Raleigh en Caroline du Nord, comme lieu possible de résidence du fugitif.

Une fois dans cette ville, on lance une vaste opération goniométrique pour localiser le téléphone mobile dont se sert le responsable de l'intrusion chez Shimomura. Le 15 février 1995, les agents du FBI mettent Kevin Metnick en état d'arrestation. La sentence de plusieurs années de prison imposée par le juge sera à l'époque l'une des plus dures jamais infligées pour ce type de délit. Tsutomu Shimomura aura cette réflexion, plutôt étrange de la part d'un scientifique transformé un moment en shériff informatique : « *De nos jours, les remparts électroniques qui se dressent un peu partout sur le Net constituent la preuve la plus visible de la disparition de cet esprit de confiance et des valeurs originelles de la communauté des hackers. C'est une perte pour nous tous.* ».

Les tigres attaquent

Le philosophe Nietzche écrivait « *l'État est le plus froid de tous les monstres froids.* »

Dès lors faut-il être surpris que les entités gouvernementales les plus puissantes de la planète soient au centre de la piraterie informatique ? Tout en dénonçant et criminalisant haut et fort ce type de pratiques.

On parle beaucoup des *hackers* qui pénètrent les réseaux, font des écoutes en ligne, fouillent les diverses banques de données, paralysent les opérations d'échanges et sabotent les ordinateurs. Ce que l'on sait moins, en revanche, c'est que nombre d'États dans le monde, particulièrement la Chine, les États-Unis, la Russie, l'Allemagne, la Grande-Bretagne et Israël, maintiennent des équipes très secrètes de spécialistes chargés de ces opérations. Le Canada lui aussi s'est récemment doté d'un budget de 90 M $ à cet effet. Un effort financier à l'évidence très éloigné du montant de 1 G $ consacré par la Grande-Bretagne sur une période de quatre ans. Le prétexte toujours évoqué est de tester la vulnérabilité des systèmes de communication en place. Le moins avouable, c'est que ces équipes de choc élaborent et appliquent également des menées offensives. Jetons un bref coup d'œil sur ces équipes censées nous protéger contre les cyberattaques.

Dans le langage militaire, un *tiger team* est défini comme une équipe chargée de tester ses propres défenses, afin d'identifier la vulnérabilité des systèmes et d'y remédier. Par exemple, une base d'aviation pourra être prise d'assaut par un commando allié qui tentera d'avoir accès au matériel sensible sur les lieux, de manière à démontrer les failles des mesures de sécurité.

Le terme de *tiger team* devait logiquement gagner ses lettres de noblesse dans le domaine de l'informatique où les systèmes d'ordinateurs sont constamment vérifiés pour se prémunir contre différents types d'attaques. Les *tiger teams* prennent aussi les noms plus techniques de *penetration testers* et de *security testers*. Force est de reconnaître qu'au fil du temps, les *tiger teams* ont privilégié l'attaque plutôt que la défense, l'attaque étant, comme on le sait, la meilleure des défenses. D'autant que la guerre sur la Toile semble être devenue un terrain d'affrontements stratégiques incontournables.

L'actualité récente illustre parfaitement le fait que les terrains d'affrontements se sont déplacés vers l'univers des communications. Les militaires parlent même du cyberespace comme d'un cinquième théâtre d'opération aux côtés de la terre, la mer, l'air et l'espace. L'idée d'une invasion du Web comme objectif stratégique se conçoit parfaitement, lorsqu'on sait qu'une centaine d'armées se sont dotées de moyens pour y mener le combat.

En 1999 sous l'administration Clinton, en pleine guerre du Kosovo, l'armée américaine, qui avait réussi l'année précédente à pirater le système de défense aérienne serbe, songea un moment à monter une attaque informatique contre les comptes bancaires du président Slobodan Milocevic, promu ennemi de l'heure. L'opposition de certains pays de l'Otan fit échouer cette stratégie.

Il faudra attendre le 21e siècle pour que se déclenchent des attaques contre des pays occidentaux en l'absence de tout état de guerre.

En 2003, plusieurs institutions et entreprises comme la NASA et le constructeur aéronautique Lockheed Martin sont victimes d'attaques informatiques sur le sol américain, attaques déclenchées selon toute vraisemblance par des *hackers* gouvernementaux chinois et russes.

Mais c'est en 2007-2008 que deux véritables cyberguerres sont déclenchées par les Russes contre l'Estonie et la Georgie. Dans un contexte agité de remise en question de l'ancien envahisseur soviétique, les Russes ciblent les sites Internet des institutions estoniennes rebelles comme le Parlement, les banques et les médias. Cette attaque, une première en fait, sera qualifiée de *Web War 1*. Les *hackers* russes, encore une fois, sans identification officielle, faut-il le préciser, pirateront les sites du gouvernement georgien alors que ce pays tente d'envahir l'Ossétie, un allié de la Russie.

À la même époque, la Chine emboîte le pas à l'ex-grand frère russe.

En juin 2007, les *hackers* de l'Armée populaire de libération de Chine, estimés à 180 000 personnes par le FBI, et reliés à des dizaines d'universités et centres de recherche, réussissent à pirater le système utilisé par le secrétaire américain à la défense d'alors, Robert Gates. Autrement dit, une partie des équipements du Pentagone, qui comprennent au total 3,5 millions d'ordinateurs répartis dans 65 pays et reliés par 35 réseaux internes, fut sévèrement touchée. Les autorités durent alors mettre hors-service, durant une semaine, une partie du système contaminé par des fichiers corrompus. Le ministère chinois des affaires étrangères rejeta énergiquement toutes les accusations. Bien que le géant asiatique n'ait jamais fait mystère de son projet d'acquérir ce qu'il nommait la *suprématie électronique*. À la même époque, d'autres pays comme l'Allemagne, la Grande-Bretagne, la France et la Nouvelle-Zélande déplorèrent le même type d'intrusions de la part des Chinois. Une étude réalisée en 2009 par le Centre Munk de l'Université de Toronto démontra qu'au cours des deux dernières années, les *hackers* de Chine avaient mené des attaques contre 1 295 ordinateurs dans 103 pays.

Bien qu'il s'avère extrêmement complexe de connaître les capacités et les stratégies d'attaque dans le cyberespace, une mission impossible surtout s'il est question des ennemis de l'Occident, deux déclarations de responsables américains au cours des dernières années ne laissent planer aucun doute sur la réalité de cette volonté de puissance au sein des forces alliées.

En janvier 2000, Richard Clarke, chef de la cellule antiterroriste du Conseil national de sécurité américain déclarait : « *Nous avons appris ces deux dernières années que plusieurs pays avaient mis au point des unités de guerre de l'information, des organisations et des stratégies. Cela ne signifie pas qu'ils vont s'en servir, mais ils les développent, les améliorent.* » Déjà le constat traduisait une nette volonté de réagir. Et puis, Richard Clarke connaissaît fort bien le témoignage qu'avait déposé un groupe de *hackers* appartenant au groupe *L0pht* de Boston, deux ans plus tôt devant un sous-comité du Congrès. Appartenant à la mouvance des *chapeaux blancs,* les *hackers* multiplièrent exemples et exhortations pour démontrer qu'Internet pouvait être complètement interrompu en 30 minutes. Dix ans plus tard, le ton des autorités et l'orientation ont monté de plusieurs crans. William Lynn, secrétaire adjoint à la défense du gouvernement Obama, déclare que son pays doit dépasser la mentalité de forteresse assiégée et se doter, nous citons : « *de la capacité de pourchasser et d'attaquer les intrus qui ont réussi à franchir les premières lignes de défense.* » En clair, l'arsenal classique à base d'antivirus et de pare-feu ne suffit plus. L'heure est à l'attaque. Les Américains ont les ressources qu'il faut pour le faire.

La National Security Agency (NSA) abrite en son sein le X Group Special Access Systems formé de super *cracks* de l'informatique chargés précisément de ces missions. Mais avant d'aller plus loin, un mot d'abord sur cette superagence de renseignement, évoquée à quelques reprises dans ces pages.

Fondée en 1952, la NSA/CSS pour *National Security Agency/Central Security Service/Agence de Sécurité nationale/Service central de sécurité* est, comme le précisent les documents officiels, un organisme gouvernemental des États-Unis responsable de la collecte et de l'analyse de toutes les formes de communications aussi bien militaires que gouvernementales et commerciales, ou même personnelles, véhiculées par tous les modes de transmission : téléphonie, radiodiffusion, Internet et autres. À ce volet s'ajoute la cryptographie dont nous aurons l'occasion de parler plus loin.

Basée au Maryland et relevant du Département de la défense, La NSA/CSS emploie plus de 38 000 personnes, jouit d'un budget annuel qui dépasse les 4 G $ et utilise le parc d'ordinateurs le plus puissant de la planète. Plus d'une douzaine de supercerveaux électroniques au total dont la puissance conjuguée atteint 13 572,8 gigaflops. Quand on sait qu'un gigaflop est une mesure de vitesse de calcul qui équivaut à un milliard d'opérations à la seconde, on peut s'imaginer sans peine que, théoriquement et en temps réel, la NSA/CSS peut analyser les quelque 140 milliards de courriels émis chaque jour, courriels auxquels s'ajoutent, toutes les vingt secondes, 680 000 recherches sur Google, 140 000 interactions sur Facebook et 12 000 paiements électroniques. De plus, l'organisme d'espionnage a accès aux moyens les plus sophistiqués pour la cueillette d'informations : avions espions, sous-marins pour les câbles de transmission immergés par lesquels transitent 80 % du trafic Internet, satellites, radiotélescopes.

Précisons qu'à ces moyens high tech, destinés à la collecte des informations, s'ajoute l'entière collaboration de tous les intervenants du vaste secteur des télécommunications, tels que les fournisseurs d'Internet, les compagnies de téléphonie, les messageries électroniques, et bien d'autres encore. Dernier point qui a son importance : la NSA/CSS est le plus grand employeur de mathématiciens, d'informaticiens et d'électroniciens au monde ! Un *think tank* unique au monde et exclusivement voué à l'espionnage.

Le *X Group Special Access Systems*, le département le plus secret de la NSA, regroupe des diplômés en informatique, ou en voie de l'être, de l'école militaire de Fort Meade, qui constituent l'élite de l'élite de ce haut-lieu de l'écoute électronique dans le monde. Leur mission : aller chercher au cœur même des systèmes informatiques les informations petites et grandes conservées par des protagonistes risquant un jour de devenir des ennemis et élaborer des tactiques offensives sur l'ensemble des réseaux de communication.

À l'évidence, les *penetration testers* sont à l'œuvre. Leur puissance peut être infinie. Oublions les doux rêveurs qui se réunissaient au *Homebrew Computer Club* et autres cybercafés. Formés dans les meilleures universités américaines comme Stanford, le MIT et Carnegie Mellon, où ils sont recrutés, ces *cracks*, comme le rapporte Jean-Paul Ney dans son excellent livre *Souriez, on vous espionne,* connaissent à la perfection toutes les techniques reliées à l'informatique ainsi que les langages Unix, Linux, Windows NT, Java, Perl et C. De plus, ils maîtrisent à fond le fonctionnement de tous les serveurs en fonction. Les subtilités techniques des pare-feu et autres antivirus n'ont aucun secret pour eux. Par ailleurs, pour les conseiller sur des problèmes techniques très pointus, on leur adjoint souvent des scientifiques de haut niveau et des technologues formés dans une large gamme de disciplines. Ces *hackers* d'État jouissent des superéquipements énumérés plus haut pour agir efficacement en toute circonstance. Ces femmes et ces hommes à la fine pointe des techniques high tech ont la latitude pour monter des attaques n'importe où, en Amérique ou dans le monde, contre les systèmes informatiques alliés du Pentagone et des autres agences gouvernementales, et ce, afin de détecter des failles éventuelles.

Le défi de tracer le profil de l'un de ces *hackers* des services publics est quasi insurmontable, leur identification étant classée secret d'État*, Top secret.* Mais récemment, un tragique fait divers survenu en Grande-Bretagne a mis en lumière la personnalité de l'un de ces super *cracks* de l'ombre.

Au mois d'août 2010, le corps de Gareth Williams, 31 ans, est découvert dans son appartement de Pimlico, quartier de la cité de Westminster, au cœur de Londres. Assez rapidement la nouvelle circule que Williams fait partie du MI6 pour *Military Intelligence Section 6,* le service de renseignements extérieurs du Royaume-Uni. Des hypothèses s'échafaudent. Aurait-il été assassiné par un service d'espionnage rival ?

Des groupes auraient-ils tenté de s'emparer d'informations sensibles en sa possession ? Le mystère s'évanouit avec les résultats de l'autopsie. Gareth Williams a succombé à une suffocation relative à une asphyxie érotique. Il s'agit d'une pratique au cours de laquelle on cherche à accroître la jouissance par le déficit d'oxygène au cerveau dans un contexte auto-érotique. Une pratique sexuelle déviante souvent associée au fétichisme qui occasionne annuellement entre 250 et 1 000 décès aux États-Unis.

Il s'ensuivra alors une foule d'informations sur la victime. Hormis son appartenance au MI6, Gareth Williams était rattaché au GCHQ, le service de renseignement électronique du gouvernement britannique. L'équivalent du NSA dans ce pays. Ex-étudiant de Cambridge où il était présent aux cours un jour sur cinq, et considéré comme un véritable génie en mathématiques, Garreth sera recruté en 2001 par des spécialistes du centre de renseignement. Le salaire n'a rien de faramineux pour sa compétence : 40 000 livres sterling par année. Ce qui l'attire, c'est le défi de travailler quasi clandestinement dans des secteurs hautement névralgiques, ce qui convient parfaitement à son tempérament. Solitaire convaincu, il n'en a que pour les superordinateurs de la boîte et les mystères de la cryptologie qu'il déchiffre sans problèmes. Son autre passion, c'est la parfaite forme physique qu'il entretient par des séances fréquentes au gym et des randonnées cyclistes qu'il réalise en véritable professionnel. Très tôt, on lui confie des missions techniques reliées à des secteurs très sensibles comme les réseaux de communications des Talibans, ou les systèmes de sécurité des échanges monétaires interbancaires du pays. Il fera même un stage en 2006 à Fort Meade auprès de confrères américains pour affiner ses techniques d'analyse. Sans femme ni ami connu, Gareth Williams menait une existence spartiate dans un meublé dépourvu de télévision et de musique. Parlant peu à ses voisins du quartier, il est tout entier absorbé dans le dévoilement des secrets informatiques du monde et dans la dissimulation de son monde intérieur. Un portrait qui ne réflète sans doute pas le profil de la majorité des membres liés aux réseaux de *hackers* légaux, mais qui en dit long sur le type de génies dignes d'intérêt pour les services de renseignement du monde.

Partout en Occident, c'est donc le branle-bas de combat pour se doter des moyens de lutte appropriés.

En 2008, en Estonie, on met sur pied le CCDCOE, le *Centre de recherche et de formation de l'Otan* consacré à la cyberdéfense. Financé par l'Allemagne, l'Italie, l'Espagne, les pays baltes, et la Slovaquie, il est soutenu par les États-Unis.

En 2009, Washington s'est doté d'un organisme hyperspécialisé, chargé de mener une éventuelle cyberguerre : l'*USCybercom*. Placé sous l'autorité directe de l'état-major de l'armée américaine, fort d'un millier d'hommes et doté d'un budget dépassant les 120 M $, il a pour mission d'unifier les différents organismes de la sécurité militaire et de renforcer les capacités d'intervention des États-Unis dans ce secteur. Comme le confiait le général Keith Alexander, « *les États-Unis doivent pouvoir faire feu contre un cyber-attaquant de façon rapide et puissante, voire contrer ou détruire une menace, même si l'identité de l'agresseur n'est pas connue.* »

D'autres pays, l'Allemagne par exemple, se sont aussi dotés au cours des dernières années de groupes de défense et d'attaque sur Internet, similaires à ceux que l'on retrouve aux États-Unis. À Tomburg, petite localité de Rheinbach près de Bonn, 76 spécialistes, rattachés à la Bundeswehr et placés sous la direction du général Wilhelm Kriesel, expérimentent, depuis 2006, les dernières méthodes pour infiltrer, explorer, manipuler ou même détruire des réseaux informatiques étrangers. Baptisé *Département des opérations de renseignement et de réseaux,* le groupe est très conscient, comme ses homologues, qu'Internet s'est transformé en champ de bataille virtuel et que cette guerre virtuelle n'est pas un vain mot.

Soulignons que des groupes privés et étrangers participent à cet effort de lutte contre le piratage à grande échelle qui pourrait être déclenché par des États. En 2003, des chercheurs, sous la direction de Serge Vaudenay de l'École polytechnique fédérale de Lausanne en Suisse, ont trouvé une faille dans le système de sécurisation des transactions par Internet le plus répandu, le SSL pour *Secure Socket Layer/Couche d'interface de connexion sécurisée*, réputé inviolable. En développant un programme qui permet d'intercepter un mot de passe, les scientifiques ont pu ensuite usurper l'identité de l'utilisateur. Les résultats de la recherche ont ensuite été transmis à la communauté internationale.

Comme on peut le constater, la guerre virtuelle est engagée. Et les *tigres* de l'Occident ne devraient pas trop mal paraître dans ce combat qui s'annonce long, complexe et périlleux.

La guerre du secret

Un des grands débats qui agitent aujourd'hui le monde de l'informatique est lié au secret des communications en ligne. En Amérique, au moins deux clans s'affrontent. D'un côté, la National Security Agency (NSA) qui est, comme nous l'avons vu précédemment, le plus grand service de renseignements au monde. Cet organisme s'oppose à ce que des particuliers puissent mettre au point et utiliser des techniques visant à préserver la confidentialité des informations, notamment celles qui circulent sur Internet. Face à ce géant de l'écoute électronique, trois hommes, dépourvus de moyens, plaident, chacun à leur façon, pour le droit à la confidentialité des échanges sur la toile : Timothy May, Philip Zimmerman et Daniel J. Bernstein. Leurs seuls atouts : l'intelligence, le courage et la détermination. Et pas mal d'appuis aussi. Les deux thèses qui s'affrontent peuvent se résumer comme suit.

Les partisans de l'interdiction ou de la limitation très stricte de l'encodage des messages sur Internet, dont la NSA fait partie, ont pour argument que l'espionnage électronique sous toutes ses formes a toujours été une arme de choix des forces de l'ordre dans sa guerre contre la criminalité. Sur Internet, on s'inquiéterait particulièrement des menées subversives de ce qu'on appelle les *quatre chevaliers de l'apocalypse*, c'est-à-dire les trafiquants de drogue, les mafias, les terroristes et les pédophiles. Si ces gens que l'on dit menaçants avaient la possibilité de rendre quasiment inviolables leurs communications, on pourrait, selon eux, craindre le pire pour la sécurité des sociétés.

Les défenseurs de l'accès pour tous à la libre utilisation de la cryptologie plaident que nous sommes entrés dans l'ère de l'information, et que celle-ci est devenue le bien le plus précieux des sociétés postindustrielles. Il serait donc impérieux de protéger tous les renseignements qui circulent autour du globe par les techniques liées à la science du codage des informations. Sans compter que le droit à la vie privée est pour eux inviolable, et ce, de manière absolue.

D'abord quelques mots sur la cryptologie qui englobe en fait deux disciplines : la cryptographie et la cryptanalyse.

La cryptographie est la science qui permet de créer des codes et des chiffres afin de rendre les messages incompréhensibles à quiconque ne possède pas les moyens de les déchiffrer. La cryptanalyse de son côté est l'art de décoder ces messages dont on ne possède pas la clé ou le chiffre, ce qui les rend inaccessibles. Donc le cryptographe, par le biais d'un code, transforme un message clair, normal, en un message codé. Et le décryptage permet de reconnaître le code et de découvrir la clé qui dévoilera le contenu du texte normal sous le texte codé. Il va de soi que le destinataire d'un message codé, s'il veut accéder au contenu, doit posséder la clé qui lui permettra de déchiffrer un texte, qui est de prime abord incompréhensible. Mais le grand problème qui s'est toujours posé est d'expédier cette clé, ce code de manière sécuritaire. Il est donc nécessaire de posséder une ligne de transmission sécurisée. Sinon un tiers peut intercepter cette clé en piratant la ligne de transmission, de même que tous les messages ainsi que leur caractère secret. Cette problématique est vieille comme le monde. Il y a deux mille ans, Jules César faisait parvenir des messages codés lors de ses expéditions militaires en Gaule. C'est avec l'invention de la cryptographie à clé publique, que l'on nomme aussi cryptographie asymétrique, que réside la solution.

Il n'entre pas dans nos intentions d'expliquer en détail les techniques éminemment complexes de ce procédé à base de mathématiques. Qu'il nous suffise de mentionner que la méthode de chiffrement utilise une clé publique, donc ouverte à tous. Et qu'une clé privée, donc secrète, permet de déchiffrer les textes. Une technique d'une redoutable efficacité. Avant le milieu des années 70 aux États-Unis, c'est dans ce pays que la controverse a éclaté et perdure toujours, l'Agence de sécurité américaine (NSA) avait le monopole de la cryptographie. Les méthodes étaient confidentielles et réservées aux grands services d'État que sont l'armée et le corps diplomatique. La construction des dispositifs de chiffrement était confiée à des spécialistes liés à ces corps publics. En 1976, tout change avec la publication d'un article intitulé *De nouvelles voies pour la cryptographie.* Cet article décrivait ce que les spécialistes nomment la cryptographie à clé publique. On doit cet article à deux chercheurs de Stanford, Whitfield Diffie et Martin Hellman, qui apportaient une solution théorique au problème de la transmission de la clé pour déchiffer les messages camouflés. C'est ce que l'on nomma la *méthode d'échange de clés Diffie-Hellman*. Des recherches démontreront que c'était plutôt un génial mathématicien et ingénieur anglais du nom de Malcolm John Williamson, rattaché au GCHQ (*Government Communication Headquarters)* du Royaume-Uni durant une dizaine d'années, l'équivalent de la NSA aux États-Unis, qui fit cette importante découverte en 1974. Il faudra pourtant attendre 1978 pour que trois autres chercheurs, Ronald Rivest, Adi Shamir et Leonard Ademan livrent une application pratique du procédé qu'ils nommeront RSA, une abréviation tirée de leurs trois noms. Ces réalisations permirent de lancer la recherche sur la cryptographie tant dans les milieux universitaires qu'au sein d'entreprises privées. En effet, avec l'émergence de la communication en ligne, la nécessité de la confidentialité devenait évidente. Tant et si bien que, de nos jours, les meilleurs systèmes cryptographiques sont conçus en-dehors des services étatiques et militaires. Ce que certains garants du pouvoir perçoivent comme une immense menace à la sécurité publique.

Il faut dire que les idées qui animaient et motivent toujours les défenseurs de la cryptologie grand public partent d'un contexte on ne peut plus menaçant pour les libertés publiques.

La dérive sécuritaire actuelle, conséquence des attentats du 11 septembre 2001, dérive qui fait suite à la longue paranoïa ayant perduré pendant les décennies de la Guerre froide, s'est concrétisée par un projet à la *Big Brother* que même George Orwell, auteur du célèbre roman *1984,* n'aurait pu imaginer. Le projet *Total Information Awareness* proposé en 2002 par l'admiral John Poindexter dans le cadre de l'ARPA pour *Defense Advanced Research Projects/Projets de recherche avancée de défense,* transformé sous le poids des critiques en un projet d'informations anti-terroristes avant d'être abandonné, nous en dit long sur la manière de penser de certains politiciens et de certains fonctionnaires. En gros, l'ambition des pontes du Pentagone équivalait, et nous nous référons ici à un texte du journaliste d'origine espagnole, Ignacio Ramonet, à une menace sans précédent de la vie privée : « *le plus délirant de tous les projets d'espionnage qu'élabore le Pentagone est un système de surveillance totale des informations. Le projet consiste à collectionner une moyenne de 40 pages d'informations sur chacun des 6,2 milliards d'habitants de la planète et à confier leur traitement à un hyperordinateur. En centralisant, en croisant et en traitant toutes les données personnelles disponibles - paiements par carte, abonnements aux médias, mouvements bancaires, appels téléphoniques, consultations de sites Web, courriers électroniques, fichiers policiers, dossiers des assureurs, informations médicales et de sécurité sociale - le Pentagone comptait établir la traçabilité complète de chaque individu.* »

Le projet était d'autant plus dangereux que les États possèdaient depuis des années la capacité technologique pour recueillir et analyser de telles informations. Au chapitre précédent nous avons évoqué l'immense capacité de certains ordinateurs actuels. À cette puissance informatique, il faut ajouter des services de renseignement comme *Echelon*, qui impliquaient les États-Unis, le Royaume-Uni, le Canada, l'Australie et la Nouvelle-Zélande. *Echelon* permettait à des milliers de spécialistes, répartis partout sur la planète, d'intercepter toutes les formes de communications, notamment par satellites artificiels et par l'utilisation de sous-marins espionnant les câbles de transmissions sous les océans. Comme on le constate, la menace d'espionnage tous azimuts ne relève plus de la science-fiction. Le projet d'une intrusion massive, c'est-à-dire dans les moindres recoins et détails de nos existences, demeure bien présent. Une menace qui est toujours d'actualité, la frilosité constatée des policitiens pouvant se révéler passagère.

Comme nous le disions en début de texte, trois hommes vont monter aux barricades.

Timothy May, ingénieur, chargé durant des années de la recherche scientifique chez Intel, le géant mondial des semi-conducteurs, sera l'auteur du *Manifeste crypto-anarchiste*. Scientifique de très haut niveau, il résolut le *problème des particules alpha* qui affectait le fonctionnement des circuits intégrés, problème occasionné par la gaine de céramique qui entourait le dispositif. Cette gaine fut remplacée par une structure à base de plastique. Timothy May s'engagea résolument dans la mouvance crypto-anarchiste, dont il fut l'un des fondateurs dans les années 1990, en prônant résolument l'emploi de clés publiques et de la cryptographie dans le but de renforcer le secret, l'intimité et la vie privée sur Internet. Un moyen à développer parallèlement à l'action politique. Pendant des années, le scientifique s'activa sur un blog, la fameuse liste *Cypherpunks*, où il multiplia les écrits pour défendre la cause. Dans son fameux manifeste, il déclare au sujet de la cryptologie : « *la découverte apparemment mineure venue d'une obscure branche des mathématiques deviendra les pinces coupantes qui démantèleront le fil de fer barbelé qui entoure la propriété intellectuelle.* »

Né en 1971 et d'origine allemande, Daniel J. Bernstein poursuivit avec succès l'État américain contre une réglementation interdisant la publication de codes cryptographiques. Mathématicien spécialisé en cryptologie, formé à New York et Berkeley, il deviendra enseignant à l'Université de l'Illinois à Chicago. Daniel Bernstein inventa une foule de logiciels et de techniques informatiques, comme par exemple un algorithme de hachage des messages et un système alternatif d'envois postaux par courriels, avant de s'attaquer à la loi américaine.

C'est alors qu'il était étudiant en Californie en 1995, que Daniel Bernstein décida, fort de l'appui d'un groupe de pression, nommé *Electronic Frontier Foundatio*n, d'attaquer la réglementation américaine concernant l'interdiction des logiciels destinés au cryptage des communications. Il faudra deux ans pour que la Cour d'appel du pays donne raison au chercheur, déclarant entre autres que l'interdiction était en contradiction flagrante avec le premier amendement de la Constitution américaine garantissant le droit de parole. Enfin, Philip Zimmerman se montrera à la hauteur de ses convictions en mettant en marché un logiciel grand public destiné précisément à protéger nos secrets, petits et grands. « *Si l'intimité est mise hors la loi, seuls les hors la loi auront une intimité* » disait il. Cette phrase du créateur de *Pretty Good Privacy* (PGP), le logiciel de chiffrement de courrier électronique le plus utilisé au monde, qui lui vaudra d'ailleurs un long procès, traduit bien dans quelle position se placent ceux et celles qui se battent pour que l'intimité et les secrets de nos vies échappent aux États tout puissants. En affrontant la puissante NSA, Philip Zimmermann a donc payé cher son engagement résolu en faveur des droits individuels. En effet, son logiciel fut l'objet d'une enquête criminelle de trois ans, ouverte à l'initiative des Douanes américaines. En 1996, les autorités abandonnèrent finalement la procédure. Le gouvernement lui reprochait alors d'avoir violé les restrictions sur l'exportation de logiciels de cryptographie en diffusant PGP dans le monde entier. PGP avait été offert sur la Toile en 1991 comme logiciel libre. Il s'agit d'un logiciel de chiffrement et de signature de données fiable et facilement utilisable fondé sur la clé asymétrique ou clé publique. Zimmermann, un physicien spécialisé en informatique issu de l'Université de Floride, est aujourd'hui associé au Center for Internet and Society de la Stanford Law School. Il est aussi le créateur de *Zfone*, un logiciel multiplate-forme de chiffrements des flux de communication de téléphonie sur Internet, fonctionnant en P2P. Le logiciel grand public de Philip Zimmerman fut suivi d'un appel à tous pour la promotion de la cause. Ce qui ne surprend guère de la part d'un homme qui osa s'attaquer aux organismes les plus puissants des États-Unis. « *Ce serait excellent,* avance-t-il, *si tout le monde utilisait la cryptographie de manière systématique pour tous ses courriels, qu'ils soient innocents ou non, de telle sorte que personne n'attirerait la suspicion en protégeant l'intimité de ses e-mails par la cryptographie. Pensez à le faire comme forme de solidarité.* »

L'ouragan Cyberculture

Les innovations technologiques qui ont engendré la révolution informatique entraînent des changements culturels, sociaux et politiques dont la profondeur et l'ampleur échappent à toutes prévisions. Mais les leçons de l'histoire peuvent nous apporter des pistes d'interprétation.

Lorsque l'imprimerie apparut en Occident à la fin du Moyen-Âge, qui aurait pu prévoir que l'accès aux textes entraînerait, moins d'un siècle plus tard, la Réforme protestante et un schisme religieux dont les répercussions changeront à jamais la face du monde ?

Qui aurait imaginé que la mise au point de la télégraphie, puis de la téléphonie sans fil au tournant des XIXe et XXe siècles allaient contribuer à étendre et consolider les empires coloniaux aux quatre coins du globe. Militarisés à outrance, ces empires déclencheront des conflits qui embraseront la planète toute entière.

Au cours du vingtième siècle, pour paraphraser Marshall McLuhan, la radiophonie et la télédiffusion feront de l'univers un village global, et de l'opinion publique une force politique omniprésente et incontournable.

Actuellement, le cybermonde que le Robert définit comme étant « *un ensemble de données numérisées constituant un univers d'information et un milieu de communications, lié à l'interconnexion mondiale des ordinateurs* », est constitué de 1,5 milliard de personnes branchées sur le Web et de plus de 4 milliards d'utilisateurs de mobiles. Tous peuvent communiquer instantanément en tous lieux et en tout temps, et avoir accès à des sources d'informations dépassant l'imagination. De ce cybermonde naît une cyberculture qui s'articule autour du concept clé d'interaction. Concept qui fait de tout un chacun un témoin et un acteur de l'activité humaine globale. Les jeunes générations sont évidemment les plus touchées par cette métamorphose radicale de notre mode de vie, car ce sont elles qui s'y investissent à fond. Comme le souligne le sociologue français Pascal Lardellier : « *Derrière cette révolution technologique se cache une idéologie composite, à laquelle les adolescents adhèrent plus ou moins consciemment, basée sur la communication, le zapping, la vitesse, l'obsession du lien, comme autant de valeurs ou de passages obligés pour cette génération.* »

Pas surprenant alors que l'avant-garde du cyberâge parle la langue MSN, MMS, SMS, USB, MP3, assez incompréhensible pour ceux et celles qui les ont précédés. Il y a une fracture générationnelle évidente entre ceux qui surfent, pensent et s'expriment, harnachés à l'univers des technologies de l'information, et les autres. Cette *culture numérique*, comme la qualifient les spécialistes, entraîne une reconfiguration du quotidien avec des heures passées à *chatter*, écrire sur un blog, composer des SMS, consulter Internet, faire des rencontres sur Facebook, communiquer dans l'instant avec Twitter, faire des achats en ligne, se réfugier dans des mondes virtuels, parier, afficher ses œuvres, alerter la planète sur les dangers de l'heure, faire élire un candidat de son choix et rencontrer l'âme sœur. Tout en s'alimentant en continu sur les milliards de sites du Web, qui défilent en s'amplifiant de manière exponentielle d'heure en heure. Nous avons vu précédemment que le micro-ordinateur est né d'un projet social formulé au début des années soixante-dix. Projet qui avait d'abord pour ambition non pas prioritairement l'innovation technique, mais la démocratisation de l'accès à l'information. Les conséquences sociales de l'ordinateur chez soi ont largement dépassé les objectifs de départ. Les hommes et les femmes se meuvent aujourd'hui dans un cyberespace que nul mieux que William Gibson, créateur du terme, a su traduire poétiquement dans le roman *Neuromancien* publié en 1984 : « *Une hallucination consensuelle vécue quotidiennement en toute légalité par des dizaines de millions d'opérateurs, dans tous les pays, par des gosses auxquels on enseigne les concepts mathématiques… Une représentation graphique de données extraites des mémoires de tous les ordinateurs du système humain. Une complexité impensable. Des traits de lumière disposés dans le non-espace de l'esprit, des amas et des constellations de données. Comme les lumières des villes dans le lointain…* »

Ce cyberespace générateur de la cyberculture donne aussi naissance à une sous-culture, dont nous mesurons à peine l'existence et la portée, qui recèle peut-être pour l'ensemble une voie libératrice. Parce que les *cyberpunks*, ces *en-dehors* du XXIe siècle, semblent visiblement comprendre les enjeux en présence. Conscients qu'ils sont dans la marge, s'alimentant volontairement ou non à Rimbaud et Kérouac dans leur volonté affichée d'absence de contrainte et d'indépendance, qu'ils sont des gens à part. Se voulant les vagabonds non assujettis à un ordre social quelconque. Un *cyberpunk* pourrait répéter ce que Georges Bizet faisait dire à Carmen dans l'opéra du même nom : « *Ce que je veux c'est être libre et faire ce qui me plaît, avoir pour pays l'univers et pour loi sa volonté.* » Comme le précise l'Américain Mark Dery, un remarquable spécialiste des bouleversements apportés par la technologie informatique : « *Il est clair que la cyberculture atteint la vitesse de libération aussi bien sur le plan philosophique que sur le plan technologique. On pense au rêve transcendantaliste d'un dépassement de toutes limites, physique et métaphysique.* »

Le terme *cyberpunk*, apparu sous la plume de Bruce Bethke comme titre de l'une de ses nouvelles, fut popularisé par Gardner Dozois, éditeur d'*Asimov's Science Fiction Magazine*. C'est le 30 décembre 1984, dans le *Washington Post* qu'un article de l'auteur intitulé *SF in the Eighties/La science-fiction dans les années 80* qualifie de *cyberpunk* le style de l'œuvre de l'écrivain William Gibson. Plus particulièrement en rapport avec le roman *Neuromancien*. À ce style *cyberpunk*, le critique accole une poignée d'auteurs tels Bruce Sterling, Lewis Shiner et Greg Bear. Le mouvement *cyberpunk,* par le biais d'œuvres de fiction, venait d'une certaine manière d'acquérir ses lettres de noblesse. Dans les romans et nouvelles, le personnage type du *cyberpunk*, qui est souvent un *hacker*, tente de survivre dans un monde pas très lointain et complètement désorganisé, dominé par des multinationales toutes puissantes et sous l'emprise de gouvernements totalitaires ultrapolicés. Reste que cette cyberculture et les sous-groupes rebelles qu'elle engendre ne sont pas sans effrayer les pouvoirs. En 15 ans, le Pentagone, quartier général des forces armées américaines, a tenté à trois reprises de transformer Internet en un réseau centralisé et surveillé, placé sous sa tutelle. Ces tentatives ont échoué de justesse grâce au Congrès ou devant les tribunaux, ou alors grâce à des types comme Marc Rotenberg, diplômé en droit d'Harvard et de Stanford, passionné du jeu d'échecs et président de l'EPIC, une association de défense des libertés et du droit à la vie privée sur le Net, qui se battent bec et ongles pour que la liberté soit protégée.

La cyberculture, c'est tout cela. Des supporteurs et des attaquants, des techniques remarquables qui ouvrent des horizons insoupçonnés et des opinions voulant que des interdits allaient surgir de partout. Des champions prêts à tout risquer pour que la liberté prévale et des marginaux qui enfreignent la loi au nom de principes supérieurs à leurs yeux. Tout pour faire du cyberespace un univers passionnant et inédit, dont personne ne peut prévoir l'avenir.

En conclusion, on peut affirmer que l'extraordinaire performance des logiciels progresse d'année en année, dans tous les domaines, grâce à des initiatives comme celles des informaticiennes Wing et Liskov. Mais la perfection absolue, hélas, ne sera jamais atteinte.

CHAPITRE 10

Les visionnaires

On prête aux visionnaires des pouvoirs quasi surnaturels. Selon Robert Parent du département de management de l'Université de Sherbrooke, le visionnaire « *a surtout l'intelligence de saisir les tendances qui sont en voie de modifier la société, l'économie ou la science et d'en tirer parti.* » Observateur sagace mû par une curiosité insatiable, il est, selon le beau mot de la psychologue Brigitte Whelan « *un aigle survolant un territoire* ». Inutile d'ajouter que l'informatique ne manque pas de visionnaires.

Stephen King et le eBook

Support clé du développement de la civilisation occidentale grâce à la diffusion de l'information et de la lecture, l'invention de l'imprimerie, en 1454, est attribuée à Johannes Gutenberg (1400-1468). Même si l'histoire démontre qu'il s'agit d'échanges de connaissances mutuelles entre différents ateliers graphiques plutôt que l'invention d'un seul individu, il n'en demeure pas moins que l'avènement de l'imprimerie fut un grand pas pour le progrès de l'humanité. Il s'écoulera plus de cinq siècles avant qu'une autre révolution dans la diffusion de l'information, celle de l'informatique associée à Internet, ne bouleverse le paysage culturel. L'un des aspects de cette révolution sera la venue du livre, journal ou magazine électronique. L'un des précurseurs d'un support autre que le papier pour la diffusion de l'écrit avait été Vannevar Bush.

En effet, dès 1930, cet ingénieur américain surdoué, lançait l'idée d'une bibliothèque baptisée Mémex, entièrement sur microfilms, que tous pourraient consulter à domicile. Cette idée n'eut aucune suite. C'était néanmoins un pas dans la bonne direction.

Il faudra attendre des décennies avant qu'une alternative à l'imprimé classique voit le jour, avec l'entrée en force de l'informatique.

Depuis plusieurs années, de nombreux groupes de recherches travaillent sur la mise au point d'un support particulier, appelé support électronique. Pour la simple raison qu'on croit à la disparition prochaine de l'usage du papier. Cette disparition du papier serait causée par des problèmes reliés à la fois aux coûts de production, et à l'impact écologique de cette industrie : on détruit des forêts entières pour imprimer des quotidiens, des magazines, des livres, des feuillets publicitaires à la durée de vie limitée et aux conséquences environnementales extrêmement négatives (même si 60 à 80 % du papier journal fait appel à du papier et carton récupérés et recyclés jusqu'à cinq fois).

Il faut comprendre que la forêt, qui couvrait en 2005 quelque 30 % des terres émergées du globe, représente un milieu de vie pour quelque 500 millions de personnes dans le monde, dont 150 millions d'autochtones. De plus, la forêt est un écosystème complexe offrant des habitats à de nombreuses espèces et populations animales, végétales, fongiques et microbiennes. Par ailleurs, la forêt joue un rôle important sur la qualité de l'air en produisant une partie significative de l'oxygène.

Il y a donc urgence. Il faut trouver une solution de rechange au support papier pour les imprimés, responsable de 14 % de la déforestation mondiale.

Le grand initiateur du livre électronique sera Nicholas Sheridan, un physicien de formation rattaché à Xerox qui, grâce à l'invention de l'encre et du papier électroniques, fera faire un pas de géant à ce procédé. En 1977, celui-ci imagine remplacer l'encre par de minuscules sphères bicolores placées entre deux feuilles de plastique. Mais l'idée n'est pas retenue par les bonzes du fameux PARC de Palo Alto.

L'arrivée de livres électroniques de première génération, qui attirèrent peu de consommateurs, et surtout les recherches menées au MIT sur l'encre électronique appliquée sur divers supports, devait relancer les idées de Sheridan chez Xerox.

Une filiale de Xerox, Gyricon, travailla donc sur un papier électronique du même nom. Cette nouvelle technologie d'affichage est constituée d'une base de plastique souple sur laquelle repose une couche d'encre électronique, composée de minuscules billes à l'intérieur d'un film de silicone transparent. Le Gyricon ainsi constitué possède des propriétés le rapprochant du papier.

Le MIT, concurrent direct du centre de recherche de Xerox, développe une approche différente. L'encre électronique nommée E-Ink est composée d'un fluide contenant des millions de microcapsules dans lesquelles se trouve un colorant et de minuscules grains de dioxyde de titane blancs.

Autre concurrent dans ce créneau potentiellement riche d'avenir : la société Lucent Technologies, développée par les laboratoires Bell et associée au procédé E-Ink. Elle travaille au développement de transistors en plastique, placés au-dessus de la couche d'encre E-Ink, et commandés par ondes radio. L'avantage de cette technologie réside dans l'obtention d'un film continu et flexible, ce qui ressemble à du papier en somme. Toutes ces recherches, poursuivies à la fin des années 90 et au tournant du siècle, devaient parallèlement amener la création d'entreprises tentant de mettre en marché le livre électronique.

Cette aventure du livre électronique a véritablement débuté en 1997. Deux *start-up Rocket eBooks* et *Softbook* se spécialisèrent alors dans la vente de ces produits. Mais les premiers *eBooks* à base d'écrans à cristaux liquides ne satisfaisaient pas les lecteurs, car ils consommaient beaucoup d'énergie. Actuellement, les constructeurs se tournent vers l'encre électronique inventée en 1997 par le cofondateur de la société américaine E-Ink, Joseph Jacobson, à partir de recherches menées au MIT. Cette technologie réussit à rendre l'écran électronique presque aussi confortable à la lecture que le papier. Comme l'écran permet de rendre les textes lisibles même à la lumière du jour, il n'y a pas d'effets de scintillements. Résultat : depuis la fin de 2006, les modèles *Reader* de Sony et *Kindel* d'Amazon, tous deux porteurs de la technologie E-Ink, ont du succès.

Cette tablette, avec un écran de la taille d'un livre de poche, promet de révolutionner les habitudes de lecture. L'avantage de cette innovation est qu'elle permet de transporter une grande partie de sa bibliothèque comme on emporte sa discothèque dans un baladeur MP3.

Le *e-book* peut en effet stocker plusieurs centaines d'ouvrages en format numérique. Autre innovation importante dans les modèles actuels : il n'est pas rétroéclairé. La lumière du jour suffit pour le lire.

Cette technologie connaît un certain succès. En 2007, aux États-Unis et au Japon, 80 000 unités ont été vendues.

Le livre électronique reçoit les écrits numérisés, soit par les réseaux de téléphonie mobile et wi-fi, soit directement par l'insertion d'une clé USB. Le livre est équipé d'une carte mémoire *flash* pouvant contenir des centaines d'ouvrages. L'avenir s'annonce prometteur en innovations. Ainsi on annonce des afficheurs flexibles, pour se rappprocher davantage de la tenue d'un livre papier. On devrait également ajouter la couleur et le livre électronique devrait aussi s'agrandir. On songe même à adapter ce mode futuriste aux manuels scolaires.

Fait intéressant, ces innovations en direction des lecteurs intéressent également les grandes institutions et groupes financiers, reliés à la presse écrite.

Ceux-ci, tels les groupes de presse européens, américains et asiatiques, sont aux prises avec la hausse des coûts de distribution et d'approvisionnement en papier qui représentent de 45 à 75 % de leurs dépenses, ainsi qu'avec la baisse de leurs tirages. Ils lorgnent donc du côté du papier électronique.

Selon le Japonais Tomoni Tsubota, responsable des médias électroniques pour Nikkei, le plus gros quotidien financier au monde avec un tirage de 1,5 million de copies. « *D'ici trente ans… il n'y aura plus de papier journal* ». Une opinion qui rejoint celle de Bruno Rives de Tabaldo, un observatoire des tendances et usages des nouvelles technologies basé à Paris : « *Sur une feuille de papier électronique, on pourra emmagasiner des centaines de livres, prendre des notes, incorporer du son ou des vidéos et recevoir des infos en temps réel. De plus, les éditeurs de journaux et de magazines pourront savoir qui lit quoi et à quelle heure.* »

Les tendances observées récemment au Japon, pays phare s'il en est un pour indiquer l'évolution des sociétés en fonction de l'évolution technologique, confirment totalement ces pronostics globaux. Ainsi, dans ce pays, le marché des livres numériques est le plus développé en dehors des États-Unis avec 6 % du chiffre d'affaires de l'édition en 2009. Mais un coup d'œil du côté des téléphones portables nous en dit beaucoup plus concernant l'édition électronique. En effet, au pays du soleil levant, l'essentiel de la lecture numérique se fait par le biais la téléphonie mobile. Plus de 80 % des ventes de livres numériques sont des bandes dessinées ou mangas, auxquels s'ajoute une littérature spécifiquement conçue pour être lue sur *smartphones*. Les *keitas shousetsu* ou « *romans pour mobiles* » sont écrits à l'aide d'abréviations et dans un style d'écriture associé au SMS. Le tout est envoyé sous forme de feuilletons accessibles gratuitement ou à télécharger moyennant des frais modiques. Hans Driessen, du groupe Phillips, conclut enfin : « *Le papier électronique est appelé à devenir aussi populaire que les lecteurs MP3 pour la musique.* » Ce qui n'est pas peu dire.

Il reviendra à l'immense romancier qu'est Stephen King d'ouvrir le XXIe siècle avec cette forme d'édition et de mettre en marché ses œuvres par le biais de l'informatique et d'Internet. Bref, de court-circuiter le milieu plusieurs fois centenaires de l'édition papier.

Avec quelques deux cents textes à son palmarès, dont plus de cinquante nouvelles d'horreur ou de fantastique, dont plusieurs furent des *best-sellers*, coiffé du titre de *Grand Master* du Mystery Writers of America, Stephen King était bien placé pour révolutionner la diffusion de la littérature.

C'est en 2000 que, coup sur coup, paraissent deux ouvrages en ligne de l'écrivain : *Riding the Bullet* et *The Plant*.

Riding the Bullet fut le premier livre jamais publié directement sur Internet. Nous étions en l'an 2000. Le virage du millénaire a sans doute fortement incité King à profiter de ce moment historique pour tenter de s'éloigner définitivement de Gutenberg. Le roman, qui raconte l'histoire d'un homme qui tente de rejoindre l'hôpital où sa mère lutte pour sa survie intéressa prioritairement des *hackers* qui réussirent à percer l'encodage du site et à rendre la vente du volume en ligne impossible.

La même année, nouvelle tentative avec *The Plant,* un roman conçu sur une période relativement longue de 18 ans. Durant les années quatre-vingt, King en expédiait des épisodes à des amis en guise de vœux de Noël. Puis en l'an 2000, il lance le roman sous forme de feuilleton sur Internet. Il exigeait alors que toute personne qui téléchargerait cette histoire écrite sous forme épistolaire lui verserait la somme de 1 $ avant ou après lecture.

On projetait qu'environ 75 % des téléchargements seraient acquittés. Si l'idée s'avérait payante, Stephen King pensait pouvoir éditer ainsi plusieurs œuvres à venir. Six épisodes du roman furent ainsi publiés. Plus de 200 000 lecteurs entrèrent dans le jeu. Mais les paiements déclinèrent rapidement. Au point qu'à la fin de l'année 2000, King cessa de publier la suite de l'histoire. Malgré ces échecs relatifs, force est d'admettre que l'avenir de l'imprimé se dessinera dans l'optique de l'écran libérateur. Car la plainte des vastes forêts menacées n'a de cesse. De plus, d'immenses perspectives de profits se dessinent maintenant sur des pages se déclinant en pixels.

L'intelligence artificielle[27] constitue le Saint-Graal des informaticiens, en référence à cet objet mythique du Moyen-Âge dont la découverte était censée aboutir à la révélation des mystères de la chrétienté. Preux

27 Ensemble des techniques informatiques par lesquelles l'homme tente de faire produire à des machines, dans le domaine du traitement de l'information, des performances voisines de celles des humains. Source : Larousse, ibid.

chevalier de cette quête, Marvin Minsky, un scientifique américain renommé, qui travaille depuis des lustres dans le domaine des sciences cognitives, est une excellente référence.

L'intelligence artificielle se définit comme la recherche de moyens susceptibles de doter les systèmes informatiques de capacités intellectuelles comparables à celles des êtres humains. Pas une mince tâche, on en conviendra. Le terme d'intelligence artificielle, dont l'abréviation IA (A.I. en anglais) est utilisée par tous les spécialistes au monde, fut créé par John McCarthy, éminent spécialiste en la matière qui a inscrit à son palmarès l'invention de LISP, l'un des plus anciens langages informatiques avec Fortran. Mais le concept même d'intelligence artificielle revient au grand Alan Turing dans son texte *Computing Machinery and Intelligence*, publié peu avant sa mort en 1950.

Il faut dire qu'une foule d'auteurs d'œuvres de science-fiction avaient précédé Turing sur cette voie, ou prolongé son projet. De *Pinocchio*, écrit en 1881 par Carlo Collodi, à l'ordinateur *Hall*, personnage du film *2001, l'odyssée de l'espace* de Stanley Kubrick paru en 1968, inspiré du roman d'Arthur C. Clarke, au *A. I* (*Artificial Intelligence*) de Steven Spielberg, sorti en 2001, la constante se maintient. On imagine des êtres créés mécaniquement par l'homme qui penseraient et agiraient comme lui.

La genèse de cette discipline nous ramène à la conférence qui s'est tenue au Dartmouth College à l'été 1956, où, pour la première fois, cette problématique entendait se hisser au niveau d'une discipline universitaire.

Par la suite, le domaine se développera, surtout aux États-Unis, mais également en Grande-Bretagne et en France. Le noyau des pionniers et chercheurs sera surtout formé de personnes ayant assisté à la conférence de Dartmouth : John McCarthy de Stanford, Marvin Minsky du MIT, Herbert Simon de l'Université d'Edimbourg et Jacques Pitrat, un pionnier français du domaine, furent de ceux-là.

Marvin Minsky se détache pourtant du groupe tant son nom est associé à cette discipline d'avant-garde. Né en 1927, ce visionnaire, qui a poursuivi sa carrière au fameux MIT, a publié de très nombreux ouvrages sur l'intelligence artificielle. Ses recherches opèrent un constant aller-retour entre les mécanismes du cerveau humain et les ordinateurs les plus avancés. Car ce que l'on cherche à faire accomplir à la machine, ce sont les processus mentaux de haut niveau caractérisant l'être humain, tels que l'apprentissage perceptuel, l'organisation de la mémoire et le raisonnement critique.

À la base, l'ensemble du processus peut être abordé sous l'angle du nombre d'opérations à la seconde qu'un cerveau humain peut effectuer.

On estime par exemple que la masse nerveuse peut grossièrement effectuer 2 x 10 puissance 14 opérations logiques à la seconde, car celle-ci est formée de 2 x 10 puissance 12 neurones pouvant chacun commuter plus de 100 fois à la seconde. En 2005, un microprocesseur typique d'un PC a une puissance brute de 10 puissance 11 opérations logiques à la seconde. Ce qui est énorme. Donc, sur le plan matériel on possède l'outillage approprié. Mais l'important pour le développement de l'intelligence artificielle n'est pas de raisonner plus vite en traitant plus de données, ou de mémoriser plus d'éléments que le cerveau humain, mais de traiter l'information de manière appropriée. Les spécialistes de l'IA (Intelligence Artificielle) sont catégoriques sur ce point : le principal défi de leur discipline est d'expliciter toutes les connaissances utiles à la résolution d'un problème complexe. Par exemple, comment le cerveau procède-t-il pour distinguer un visage familier parmi cent autres observés dans la rue ? L'autre défi qui se pose au spécialiste de l'IA, est de mettre en relations les divers types de modules traitant l'information. Comment agencer, par exemple, le système de reconnaissance des formes visuelles avec ceux de la parole, de la motivation et de la coordination motrice.

Les spécialistes distinguent deux niveaux d'intelligence artificielle : l'intelligence artificielle faible, se ramenant à concevoir des algorithmes capables de résoudre certains problèmes relatifs à l'ingénierie et à des opérations simples. Et l'intelligence artificielle forte, soit une machine capable de produire un comportement intelligent, tel qu'éprouver une conscience de soi, ressentir de vrais sentiments, et atteindre une compréhension de ses raisonnements.

Sur le plan technologique, l'intelligence artificielle, avec ses deux composantes clés, la faible et la forte, se concrétise par l'évolution de la robotique dans le monde et l'adaptation de l'informatique à ce domaine bien particulier.

Quelques mots d'abord sur le terme robot et l'idée de robotique.

Le terme est apparu pour la première fois sous la plume de l'écrivain tchèque Karel Capek dans sa pièce *R.U.R* en 1921. L'idée de faire accomplir des tâches à des machines automatisées a pris naissance à la Westinghouse Electric Corporation en 1926, avec le Televox, en fait un simple mannequin automatisé effectuant des gestes primaires. Deux ans plus tard, le Japon, avec son premier robot nommé *Gakutensoku*, n'alla pas beaucoup plus loin que Westinghouse : son automate fait pour les exhibitions n'avait rien d'une machine vraiment fonctionnelle. Il faudra attendre les années cinquante, avec l'entrée en force de l'électronique numérique, pour que l'idée même de robots fonctionnels soit réalisable.

C'est George Devol, un autodidacte américain du Kentucky, surdoué en mécanique, sans doute encouragé par la lecture de la nouvelle d'Isaac Asimov publiée en 1941, *Liar,* texte dans lequel apparaît pour la première fois le terme « robotique », qui engagea le monde sur la robotisation des industries. Avec une quarantaine de brevets à son actif, Devol travailla notamment sur le four à micro-ondes. L'inventeur présente également, en 1954, un appareil qui automatise les processus de construction et d'assemblage sur les lignes de montage.

General Motors adopte son *Unimate* en 1961 et 5 M $ d'investissements plus tard, l'*Unimate,* qui effectue notamment des opérations de soudage, fait son apparition en 1965 dans l'une de ses usines de Trenton au New Jersey. Fiat, en Europe, s'engagera dans cette modernisation de ses chaînes de montage à peu près à la même époque.

L'intelligence artificielle faible, puisqu'il s'agit de tâches simples, gagnera une foule d'industries au fil des ans. Après l'industrie automobile, la production de circuits intégrés, les usines d'emballage et les véhicules guidés feront évoluer la robotique vers des tâches de plus en plus complexes. Aidée par une foule de développements technologiques – microprocesseurs, moteurs électriques miniaturisés et performants, invention de matériaux légers comme les polymères, technologies à base de circuits hydrauliques et utilisation du vide, sans oublier les nanotechnologies récentes – la robotique accède de nos jours à des niveaux de réalisation surprenants.

L'apparition d'*Asimo* (acronyme d'Advanced Step Innovative Mobility) en 1986, au centre de recherche de la compagnie Honda, modèle sans cesse perfectionné, éblouit. Présentant l'allure d'un astronaute mesurant 1,3 mètre (4.3') et pesant 54 kg (119 lbs), cet humanoïde peut accomplir des choses étonnantes. Doué d'une très grande habileté manuelle, il peut feuilleter un journal ou utiliser un téléphone cellulaire. Asimo peut courir à 6 km/h, éviter des objets sur son trajet, identifier des gestes et des objets mobiles, distinguer des voix, reconnaître des visages, interagir avec des êtres humains. Bref à l'heure actuelle, Asimo possède l'intelligence d'un enfant de trois ans et l'habileté physique d'un garçon de 10 ans.

Faut-il s'étonner que le Japon ait réalisé une telle percée dans la concrétisation de l'intelligence artificielle ? N'est-ce pas dans ce pays que l'on retouve 40 % des robots de la planète, alors que l'Amérique du Nord, pourtant pionnière en la matière, ne possède que 16 % de ces merveilleuses machines ? On estime qu'à la fin de 2010, le monde comptera quelque 8,37 millions de robots, plus que la population actuelle de l'Autriche. Robots, précisons-le, de plus en plus perfectionnés. On se rapproche donc du rêve de Minsky d'une intelligence artificielle forte, et ce, principalement grâce à des logiciels de plus en plus performants.

Une conclusion brutale s'impose : le règne de l'humanoïde aux immenses capacités, tant physiques qu'intellectuelles, approche.

Mitch Kapor, une liberté sans frontière

Mitchell Kapor présente un profil unique dans le monde de la révolution informatique. Il est un des rares hommes à porter les quatres chapeaux du scientifique, de l'inventeur, de l'activiste et du philantrope.

En 1982, en tant qu'inventeur, sa première action d'importance fut de mettre au point, aux côtés de Jonathan Sachs, mathématicien du MIT, le chiffrier[28] Lotus 1-2-3. Lançant ainsi l'innovation bureautique qui gagna le monde des affaires à la micro-informatique. Mitch Kapor transforma ainsi le tableur pensé par Dan Bricklin en un outil de travail efficace auquel, aspect non négligeable, se greffait la convivialité. En ces temps lointains où la notion d'interface graphique était encore à l'étape de prototype dans les laboratoires de recherche de Xerox, le chiffrier de Kapor, d'utilisation fort simple, remportait tous les succès auprès des utilisateurs. Belle intuition d'ailleurs que d'avoir donné le nom de Lotus à ce logiciel. Symbole de la renaissance dans le monde égyptien antique, fleur sacrée pour le monde hindou, cette merveille du monde végétal est l'image de l'être humain dans le bouddhisme. Mitch Kapor contribua donc largement à la révolution du PC naissant. Tout en faisant la fortune d'IBM sur sa plate-forme d'ordinateurs personnels.

En 1990, notre homme quitte le monde du logiciel, vend les actions de son entreprise et décide de lancer un projet qu'il nomme *Chandler*, et qu'il finance à hauteur de 5 M $. *Chandler* est un hommage à l'auteur de romans noirs des années quarante et cinquante qui hissa le genre au niveau de la grande littérature. De quoi s'agit-il au juste ? D'un projet *opensource,* c'est-à-dire dont les codes sont rendus publics et multiplates-formes (Windows, MacIntosh et Linux). Dédié à la gestion des informations personnelles, il compte dans son équipe de très bons spécialistes, comme Andy Hertzfeld qui a travaillé sur la conception du Mac. Le logiciel inclut un calendrier, un module de gestion de courriers électroniques et un module de gestion de tâches. Le projet

---

28 Logiciel d'application servant à la création et à la manipulation de tableaux numériques ou alphanumériques, utilisés aux fins de gestion et d'applications scientifiques. Source : *Dictionnaire d'Internet et de l'informatique de l'Office de la langue française.* Les Publications du Québec. 2001

s'amorce donc pour le mieux jusqu'à ce qu'un fait divers amène Kapor à s'intéresser à tout autre chose. En avril 1990 donc, l'année même où Kapor démarre le projet *Chandler*, John Perry Barlow reçoit la visite du FBI, la police fédérale américaine. Les enquêteurs le soupçonnent d'avoir rendu publics les codes source du MacIntosh ROM, pour Read Only Memory, autrement dit la mémoire morte. Ils n'hésitent pas à perquisitionner l'appartement et l'ordinateur du suspect. John, un poète et essayiste né en 1947, et ancien chanteur du groupe *Grateful Dead,* réalise alors que les libertés publiques, en ce qui a trait au Web, sont sérieusement menacées. Il décide donc de partager cette expérience douleureuse sur la toile. À la lecture de l'événement, Mitch Kapor constate que l'affaire Barlow n'est pas un cas isolé. Il a été lui-même victime de telles atteintes. Selon lui, les professionnels et les amateurs qui ont pris fait et cause pour l'informatique doivent surmonter de façon permanente de semblables intrusions des pouvoirs publics. Il contacte alors rapidement John Barlow pour s'informer de la suite à donner. Des entretiens s'ensuivent et dès leur rencontre l'idée de mettre sur pied un mouvement de défense s'impose. L'objectif est clair : défendre et répandre la liberté sur le Net.

Avec ces deux-là, les choses ne traînent pas en longueur. Joignant le geste à la parole, le duo d'activistes décide d'intervenir sur le champ. Une brochette d'avocats de haut niveau de New York, reconnus pour leur engagement à gauche, est alors contactée pour s'impliquer dans des causes touchant des *hackers*. Ces ténors du Barreau, les juristes Rabinowitz, Boudin, Standard, Krinsky et Lieberman obtiennent alors les mandats nécessaires pour entreprendre les procédures de défense de ces marginaux du Net, pris dans les filets des Services secrets américains. L'implication du duo Kaper/Barlow est, il va sans dire, largement couverte par les médias. Au point que l'été même de ce qui s'apparente à une déclaration de guerre aux ennemis de la liberté, une rencontre s'organise en Californie avec tout le gratin de l'industrie des ordinateurs. En cet âge de l'information, il apparaît inacceptable que des hommes et des femmes ne puissent agir en toute liberté sur Internet. Une spécialiste des médias, Cathy Cook, est approchée. En moins de deux, celle-ci multiplie les contacts et les appuis. *Electronic Frontier Foundation* voit le jour à la suite de cette tournée, le 10 juillet 1990.

Parmi les alliés du projet, on compte Steve Wozniak, fondateur d'Apple et comme on le sait ancien *hacker*, ou plutôt ancien *phreaker*, et John Gilmore. Pas n'importe qui ce Gilmore.

Chaud partisan des logiciels libres, pionnier de *Sun Microsystems*, le géant des serveurs, et riche à craquer, John est un libre penseur et un philantrope convaincu. Il défend la liberté d'expression sur la toile et lutte également aux États-Unis pour la décriminalisation de l'usage des drogues.

Sans tarder, l'organisation de défense se donne des fonds, une structure et une administration. À la mise de fonds de Kapor et Wozniak s'ajoutent des dons anonymes. Le conseil d'administration comprend une brochette de spécialistes, entre autres Jerry Berman, universitaire très impliqué dans la défense des droits afférents aux nouvelles technologies. Il est entre autres président du *Center for Democraty and Technology* (CDT). Dans cette liste figure également Esther Dyson, économiste, journaliste et commentatrice fort influente dans le domaine des technologies émergentes. Elle est la fille du grand physicien Freeman Dyson.

La première grande cause dans laquelle *Electric Frontier* s'impliquera sera de contrer la fameuse opération *Sundevil* déclenchée précisément en 1990 à travers les États-Unis contre les activités illégales des *hackers*. Dans une quinzaine de villes des raids dirigées par les Services secrets américains se soldent par trois arrestations et la saisie d'ordinateurs. Ces raids aboutiront à des poursuites devant les tribunaux, dont celle notée *Steve Jackson, Inc. v United States Secret Service*. Une affaire relative à la distribution sur Internet d'informations relatives au code E911 de la compagnie Bell. Et puis il y aura, en 1995, la cause *Bernstein v. United States*. Une importante affaire touchant le codage des échanges d'informations entre particuliers, une cause déjà abordée dans le chapitre sur la cryptographie.

Electronic Foundation poursuit toujours des actions légales à tous les niveaux de l'appareil de justice pour préserver la liberté sur Internet. De plus, le groupe de défense offre des récompenses élevées, de 50 000 $ à 250 000 $, pour des exploits réalisés sur ordinateurs. Ce fut d'ailleurs le cas pour la découverte de nombres premiers comportant un million de chiffres. Militant infatiguable, Mitch Kapor initie des groupes de discussion sur l'impact social des technologies de l'information, tout en collaborant régulièrement à des publications prestigieuses comme le *Scientific American*, *Forbes* et le *New York Times*. Cet homme, à l'évidence, ne semble limité ni par le pouvoir des autorités en place, ni par le temps, ni par l'espace.

Des défis pour l'ordinateur

Notre odyssée dans l'univers de l'informatique s'achève ici. Comme nous le constatons, l'ordinateur n'est pas à la veille de par disparaître. Il y a plus de 300 ans, un obscur mathématicien du Wurtemberg, répondant au nom de Wilhelm Schikard, eut une intuition. Il pensa à agencer des engrenages afin de calculer mécaniquement les quatre opérations arithmétiques de base, créant ainsi la machine à l'origine des ordinateurs. Ce n'était pas une mauvaise idée. C'est le moins que l'on puisse dire.

Peut-on conclure ? Non.

On ne peut conclure une histoire de l'informatique. Depuis 150 ans, les hommes ont poussé le perfectionnement de ce qu'il est convenu de nommer la technologie du cerveau électronique à un niveau inimaginable. Cette avancée ne manifeste aucun signe de fatigue, ni de déclin, bien au contraire.

Qui aurait pu prédire, il y a à peine quelques décennies, que des appareils tenant dans nos mains seraient des milliers de fois plus puissants que les calculatrices électroniques des années quarante qui pesaient trente tonnes ? Et que des milliards d'hommes partout sur la planète seraient liés presque instantanément grâce au réseau Internet ?

Grâce à cette technologie qui tient du merveilleux, des savants peuvent dorénavant simuler des projets d'inventions appelés à révolutionner notre vie, du génie civil aux médicaments, en passant par des moyens de transport futuristes, des analyses pointues des marchés financiers et l'établissement complet du génome humain. Le futur de l'informatique s'annonce illimité puisque des chercheurs planchent sur des technologies basées sur la lumière et la mécanique quantique aux possibilités inouïes.

Science de l'ingénieur, avec ses génies et ses champions, ses prodiges et ses aventuriers, l'informatique a su mobiliser tous les savoirs en mathématique, physique, chimie, mécanique, électronique, design, graphisme, marketing, management et finance, afin de livrer au monde une technologie de plus en plus performante.

ANNEXES

Annexe 1

Six grands théoriciens de l'informatique
Ces six théoriciens ont créé une mathématique binaire, relié cet algèbre aux réseaux électrique et électronique, conçu une machine théorique qui expliquerait comment fonctionnerait un cerveau électronique, jeté les bases architecturales de l'ordinateur, et pensé un réseau reliant tous les ordinateurs.

De gauche à droite, de haut en bas :
George Boole, Claude Shannon, Alan Turing, John von Neumann Robert Kahn, Vinton Cerf

---

Quatre grands pionniers allemands ou d'origine allemande
Ces quatre pionniers ont construit la première calculatrice automatique, bâti le premier ordinateur avec mémoire et programme intégré, permis aux ordinateurs de communiquer entre eux et mis en marché le premier micro-ordinateur de l'histoire.

De gauche à droite, de haut en bas :
Wilhelm Schickard, Konrad Zuse, George Stibitz, John Blankenbaker

Les héros du monde numérique
Ces héros du monde numérique ont mis au point le premier transistor, développé le circuit intégré et inventé le microprocesseur.

De gauche à droite, de haut en bas :
John Bardeen, Walter Brattain, William Schockley, Jack Kilby, Ted Hoff

Les milliardaires de la micro
Ces six hommes d'affaires aux fortunes colossales ont jeté les bases d'un marché de logiciels mondial, contribué à la révolution du micro-ordinateur, prospecté les banques de données, bâti l'industrie géante des microprocesseurs et créé un moteur de recherche utilisé par l'univers tout entier.

De gauche à droite, de haut en bas :
Bill Gates, Steve Jobs,
Larry Ellison, Robert Noyce,
Larry Page, Sergey Brin.

Annexe 2

1. Machine à calculer
   de W. Schikard
2. La machine à calculer de Pascal
3. Métier à tisser Jacquard
4. Machine de Babbage

1.

2.

3.

4.

5. Bâtons de Napier
6. L'ENIAC
7. L'UNIVAC
8. Premier ordinateur portable

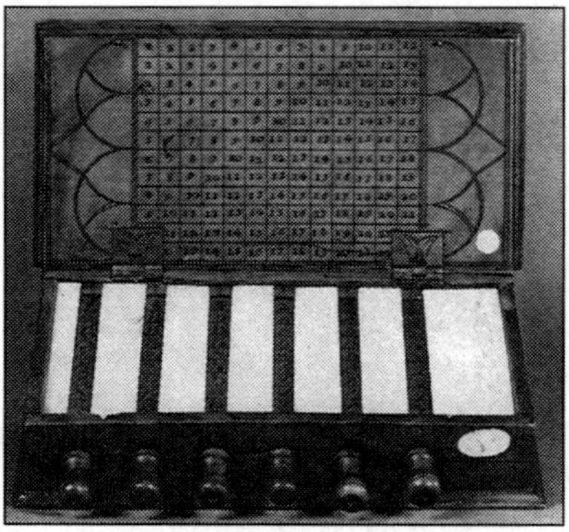
5.

6.

7.

8.

BIBLIOGRAPHIE

Ouvrages généraux

AUGARTEN, Stan, *Bit by Bit. An Illustrated History of Computers*, Houghton Mifflin Harcourt Publishing, Florida, U.S.A, 1996.

BIRRIEN, Jean-Yvon, *Histoire de l'informatique,* Éditions PUF, Collection *Que Sais-je ?*

CAMPBELL-KELLY, Martin, and ASPRAY, William, *Computer. A History of the Information Machine.* Westview Press, USA, 1996.

CERUZI, Paul E., *A History of Modern Computing,* The MIT Press, Cambridge, Massachussets, 2003.

COLLECTIF*, Les ordinateurs. L'aventure technologique*, Éditions France-Loisirs, Paris, 1991.

COLLECTIF, *Multimédia. Le guide complet*, Éditions Gallimard, Paris, 1996.

COLOMBAIN, Jérôme, *Dico du multimédia,* Éditions Les dicos essentiels, Milan, 1998.

DELAHAYE, Jean-Paul, *L'intelligence et le calcul. De Gödel aux ordinateurs quantiques*, Éditions Belin, Dossiers Pour la Science, Paris, 2002.

DEMARIA, Rusel, and WILSON, Johnny L., *High Score. The Illustrated History of Electronic Games*, McGraw-Hill, New York, 2002.

DOWSING, Roy, et WOOODHAMS, Frank, *Principes de fonctionnement des ordinateurs*, Éditions Masson, Paris, 1987.

FREIBERGER, Paul, and SWAINE, Michael, *Fire in the Valley. The making of personal computer,* McGraw-Hill, New York, 2000.

GLEITZ, Jean-Jacques, *Le calcul analogique*, Éditions Presses Universitaires de France, 1968.

GRENIÉ, Michel, *Dictionnaire de la micro-informatique*, Larousse, Paris, 1997.

HAFNER, Katie, et LYON, Matthew, *Les sorciers du Net. Les origines de l'Internet*, Éditions Calmann-lévy, Paris, 1999.

HALBERSTAM, David, *Les Fifties. La révolution américaine des années 50,* Éditions du Seuil, Paris, 1993.

HALLY, Mike, *Electronic Brains. Stories from the dawn of the computer age*, Granta Books, London, 2005.

LE DIBERDER, Alain, *Histoire d'@. L'abécédaire du cyber*, Éditions La découverte, Paris, 2000.

LE GARFF, André *Dictionnaire de l'informatique*, Éditions Presses Universitaires de France, Paris, 1975.

LORANGER, André, *Dictionnaire biographique et historique de la micro-informatique*, Éditions MultiMondes, Québec, Canada, 2000.

MATHELOT, Pierre, *L'informatique*, Éditions Presses Universitaires de France, 1969.

MORVAN, Pierre, *Dictionnaire de l'informatique. Acteurs, concepts, réseaux*, Larousse, Paris, 2000.

OFFICE QUÉBÉCOIS DE LA LANGUE FRANÇAISE, *Dictionnaire d'Internet, de l'informatique et des télécommunications*, Éditions Les publications du Québec, Québec, 2001.

ROJAS, Raul, and HASHAGEN, Ulf, *The First Computers. History and Architectures*, The MIT Press, London, England, 2000.

SJOBBEMA, D.J.W., *Ils ont inventé l'électronique. De la pile Volta à la TV numérique : histoire(s) de l'électronique*, Éditions Publitronic/Elektor, France, 1999.

TATON, René, *Histoire du calcul*, Éditions PUF, Paris, 1957.

Ouvrages spécialisés

ASPRAY, William, *John von Neumann and the Origins of Modern Computing,* The MIT Press, Cambridge, U.S.A, 1990.

AUGARTEN, Stan, *Bit by Bit. An Illustrated History of Computers,* Basic Books, New York, 1996.

AZOUAOU, Alain, et MAGNAVAL, Robert, *Silicon Valley, un marché aux puces,* Éditions Ramsay, Paris, 1986.

BABA-ALI, Ahmed Riadh, *Introduction aux circuits intégrés numériques. Du transistor au microprocesseur,* Éditions Ellipses, Paris, 2007.

BARDIN, Thierry, *Bootstrapping. Douglas Engelbart, Coevolution, and the Origins of Personal Computing,* Stanford University Press, California, 2000.

BEAUVAIS, L., *eBay. Achetez et vendez aux enchères sur Internet,* Éditions Micro Application, France, 2003.

BIDIANSKY, Stephen, *Battle of Wits. The Complete Story of Codebreaking in World War II,* Simon & Shuster, New-York, 2002.

BIGGS, John, *Black Hat. Misfits, Criminals and Scammers in the Internet Age.* Apress, New-York, 2004.

BRAND, Stewart, *The Media Lab. Inventing the Future at MIT,* The Viking Press, New York, 1987.

BROWN, Julian, *Minds, Machines and the Multiverse. The Quest for the Quantum Computer,* Simon & Shuster, New York, 2000.

BUDERI, Robert, *The Invention that Changed the World,* Simon & Shuster, New York, 1996.

BUTLER, Andrew, *Cyberpunk,* Éditions Pocket Essentials, London, 2000.

CALCE, Michael, et SILVERMAN, Craig, *Mafiaboy*, Éditions Les Intouchables, Montréal, 2008.

CAMPBELL, Duncan, *Surveillance électronique planétaire*, Éditions Allia, Paris, 2001.

CHARTON, Eric, *Hacker's Guide*, Campus Press, France, 2003.

COHEN, Bernard, and WELCH, Gregory W., *Makin' Numbers. Howard Aiken and the Computers*, The MIT Press, U.S.A, 1999.

COLLECTIF, *Histoires de puces. Le monde des ordinateurs*, Éditions Time-Life, Amsterdam, 1989.

COLLECTIF, Préface de Pierre Barazer, *Le Calcul intensif*, Éditions Belin, Dossiers Pour la Science, Paris, 1989.

COLLINS, Tim, *Twitter*, Éditions Leduc. s, Paris, 2009.

COLOMBAIN, Jérôme, *Internet*, Éditions Les essentiels Milan, Toulouse, 1996.

CONSTANTY, Hélène, *Internet. Les nouveaux maîtres de la planète*, Éditions du Seuil, Paris, 2000.

CROITORIU, Michael, et PASMONIK, Didier, *Les jeux vidéo expliqués aux parents*, Éditions Marabout, Paris, 2002.

CROSSMAN, Sylvie, et FENWICK, Édouard, *Californie. Le nouvel âge*, Éditions du Seuil, Paris, 1981.

DE CLERK, Antoine, *Les dessous d'Internet*, Éditions Ellipses, Paris, 2007.

DELAHAYE, Jean-Paul, *Complexités. Aux limites des mathématiques et de l'informatique*, Éditions Belin, Dossiers pour la Science, Paris, 2006.

DELL, Michael, and FREDMAN, Catherine, *Direct from Dell*, Collins Publishing, New-York, 2006.

DERY, Mark, *La cyberculture aujourd'hui. Vitesse virtuelle*, Éditions Abbeville. Paris, 1997.

DEUTSCH, David, *L'étoffe de la réalité*, Éditions Cassini, Paris, 2007.

DIAGNE, Souleymane Bachir, *Boole. L'oiseau de nuit en plein jour*, Éditions Belin, Paris, 1989.

DIAMOND, David, et EYROLLES, Osman *Il était une fois Linux. Linus Torvalds*, Éditions Multimédia, Paris, 2001.

DONIO, Jean, *La carte à puce*, Éditions Presses Universitaires de France, Collection Que sais-je ?, Paris, 1999.

DUFRESNE, David, *Pirates et flics du Net. Florent Latrive*, Éditions du Seuil, Paris, 2000.

DUNNINGAN, James F., *The Next War Zone. Confronting the Global Threat of Cyberterrorism*. Citadel Press, New-York, 2003.

FDIDA, Serge, *Des autoroutes de l'information au cyberespace*, Éditions Flammarion, Collection Domino, Paris, 1997.

GANASCIA, J.-G., *L'intelligence artificielle*, Éditions Flammarion. Paris, 1993.

GARLINSKI, Jòzef, *The Enigma War*, Éditions Charles Scibners and Sons, New York, 1980.

GATES, Bill, *La route du futur,* Éditions Robert Laffont, Collection Pocket, Paris, 1995.

GAUCHEY, Jacques, *La vallée du risque. Silicon Valley*, Éditions Plon, Paris, 1990.

GEOFFROY, Marc, *IPod backstage,* Dunod Éditeur, Paris, 2005.

GILDER, George, *The Silicon Eye,* W.W. Norton & Company, New York, 2005.

GOLDMAN, Rohm Wendy, *L'Affaire Microsoft. Les charges secrètes contre Bill Gates*, First Éditions, Paris, 1998.

GUÉDON, Jean-Claude, *La planète cyber. Internet et cyberespace*, Éditions Gallimard, Collection Découvertes, Paris, 1996.

GUISNEL, Jean, *Guerre dans le cyberespace. Services secrets et Internet,* Éditions La Découverte, Paris, 1997.

HANDEL, S., *La Révolution de l'électronique*, Éditions Marabout Université, Belgique, 1967.

HANSON, Dirk, *The New Alchemists. Silicon Valley and the Microelectronics Revolution*, Little, Brown and Company, New York, 1982.

HERTZFELD, Andy, *Revolution in the Valley. How the Mac Was Made*, O'Reilly Books, Sebastopol, California, 2005.

HIMANEN, Pekka, *L'Éthique hacker et l'esprit de l'ère de l'information*, Exils Éditeur, Paris, 2001.

HODGES, Andrew, *Alan Turing ou l'énigme de l'intelligence*, Éditions Payot, Collection Bibliothèque scientifique, France, 1988.

HSU, Feng-Hsiung, *Behind Deep Blue. Building the Computer that Defeated the World Chess Champion*, Princeton University Press, États-Unis, 2002.

HUMPICH, Serge, *Le cerveau bleu. Coupable d'avoir percé le secret de la carte bancaire*, X0 Éditions, Paris, 2001.

ICHBIAH, Daniel,

- *Bill Gates et la saga Microsoft*, Éditions Pocket, France, 1995.
- *Comment Google mangera le monde*, Éditions L'Archipel, Paris, 2007.
- *Enquête sur la génération MP3. La victoire de la musique*, Éditions Fayard, Paris, 2000.
- *La saga des jeux vidéo*, Éditions Robert Laffont, Collection Pocket, Paris, 1997.
- *Les nouveaux héros. La folle histoire du Web et de la nouvelle économie*, Éditions Fayard, Paris, 2000.

JACKSON, Tim, *Inside Intel. Andy Grove and the Rise of the World's Most Powerful Chip Company*, Dutton Books, New York, 1997.

JOLIVAT, Bernard, *La réalité virtuelle*, Éditions Presses Universitaires de France, Collection Que sais-je ?, Paris, 1995.

JORDAN, Tim, and TAYLOR, Paul A., *Hacktivism and Cyberwars. Rebels with a Cause*, Routledge Publishing, London, 2004.

KAUFMANN, William J., *Supercomputing and the transformation of science. 111 and Larry L. Smar*r, Scientific American Library, New York, 1993.

KAHN, David, *Seizing the Enigma. The Race to Break the German U-Boat Codes, 1939-1943,* Houghton Mifflin Company, Boston, 1991.

LARSENS, J., et RODGERS, E., *La fièvre de Silicon Valley*, Éditions Londreys, Paris, 1985.

LASSÈGUE, Jean, *Turing*, Éditions Les Belles lettres, Paris, 1998.

LAURENT, Éric, *La puce et les géants*, Éditions Complexe, Bruxelles, 1986.

LE DIBERDER, Alain, *Histoire d'@. L'abécédaire du Cyber*, Éditions La Découverte, Paris, 2000.LE DORAN, Serge, et ROSÉ, Phillippe, *Cyber Thrillers. 35 histoires vraies de délinquance informatique*, Éditions Albin Michel, Paris, 1996.

LEVY, Steven,
- *Crypto. How the Code Rebels Beat the Government. Saving Privacy in the Digital Age*, Penguin Books, 2002.
- *Hackers. Heroes of the computer revolution*. Penguin Books, New York, 1994.
- *Insanely Great. The Life and Times of Macintosh, the Computer that Changed Everything*, Penguin Books, New York, 1995.

LINZMAYER, Owen,
- *Apple Confidential 2.0,* No Starch Press, San Francisco, 2000.
- *Apple Confidential. The Real Story of Apple Computer Inc.,* No Starch Press, San Francisco, 1999.

LITTMAN, Jonathan,
- *The Fugitive Game,* Little, Brown and Company, United-Kingdom, 1996.
- *The Watchman : The Twisted Life and Crimes of Serial Hacker Kevin Poulsen,* Little Brown and Company, Boston, 1996.

MALONE, Michael S.,
- *Bill & Dave. How Hewlett and Packark Built the World's Greatest Company,* Portofolio Penguin Group, New York, 2007.
- *The Microprocessor. A Biography*, Elos Publishing, 1995.

MANES, Stephen, et ANDREWS, Paul, *Gates,* Simon & Shuster, New York, 1994.

MASSON, Mario, *L'autoroute de l'information. Vers le village global*, Éditions Pierre Tisseyre, Montréal, 1996.

MAXFIELD, Clive, and BROWN, Alvin, *The Definitive Guide to how Computers Do Math*, Éditions Wiley, Canada, 2005.

MCCARTNEY, Scott, *ENIAC. The Triumphs and Tragedy of the World's First Computer,* Berkley Books, New York, 1999.

MESGUICH, Véronique, et THOMAS, Armelle, *Net Recherche*, Éditions ADBS, France, 2010.

MITNICK, Kevin D., and SIMON, William L., *The Art of Deception*, Éditions Wiley, Canada, 2002.

MURRAY, Charles J., *The Supermen. The Story of Seymour Cray and the Technical Wizards behind the Supercoputer,* John Wiley & Sons, New York, 1997.

NEGROPONTE, Nicholas, *L'homme numérique*, Éditions Robert Laffont, Paris, 1995.

NEWTON, Michael, *High-Tech Crime and Crime-fighting,* Checkmark Books, New York, 2004.

NEY, Jean-Paul, *Souriez, on vous espionne*, Éditions du Cherche-Midi, Collection Documents, Paris, 2005.

NOISETTE, Perline et Thierry, *La bataille du logiciel libre*, Éditions La découverte, Paris, 2006.

NORA, Dominique, *Les Conquérants du cybermonde*, Éditions Calman-Lévy. Paris, 1995.

NORTON, Peter, *Introduction à l'informatique*, Éditions Chenelière/McGraw-Hill, Montréal/Toronto, 2003.

O'LEARY, Timothy and Linda, *Éléments d'informatique*, Éditions Chenelière/McGraw-Hill, Montréal, 2000.

PACKARD, David, *The HP Way. How Bill Hewlett and I Built Our Company,* Harper Publishing, 1995.

PERRY, Greg, *Débuter en programmation*, Campus Press, Paris, 2000.

PIPER, Fred, and MURPHY, Sean, *Cryptography. A Very Short Introduction,* Oxford University Press, United-Kingdom, 2002.

POULSON, Kevin, *Twisted Life and Crimes of Serial Hacker,* Little, Brown and Company, Boston, 1997.

QUEISSER, Hans, *The Conquest of the Microchip,* Harvard University Press, 1990.

RHEINGOLD, Howard, *La réalité virtuelle,* Dunod Éditeur, Paris, 1993.

RHEINGOLD, Howard, *Virtual Reality,* Simon & Shuster, 1991.

RIORDAN, Michael, and HODDESON, Lillian, *Crystal Fire. The Invention of the Transistors and the Birth of the Information Age,* W.W.Norton & Company, New York, 1997.

RODGERS, William, *L'Empire IBM*, Éditions Robert Laffont, Paris, 1969.

ROSENCHER, Emmanuel, *La puce et l'ordinateur*, Éditions Flammarion, Paris, 1995.

SCHROEDER, Ralph, *Possible Worlds. The Social Dynamic of Virtual Reality Technology*, Westview Press, Colorado, U.S.A, 1996.

SCHWARTAU, Winn, *Cybershock,* Thunder's Mounth Press, New York, 2000.SEITZ, Frederick, and EINSPRUCH, Norman, *Electronic Genie. The Tangled History of Silicon,* University of Illinois Press, 1998.

SHIMOMURA, Tsutomu, et MARKOFF, John, *Cybertraque. La chasse au pirate informatique le plus célèbre aux États-Unis*, Éditions Plon, Paris, 1996.

SINGH, Simon, *Histoire des codes secrets*, Éditions JC Lattès, Paris, 1999.

SLATALLA, Michelle, and QUITTNER, Joshua, *Master of Deception. The Gang That Rules Cyberspace,* Harper Collins Publishers, Canada, 1995.

SMITH, Michael,
- *The Emperor's Codes. Bletchley Park and the Breaking of Japan's Secret Ciphers,* Bantam Press, London, 2000.
- *Station X. The Codebreakers of Bletchley Park*, Pan Books, London, 1998.

SOBEL, Robert, *Histoire d'un empire IBM,* Les Éditions de l'homme, Montréal, 1981.

SOUTHWICK, Karen,
- *High Noon : The Inside Story of Scott McNealy and the Rise of Sun Microsystems,* K. Bit by Bit Publishing, New York, 1996.
- *An Illustrated History of Computers,* John Wiley & Sons, New York, 1999.

TANENBAUM, Andrew,
- *Architecture de l'ordinateur,* Éditions Dunod, Paris, 2001.
- *Réseaux,* Éditions Pearson Education, Canada, 2004.
- *Système d'exploitation*, Éditions Pearson Education, Canada, 2008.

TAURISSON, Alain, *Du boulier à l'informatique*, Éditions Presses Pocket, France, 1991.

TAYLOR, Nick, *Laser. The Inventor, the Noble Laureate and the Thirty-Year Patent War,* Simon & Schuster, New York, 2000.

THOMAS, Douglas, *Hacker Culture*, University of Minnesota Press, 2002.

TOWNES, Charles H., *How the Laser Happened. Adventure of a Scientist,* Oxford University Press, New York, 1999.

TURING, Alan, et GIRARD, Jean-Yves, *La machine de Turing*, Éditions du Seuil, Paris, 1995.

UGLOW, Jenny, *The Lunar Men. Five Friends whose Curiosity Changed the World*, Farrar, Strauss & Giroux, New York, 2002.

VANDOORSELAERE, Yoam, LANGLOIS, Philippe, et GOLOVANIVSKY, Alexandre, *Chevaliers d'Internet et pirates informatiques*, Éditions Numéro 1, Paris, 1999.

VON NEUMANN, John, *The Computer and the Brain,* Yale University Press, New York, 2000.

WANG, An, et LINDEN, Eugen, *Les leçons d'une réussite,* Éditions Londreys, Paris, 1987.

WIECKMANN, Jürgen, *Danger pirates informatiques. Chaos Computer Club*, Éditions Plon, Paris, 1989.

WISE, David A., and MALSEED, Mark, *Google Story*, Dunod Éditeur, Paris, 2005.

WONG, Wallace, *Hackers les secrets,* Éditions Micro Application, France, 2003.

WOZNIAK, Steve, and SMITH, Gina, *IWoz : Computer Geek to Cult Icon. How I Invented the Personal Computer, Co-Founded Apple, and Had Fun Doing It*, W.W. Norton & Company, New York, 2006.

YAGIL, Limore, *Terrorisme et Internet. La Cyberguerre*, Éditions Trait d'Union, Montréal, 2002.

YOUNG, Jeffrey S., *Cisco unauthorized*, Éditions Forum, Paris-Île-de-France, 2001.

YOUNG, Jeffrey S., and WILLIAM, L. Simon, *ICon. Steve Jobs. The Greatest Second Act in the History of Business*, Éditions Wiley, Canada, 2005.

Magazines spécialisés

« *Comment l'ordinateur transforme les sciences* », Du monde réel au monde virtuel, Magazine Les Cahiers de Science et Vie, France, Octobre 1999.

« *Cryptographie et codes secrets* », Magazine Tangente, Pole Éditions, Numéro spécial. No. 26, Paris. « *Dans les labos. L'Informatique du futur dévoilée par les chercheurs du monde entier* », L'Ordinateur individuel, revue d'informatique, Hors-série, Mai-Juin 2007.

« *Dossier Supercalculateur* », L'informaticien, magazine mensuel, Éditions PC Presse, Paris, Juin 2007.

« *Dossier Web 3.0. L'avenir d'Internet* », Pierre Vandeginste et Guy Pujolle, La Recherche, magazine, France, Novembre 2007.

« *Grands ingénieurs. Qui a inventé l'ordinateur* », Magazine Les Cahiers de Science et Vie, nos 36-37, France.

« *Insatiable Google. Comment le moteur de recherche phagocyte le web* », Courrier International, magazine, Numéro spécial, 19 au 25 octobre 2006.

« *Internet contre l'ordre établi.* », Courrier International, magazine, Numéro spécial, 17 au 23 août 2000.

« *La grande histoire de la micro* », PC Expert, Édition spéciale, Septembre 2000.

« *La planète Telecom* », Numéro Hors série, Science et Vie, Décembre 1988.

« *La révolution télématique* », Numéro hors série, Science et Vie, 1979.

« *La révolution Web 2.0. Quand le Net devient une communauté* », Courrier International, Numéro spécial, 31 août au 6 septembre 2006.

« *La science des robots* », Numéro hors série, Science et Vie, Mars 1982.

« *Leibniz, le penseur de l'universel* », Pour la Science, Les Génies de la Science, Août-Octobre 2006.

« *Les codes secrets* », Mensuel Science et Vie junior, Numéro spécial, Éditions Excelsior Publications, Paris, Juillet 2003.

« *L'Intelligence artificielle* », La Recherche, magazine, Numéro spécial, France, Octobre 1985.

« *L'invasion des micro-ordinateurs* », Science et Avenir, Numéro spécial hors série no.36.

« *Micro-informatique. Des logiciels pour tous* », Numéro spécial, Sciences et Avenir, 1986.

« *Numérique. Comprendre les nouvelles technologies* », Science et avenir, Hors-Série, Novembre-Décembre 2008.

« *Révolution 2.0.Comment le Net va encore changer la vie* », Courrier International, Hors-Série, Octobre-Décembre 2007.

« *Révolutions scientifiques. Qui a inventé le calcul intégral* », Les cahiers de Science et Vie, Non daté.

« *Spécial sécurité. La Chine entre en guerre électronique. Roland Moreno nous dévoile son secret. Check-up anti-intrusion. NSA Les maîtres espions du net-espionnage* », SVM dossier, Mai 2000.

« *The Future of Computing beyond Silicon* », Technology Review, Numéro spécial, Mai-Juin 2000.

« *The Future of Privacy* », Numéro spécial, Scientific American, Septembre 2008.

« *Tout savoir sur Internet* », Science et Vie, Numéro spécial, Non daté.

« *Turing. Et l'informatique fut* », Pour la Science, Les génies de la science, Novembre 2006-Janvier 2007.

« *Vivre branché* », Le Nouvel Observateur, Hors-série, Juin-Juillet 2006.

« *XIX*^e^ *siècle. La folie de la mesure* », Cahiers Science et Vie, Numéro 48.

INDEX

INDEX

C

D

H

I

N

O

P

Q

R

S

U

V

W

X

Y

Z

TABLE DES MATIÈRES

Cet ouvrage, composé en Helvetica New,
et Garamond Premier Pro,
a été achevé d'imprimer sur les presses
de l'imprimerie Transcontinental Métrolitho,
Sherbrooke, Canada
en avril deux mille onze
pour le compte
de Marcel Broquet Éditeur